本书为国家自然基金《协作性公共管理视角下的草原碳汇管理框架设计及应用研究（71363039）》的研究成果

中国草原碳汇管理的理论探索与实证研究

马 军 著

中国财经出版传媒集团

经济科学出版社
Economic Science Press

图书在版编目（CIP）数据

中国草原碳汇管理的理论探索与实证研究/马军著.
—北京：经济科学出版社，2020.5
ISBN 978 - 7 - 5218 - 1551 - 1

Ⅰ.①中…　Ⅱ.①马…　Ⅲ.①草原 - 二氧化碳 -
资源管理 - 研究　Ⅳ.①S812.29

中国版本图书馆 CIP 数据核字（2020）第 078041 号

责任编辑：刘　莎
责任校对：隗立娜
责任印制：邱　天

中国草原碳汇管理的理论探索与实证研究

马　军　著

经济科学出版社出版、发行　新华书店经销
社址：北京市海淀区阜成路甲 28 号　邮编：100142
总编部电话：010 - 88191217　发行部电话：010 - 88191522
网址：www. esp. com. cn
电子邮箱：esp@ esp. com. cn
天猫网店：经济科学出版社旗舰店
网址：http://jjkxcbs. tmall. com
固安华明印业有限公司印装
710×1000　16 开　20.75 印张　330000 字
2020 年 5 月第 1 版　2020 年 5 月第 1 次印刷
ISBN 978 - 7 - 5218 - 1551 - 1　定价：73.00 元
（图书出现印装问题，本社负责调换。电话：010 - 88191510）
（版权所有　侵权必究　打击盗版　举报热线：010 - 88191661
QQ：2242791300　营销中心电话：010 - 88191537
电子邮箱：dbts@ esp. com. cn）

序　言

　　全球气候变化是当今人类面临的共同危机和挑战，由于人类过度的社会和经济活动向大气层排放了大量温室气体，引起气候的异常变化。工业革命后，人类排放二氧化碳的大量积累引起温室效应是导致全球气候变化的直接原因，而气候变化导致的严重后果又会反过来影响人类的生存和社会经济的发展。因此，降低二氧化碳排放浓度减缓全球气候异常刻不容缓。《巴黎协定》标志着全球将实现绿色低碳，"化石燃料"的时代即将结束。伴随着全球环境变化研究的不断深入，碳减排增汇的研究成为热点。碳汇是指大气中清除二氧化碳的过程、活动或机制。在全世界致力于减少二氧化碳排放量的趋势下，碳汇成为一种稀缺资源。草原、森林、海洋是地球上的三大碳汇资源。目前，各国主要通过提高森林覆盖率来吸收工业排放的二氧化碳，森林的碳汇能力已经得到世界各国的广泛重视。然而，草原碳汇并未像森林碳汇一样得到应有的关注。草原是世界上分布最广的植被类型之一，固碳能力仅次于森林碳汇。因此草原碳汇也是减缓全球气候变暖降低二氧化碳浓度的有效途径之一。草原作为中国最大的陆地生态系统，具有丰富的碳汇储量，既是重要的生态安全保障，又是重要的碳汇资源库。草原碳汇的主要功能是进行碳吸收，从而降低大气中温室气体的浓度，有效延缓全球气候变暖。

　　草原碳汇研究是草原地区应对气候变暖的重要议题，也是事关牧区经济社会可持续发展的关键性命题。因此，将保护草原生态环境与草原碳汇发展进行有机结合，是调整草原经济发展方式，实现草原牧区可持续发展的有效路径。草原碳汇资源由于蕴含着巨大生态、经济和社会价值，已经成为碳汇研究领域的热点和难点问题。中国草原面积广大，草原碳汇潜力巨大，能否挖掘草原碳汇的功能直接关系到草原生态环境的改善与低碳经济的可持续发展。碳汇管理是碳汇工作的核心，对具体碳汇工作的开展起指导作用。目前，中国草原碳汇的发展还处于初步探索期，对草原碳汇的管理更是基本处于空白状态，这就导致了中国草原碳汇工作进展缓慢，草原碳汇的价值不能得到体现。因此以"草原碳汇"为契机，加强草原碳汇的管理，挖掘草原碳汇潜力，对推进生态文明建设，具有重要的历史意义和现实意义。

　　本书共分为8章，第1章导论和第2章草原碳汇管理的理论基础为本书的基础，主要在于发现问题并提出可供分析的理论依据；第3~8章主要从6个方面对中国草原碳汇管理进行了分析。第3章草原碳汇管理主要通过中国草原碳汇管理的现状分析，评价了草原碳汇管理的水平，并借鉴森林碳汇管理的经验，设计了中国草原碳汇管理的框架及模式；第4章草原碳汇管理的公共政策，主要利用公共政策文本分析方法，通过网络检索国家和地区相关草原碳汇管理的文件，进行相关政策的文本分析，得到草原碳汇管理的公共政策存在的问题，并对其中禁牧与休牧政策的影响进行模型分析与仿真，这一章的最后是基于前两部分的分析提出的草原碳汇管理政策的改进建议；第5章草原碳汇协作管理，主要从草原碳汇多元管理的角度进一步深入分析草原碳汇管理。这一章在分析了草原碳汇协作管理的现状以及协作方现状的基础上，运用博弈模型及社会网络分析方法，分析出中国草原碳汇协作管理存在的问题，并提出了草原碳汇协作管理的建议；第6章CDM草原碳汇项目，主要从草原碳汇清洁能源项目的角度对草原碳汇管理进行深入分析。通过对CDM草原碳汇项目的发展现状进行分析，借鉴森林碳汇项目管理的经验，构建了CDM草原碳汇项目对环境影响的评价指标体系，并利用中国目前唯一的CDM草原碳汇项目－川西北草原碳汇项目进行检验和评价；第7章草原碳汇市场，主要从草原碳汇交易的角度对草原碳汇管理进行深入分析。通过对草原碳汇市场的现状进行分析的基础上，借鉴森林碳汇市场运行的经验，设计了草原碳汇市场的运行机制，并利用系统动力学对草原碳汇市场的运行进行了仿真；第 8 章草原碳汇补偿，主要从生态补偿的视角对草原碳汇管理进行深入分析。通过对草原碳汇补偿的现状分析，设计了草原碳汇补偿机制，并利用系统动力学对草原碳汇补偿机制进行了仿真。本书第 3 章、第 4 章较为全面地研究了草原碳汇管理及草原碳汇管理的公共政策，第 5 ~ 第 8 章分别从协作管理、碳汇项目管理、碳汇市场交易、生态补偿 4 个角度对中国的草原碳汇管理进行了深入研究。

由于课题研究历时 4 年，再加上成果的整理，在成书之际有些调研数据已经过了几个年头，但由于实地调研的难度，有些数据无法更新，也使本书难免存在一些不足，同时由于对草原碳汇管理的研究还在探索中，本书提出的理论难免青涩，也请读者一并谅解。本书作为一本研究中国草原碳汇管理的学术专著，希望能在中国草原碳汇管理研究的路上起到抛砖引玉的作用。

目录

第 1 章

导　　论

1.1　研究背景

随着《京都议定书》于 2005 年生效，碳汇问题已经越来越受到全世界各国的重视。《联合国气候变化框架公约》（UNFCCC）将碳汇定义为从空气中清除二氧化碳的过程、活动、机制。碳汇主要通过固碳技术实现，包括物理固碳和生物固碳。物理固碳是将二氧化碳长期储存在开采过的油气井、煤层和深海里。生物固碳是利用植物的光合作用，通过控制碳通量以提高生态系统的碳吸收和碳储存能力，是固定大气中二氧化碳成本最低且副作用最小的方法。森林碳汇、草原碳汇均属于生物固碳。

虽然国内有些学者认为草原的固碳效果具有非持久性，而且很容易泄漏，但是由于中国草原面积巨大，根据 2018 年国家林业和草原局的数据显示，我国有天然草原 3.928 亿 hm^2，约占全球草原面积的 12%，名列世界第一；约占中国国土面积的 41%，因此草原是中国最大的陆地生态系统，具有丰富碳储量和强大的碳汇功能。根据李学斌等（2014，《生态环境学报》11 期）专家学者的研究，目前中国草原生态系统总碳储量约为 266.3PgC，约占全球陆地植被碳储量的 1/6；从区域看，以内蒙古草原和青藏高原碳储量为主。草原生态系统从大气中吸收的二氧化碳总体要大于向大气中排放的二氧化碳，即草原生态系统是碳汇。在不同类型的草原中，热性草丛类草原固碳效率最高。由于中国草地类型多样，分布地域广阔，造成草地植被碳密度分布的空间异质性很高。国家林业和草原局的数据显示西藏、内蒙古、新疆、四川、青海、甘肃 6 省区是我国最重要的草原省份，草原面积 2.93 亿 hm^2，占全国草原面积 73.35%。西藏、内蒙古、新疆草原面积位列前三。

据内蒙古农业大学生态环境学院副院长韩国栋介绍，初步估计，世界范围内的生态系统碳储量，森林为 39%～40%，农田为 20%～22%，其他为 4%～7%。草地是陆地植被重要的组成部分，是世界上分布最广的植被类型之一，其固碳能力决不能小视。据测算，1 亩（约 $0.0666667hm^2$）天然草原固碳能力为 0.1t，相当于减少二氧化碳排放量 0.46t。由此推算，中国 60 亿亩（约 4 亿 hm^2）草原固碳能力为 6 亿 t，相当于减少二氧化碳排放量 27.6 亿 t。按照专家的分析，内蒙古自治区的 13 亿亩（约 0.86 亿 hm^2）天然草原，固碳能力就达到 1.3 亿 t，相当于减少二氧化碳排放量 6 亿 t，在低碳经济越来越被重视的今天，草原固碳减排的作用不应被忽略，相反，专家认为加强和发挥草原的碳汇功能意义深远。

据中国农业大学草业科学系王堃教授的介绍，中国 90% 的天然草地发生不同程度的退化，采取有效的人工管理措施和实施重大的生态建设工程，均对草地碳库的恢复具有明显的作用。因此通过提高草原管理水平来增加草原生态系统的碳储量是一种低成本的固碳减排途径，其固碳形式也比较稳定，具有明显的优势。

1.2　研究意义

草原碳汇资源蕴含着巨大生态、经济和社会价值，对草原碳汇的管理可以实现其价值；合理、有效的草原碳汇管理还能够降低草原碳汇转化为碳源的风险，通过加强草原管理，促进草原生态系统良性循环，草原固碳能力和土壤蓄积碳能力就会增强，中国草地生态系统就是一个巨大的碳汇。反之，如果草原生态环境持续不断恶化，草原固碳能力降低，土壤有机质减少，中国草地生态系统就可能成为较大的温室气体排放源。与森林生态系统不同的是，草原生态系统在固碳功能上存在着脆弱性，一旦受到破坏，碳汇能力会急剧下降，碳库会发生耗散性变化而成为碳源。内蒙古农业大学教授韩国栋认为，在适当减少牲畜的放牧数量，减少对碳库的破坏，维持草原生态系统平衡的同时，还要恢复植被，提高草原的固碳能力，在草原生产过程中提倡有机绿色食品的开发，通过合理放牧、灌溉、施肥和品种改良等措施合理管理好草地，对中国草地固碳量的增加、生物量碳的累积和土壤碳储量的提高都有很大意义。因此对于草原碳汇进行理论和实证研究，对于推动草原碳汇管理的理论发展和实际操作都具有重要的意义。

内蒙古自治区作为全国五大牧区之一和草原畜牧业大区，全区118万 km^2 的土地上，从东到西分布着森林、草原和荒漠三大地带性植被类型，地域辽阔，资源丰富，其生态系统具备天然的、巨大的碳汇资源，在发挥生态系统的碳汇功能方面有其独特的优势。因此本书以内蒙古草原作为草原碳汇管理实证研究的载体，也具有很大的优势。同时对于推动内蒙古草原碳汇建设和管理也具有重要的实际意义。

1.3 碳汇及其管理的研究进展

1.3.1 相关概念

（1）碳汇，一般是指从空气中清除二氧化碳的过程、活动、机制。

这一概念的出现源于全球气候变暖，在温室效应研究方面，"碳"主要指二氧化碳，"汇"意为汇集、收集。《联合国气候变化框架公约》中对碳汇的定义是："使大气中 CO_2 浓度降低的过程或活动"。"碳汇"是"低碳经济"概念的延伸，在气候变暖、人们赖以生存的自然环境严重恶化的今天，各国开始采取积极的应对措施，以减缓气候变暖，保护人们的生存环境。在 2005 年 2 月 16 日正式生效《京都议定书》中，碳汇指的是碳排放权交易制度，缔约国通过对生态环境的有效地管理来增加生态系统的固碳能力，并以其取得的成效抵减碳排放份额。《京都议定书》还以"碳汇"为标准，为国家实现法定减排任务制定了碳排放贸易机制、联合履约机制和清洁发展机制，使"碳汇"有了发展基础。

（2）草原碳汇，就是草原上的植被通过光合作用，吸收空气中的 CO_2 并将其固定在植被或土壤中，从而降低大气中二氧化碳的浓度。植物光合作用吸收 CO_2 的同时也通过呼吸作用释放 CO_2，并且草原上的动物、微生物也会通过消耗植物而排放 CO_2，因此，只有当草原生态系统 CO_2 固定量大于排放量时，才能真正形成"草原碳汇"。草地生态系统有机碳动态变化如图 1－1 所示。

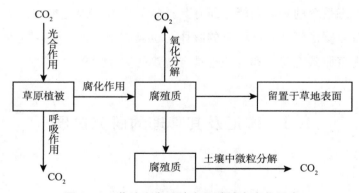

图 1－1　草地生态系统有机碳动态变化示意

（3）草原碳汇管理，目前草原碳汇管理还没有明确定义，本书根据

《中国绿化基金会专项基金管理规则》和《中国绿色碳基金管理暂行办法》并结合草原碳汇特点，对草原碳汇管理进行界定：对研究制定与草原碳汇相关政策，资金拨付和使用的管理；对与草原碳汇相关技术规范和标准制定，科学研究和成果推广等活动的管理；对草原碳汇相关知识与技术培训和宣传等活动的管理；对以吸收固定二氧化碳等为主要目的的草原碳汇生态保护活动的管理。

草原碳汇协作管理就是指打破草原碳汇协作管理过程中资源（人、财、物、信息、流程等）之间的各种壁垒和边界，使它们为共同的目标而进行协调的运作，通过对各种资源最大的开发、利用和增值以充分达成共同的目标。

草原碳汇管理是草原生态系统恢复和优化的一种手段，通过实施草原植被种植、再造等手段对草原进行管理，以减少草原退化和恢复草原植被，从而吸收大气中的二氧化碳并与碳汇交易结合的过程、活动或机制。草原碳汇管理主要从两个方面着手：对于非退化草原生态系统通过保护和改善土壤、植被状况，调控草原各生产要素以获得最优产品，保障草原可持续发展，以为社会提供最优服务；对于退化草地生态系统，主要通过改善土壤性质，研究改进植被生长适应性，以增加地上植被附着度，制止草原的进一步退化。

1.3.2　森林碳汇及其管理的研究进展

对于碳汇的研究，国内外在生态科学领域研究的较早，从碳汇地域分布、生理代谢的机制、陆地生态系统碳汇的估算、碳储量的变化、碳汇价值的度量等方面进行了研究。从管理科学的角度对碳汇进行研究相对较晚，且研究的内容与生态科学有所交叉。由于碳汇主要包括森林碳汇、草原碳汇以及其他碳汇，其中又以森林碳汇为主要碳汇，因此提到碳汇一些专家学者直接就泛指森林碳汇，所以对于碳汇的研究也主要集中在森林碳汇领域，而对其他碳汇的研究较少。

在管理科学领域国内外对于森林碳汇的研究主要集中在碳汇经济价值的估计、碳汇价值实现的途径以及增加碳汇的对策等几个方面。而对于森林碳汇管理的研究较为零散，文献也相对较少。

（1）森林碳汇经济价值的估算：碳汇的经济价值的估算取决于碳汇价格与碳汇量，如果用 V 表示碳汇的价值，Q 表示碳汇的数量，P 表示碳汇的价格，那么森林碳汇价值的计算公式为：$V = Q \times P$。因此对碳汇经济价值估算的研究就应该分成对森林碳汇价格及森林碳汇量估算的研究。

①对森林碳汇价格的确定，目前国内外争议很大，主要方法有人工固定 CO_2 成本法、避免损害费用法、造林成本法、碳税法、变化的碳税法、温室效应损失法和排放许可的市场价格法等。皮尔斯（Pearce，1996）等对碳的固定成本进行了综述，认为按照 2000 年不变价格，碳的固定成本为 6 ~ 160/t 碳[1]。郑楚光（2001）认为利用工艺固定等量二氧化碳所花费的成本来计算森林固定二氧化碳的经济价值。通过这种方式消减 1t 二氧化碳，在发达国家的成本一般要达到 50 美元[2]。托尔（Tol，2005）收集了 103 个碳价格，对其构建了"概率密度函数"，发现碳价格的众数为 2/t 碳，中位数为 14/t 碳，平均值为 93/t 碳，95 百分位为 350/t 碳，据此托尔认为 CO_2 的边际损害成本不可能超过 50/t 碳[3]。赵同谦（2004）提出中国造林成本确定的固碳价格为 260.90 元/t 碳[4]。对于碳税率的标准，不同国家也存在显著差异，如瑞典政府提议碳税率以 150/t 碳为标准，挪威碳税率为 227/t 碳，美国碳税率仅为 15/t 碳[5]。变化的碳税法与碳税法的区别仅仅在于其计算征税的依据，该方法把由化石燃料转化为无碳燃料所需的投资金额作为征收税金的依据。根据这种方法，1990 年英国的安德尔森（Anderson）测量并计算出每立方米木材固定二氧化碳的经济价值为 43 英镑/m³[6]。大气二氧化碳浓度的不断增加会导致温室效应，而温室效应对人体健康和社会经济都会带来直接或间接的影响和损害，损失估算法就是根据这种损失的大小来计算森林资源固定二氧化碳经济价值的一种方法。排放许可的市场价格法

为不同的交易所提供的碳交易价格，例如芝加哥气候交易所 CCX（2003～2010）的碳交易价格为 0.1～8/t 碳。

②对于森林碳汇量的估算：碳汇量的估算方法有很多，采取的手段也各不相同，常见的方法主要有：涡旋相关法、蓄积量法和生物量法。一些学者利用这些方法结合一些半经验半机制模型进行估算。蒙克里夫（Moncrieff，1999）和奥比恩特（Aubient，2000）提出涡旋相关法是采用一种微气象技术，主要是在林冠上方直接测定二氧化碳的涡流传递速率，从而计算出森林生态系统吸收、固定二氧化碳量的方法[7]-[8]。高尔顿（Goulden，1996）等利用涡度相关法对温带落叶阔叶林与大气间的二氧化碳交换量进行了 5 年的观测，研究表明：1991～1995 年间该温带森林系统每年从大气吸收碳 1.4～2.8Mg C/m^{2}[9]。蓄积量法是以森林蓄积量数据为基础直接估算碳汇量的一种方法，欧盟统计局采用了这种方法[10]。厚顿（Houghton，2001）提出根据森林碳蓄积量的变化测量碳汇[11]。张颖（2010）利用蓄积量法以及差分方程，研究森林碳汇的变化规律和未来变化趋势，并计算森林碳汇核算的最优价格[12]。李意德（1999）提出生物量法是以森林生物量数据为基础的碳估算方法[13]。方精云（2000）采用生物量法对森林总碳量进行估计，结果表明，中国森林总碳量为 4.5×10^{9}t，疏林及灌木丛总碳量为 0.5×10^{9}t[14]。杨洪晓（2005）总结了碳汇量估算的常用模型：Thornthwaite Memorial 模型和 MIAMI 模型等经验模型，BIOME 模型、MAPSS 模型、CENTURY 模型、BIOME‒BGC 模型、CASA 模型等机制模型，Hold ridge 生命地带模型和 Chikugo 模型等[15]。曹吉鑫等（2009）提出应根据实际情况选择适合的单一方法或几种方法的结合来估算森林碳汇，以便提高估算精度[16]。

（2）森林碳汇价值实现的途径：谢高地（2011）提出通过碳交易、碳税和固碳项目实际成本 3 种机制实现碳价格，并在此基础上通过补偿实现碳汇价值[17]。简盖元（2010）提出实现森林碳汇价值的过程实质上就是森林碳汇生产的"外部性内部化"的过程。并提出通过碳交易和碳税实现森林碳汇价值[18]。因此可以把森林碳汇价值实现的途径归纳总结为：通过碳交易、碳税、碳汇项目实现碳汇补偿，来体现森林碳汇的价值。

①对于碳交易的研究：对于碳交易的研究主要集中在碳市场交易的定义及相关机制、国际碳交易市场的发展及中国碳交易市场的构建等几个方面。

碳市场交易的定义及相关机制：世界银行把碳市场定义为碳的减排和汇的集合。碳市场是指以碳排放权的交易为目的的碳信用市场。张晓涛（2010）指出碳交易是为促进全球温室气体减排、减少全球二氧化碳排放所采用的市场机制。根据《京都议定书》的规定，发达国家履行温室气体减排义务时可以采取三种交易机制：联合履行（JI），指发达国家之间通过项目合作，转让其实现的减排单位；清洁发展机制（CDM），指发达国家提供资金和技术，与发展中国家开展碳汇项目合作，实现"经核证的减排量"，大幅度降低其在国内实现减排所需的费用；排放贸易（ET），指发达国家将其超额完成的减排义务指标，以贸易方式（而不是项目合作的方式）直接转让给另外一个未能完成减排义务的发达国家[19]。

国际碳交易市场的发展：冯巍（2009）提出全球碳交易市场总体架构分为配额碳交易市场与自愿碳交易市场，其中配额碳交易可以分成两大类，其一是基于配额的交易，其二是基于项目的交易。买主向可证实减低温室气体排放的项目购买减排额[20]。李婷等（2010）提出国际碳交易市场的参与者可分为供给者、最终使用者和中介机构三大类，涉及暂无排放约束和有排放约束的企业或国家、减排项目的开发者、咨询机构及金融机构等[21]。李通（2012）总结得出国际碳交易市场近年发展迅速。按时间由近及远推演，2009年启动气候储备行动（CAR），20081月1日分别启动联合履行机制（JI）、区域性温室气体倡议（RGGI），2005年1月1日启动清洁发展机制（CDM）这是欧盟排放交易体系（EU ETS）的主要构成部分。除此而外，2003年1月1日启动的芝加哥气候交易所（CCX）、2003年11月1日启动了新南威尔士温室气体减排体系。2012 年启动的由美国西部五个州内的企业组成的西部气候倡议计划（WCI）也是这一市场的不断发展的重要力量[22]。

中国碳交易市场的构建：李怒云等（2008）提出当前的碳交易市场绝大多数建在发达国家。这些国家存在排放指标需求市场。中国在《议定书》下没有承担减排义务，也没有在《议定书》外自愿承诺减排，因而中国政府或企业并不存在对温室气体排放指标的需求，当然也就没有购买碳汇的需求，显然不具备建立森林碳汇交易平台的前提条件[23]。陈叙图（2008）也指出碳汇的交易是有条件的，目前的国际碳汇市场是"有行无市"[24]。王玉海（2009）认为在当前中国经济高速发展，工业化还需要较长过程才能完成的背景下，在一定程度上鼓励 CDM 在中国的发展利大于弊，应当推行。对于未来可能产生的需要从其他国家购买碳减排额的问题，由于中国的减排潜力巨大，在短期内，这一冲击不会出现；长期看来，碳减排领域本身变数众多，中国未来调整的空间应该还比较大[25]。刘娜（2010）通过分析，论证了中国建立碳交易市场的可行性研究并进行了框架设计。

对于碳交易研究的目的是通过了解碳交易市场，从而确定森林碳汇的价格，进一步才能实现森林碳汇的价值。

②对于碳税的研究：对于碳税的研究主要集中在碳税政策的国际借鉴、中国碳税政策的设计及碳税政策的影响等几个方面。

碳税政策的国际借鉴：斯托利（Stolly，1998）认为，减少 CO_2 排放的办法是征收起初可以制定较高税率的排放税，之后随着能源的不断耗尽以及 CO_2 排放量的减少，税率会逐步降低[26]。克洛克（Klok，2006）提出对居民和不同企业实行不同的税率，居民的税率大大高于企业[27]。维马斯（Vehmas，2005）提出了实际中的碳税与理想中的碳税间存在偏离，并提出四种方式的税收偏离[28]。麦尔斯·杨（Miles Young，2009）等国外众多学者从征税对象及征收途径的选择、税率设计与相关制度安排层面做了大量的阐述[29]。

中国碳税政策的设计：王金南（2009）提出中国碳税税率方案宜遵

循逐步提高、循序渐进的原则，2012 年征收碳税税率为 20 元/t 碳[30]。姚昕、刘希颖（2010）提出碳税是环境税的一种，环境税通常以国内税形式出现，一般采取产地原则或目的地原则征收[31]。

碳税政策的影响：曹静（2009）利用 CGE 模型来对中国可能的碳税政策进行模拟，提出在两种"中性税收"情景下，碳税对经济的影响都是比较小的，而带来的温室气体减排与环境健康损害方面的收益是非常显著的[32]。朱永彬、刘晓、王铮（2010）通过模拟发现，征收碳税对减排具有一定的积极作用，且生产性碳税减排效果优于消费性碳税。而碳税征收对各经济部门则影响各异[33]。

对碳税研究的目的是通过设计合理的碳税征收制度，使排污企业在交纳碳税和购买森林碳汇之间做出选择，从而促使其进入森林碳汇交易市场。通过让污染企业购买森林碳汇可以达到两个目的：一方面使排污企业的外部成本内部化，另一方面也使林农的边际外部收益得到补偿。

③对于碳汇项目的研究：2001 年《波恩政治协议》和《马拉喀什协定》已同意将造林、再造林项目作为第一承诺期合格的清洁发展机制项目，这意味着发达国家可以通过在发展中国家实施林业碳汇项目抵消其部分温室气体排放量[34]。随着《京都议定书》1997 年的签订与 2005 年的正式生效，专家学者主要针对《京都议定书》规定的清洁发展机制（CDM）下的碳汇项目进行研究，主要集中在国外林业碳汇项目的经验与存在问题、中国林业碳汇项目的评价体系、运行机制的设计以及林业碳汇项目在中国的开展及政策建议等几个方面。

国外林业碳汇项目的经验与存在问题：希穆拉（Simula，2002）指出截至 1998 年，在世界各地开展的 CDM 碳汇试点项目已经达到 27 个，项目所在国包括印度、马来西亚、捷克、阿根廷、伯利兹、哥斯达黎加、墨西哥、巴拿马、巴西等国家。项目内容包括，投资前期的项目可行性分析和评估、碳汇价格的估算、碳汇项目实施方法学研究等[35]。王雪红（2003）提出只要项目设计合理，CDM 碳汇项目就不仅能为发展中国家带来一定数量的林业建设资金，还将促进其社会经济和环境可持续发展。但也存在一些问题：其中最主要的是 CDM 碳汇项目的参与机构过多、实施规则过于复杂，这些复杂性将大大提高 CDM 碳汇项目的实施成本，因此很可能使很多投资者望而却步[36]。林而达（2003）提出与 CDM 工业和能源项目相比，造林碳汇项目在实施过程中存在很多技术问题，包括项目基准线与额外性的确定，碳储量的计算与核查，碳汇项目的非持久性、泄漏、不确定性及项目对社会经济和环境影响等问题[37]。卡思伊恩（Kathryn，2007）提出不同的树种及生物多样性对于碳汇项目的影响不同[38]。

中国林业碳汇项目的评价体系、运行机制的设计：陈继红、宋维明（2006）提出 CDM 林业碳汇项目的定性与定量相结合的生态效益、经济效益与社会效益 3 评价大类指标[39]。章升东（2005）构建了包括项目准备条件、项目实施程序和项目评价模式在内的中国 CDM 林业碳汇项目运行机制[40]。龚亚珍、李怒云（2006）提出中国林业碳汇工作应从碳汇政策、碳汇技术、碳汇市场及碳汇项目 4 个主要方面逐步展开，其中，政策是前提，技术是基础，市场是关键，而项目则是载体[41]。

林业碳汇项目在中国的开展及政策建议：马贵珍（2008）提出，截至 2008 年 5 月 14 日，在 CDM 执行理事会（EB）注册成功的 1 056 个项目中，中国共有 214 个，占 20.27%，仅次于印度[42]。林德荣、李智勇（2006）提出碳汇信用最大化原则和主办国可持续发展原则是设计和实施 CDM 林业碳汇项目需要遵循的 2 个基本原则，并提出了中国实施 CDM 林业项目的区域、树种和林种的合理选择[43]。庄贵阳（2009）提出对于 CDM 项目要加强项目开发过程法律风险防范，开展单边项目，完善体制机制等建议[44]。王谋、潘家华（2010）提出规划方案下的 CDM（PCDM）在中国具有良好的实施前景，其推广和实施不仅能降低项目活动温室气体排放，对相对落后和贫困地区可持续发展具有积极意义[45]。

对于碳汇项目研究的目的是通过林业碳汇项目这个载体来实现森林碳汇的价值。

④对碳汇补偿的研究。单独研究森林碳汇补偿的较少，往往和碳汇交易以及碳汇项目共同研究。因此对于碳汇补偿的研究主要集中在基于森林碳汇以及交易的补偿标准、补偿模式和碳汇补偿的影响等几个方面。

补偿标准：武曙红、张小全、宋维明（2009）总结得出目前，国际自愿碳汇市场采用的碳补偿标准主要有 CDM 造林再造林项目标准（aforestation and reforestation standard under CDM，CDM – AR），农业、林业和其他土地利用项目自愿碳标准（voluntary carbon standard for agriculture，forestry and other land use projects，AFOLUVCS），气候、社区和生物多样性标准（the climate，community & biodiversity standard，CCBS）以及生存计划方案（plan vivo system）等[46]。UNFCC（2003）指出 CDM 的碳补偿模式是现有标准中较为严格和完善的一种，除作为强制市场的碳补偿项目的标准外，也可作为自愿市场中的碳补偿项目标准[47]。VCS Association（2007）指出 AFOLU 自愿碳标准是一种较为完善的碳补偿标准。它主要强调项目在减少大气温室气体方面所做的贡献，没有要求项目要具有环境和社会效益[48]。CCBA（2005）指出 CCBS 是由气候、社区和生物多样性联盟开发的一种项目设计标准，为项目设计和开发提供规则和指南。该标准的主要目的是确保项目在设计阶段就考虑当地社区和生物多样性效益[49]。Plan Vivo（2007）指出生存计划方案强调采用促进可持续发展、改善农村生计和生态系统的小规模的土地利用[50]。

补偿模式：朱广芹、韩浩（2010）提出在基于区域碳汇交易的森林生态效益补偿中，补偿原则、补偿方式、补偿标准和补偿治理是其中的关键问题，也是生态补偿实践中的难点，四者共同构成生态补偿机制的核心内容[51]。

碳汇补偿的影响：尕丹才让、李忠民（2012）提出西部民族地区生态补偿通过碳汇交易的市场化机制，在继续加大国家转移支付的同时，积极引领中国东、中部乃至发达国家市场化补偿的力度，加快完善并实施《生态补偿条例》，将生态保护、富民政策与增加碳汇、改善全球气候行动有机地结合在一起。

森林碳汇补偿本身就体现出了森林碳汇的价值。

（3）增加森林碳汇的对策。

增加森林碳汇的对策主要有以下几种：

①构建森林碳汇市场，完善森林碳汇计算方法：根据上述文献的分析，通过计算出的森林碳汇的价值并利用森林碳汇市场实现其价值，才能利用市场机制重新更好地配置资源，使国家与个人以利己为目的自发产生增加森林碳汇的行为。

②加强政府规划指导：王可达（2011）提出森林碳汇项目的开发和建立离不开国际社会、组织的协调和各国政府的合作，在项目初期阶段更需要发挥政府的规划指导作用[52]。

③深化林权改革：良好的制度安排是经济发展的首要保证，而在制度安排中最重要的是财产权的确定。李顺龙（2005）提出由于林权不清、林地流失导致碳泄漏现象[53]。

④扩展碳汇资产经营：齐建国（2011）提出以增加碳汇为目标大力发展碳汇产业，加快发展增加碳汇的杜仲产业等[54]。

（4）森林碳汇管理。

国内外学者从管理科学的角度对森林碳汇管理的研究的主要集中于森林经营管理对于森林碳汇管理的影响、森林碳汇项目管理经验及问题、森林碳汇管理政策以及制度机制构建等几个方面。

①森林经营管理对于森林碳汇管理的影响和作用。森林具有碳源和碳汇的双重特性，而且森林碳汇管理的核心在于增加森林碳汇，国内外学者从碳保护、碳吸收和储存、碳替代增加森林碳汇的机理和模式研究森林经营对于森林碳汇管理的影响和作用。

在碳保护途径方面主要集中于对于控制和减少森林采伐以及森林资源抚育管理措施来实现碳汇的增加。亚纳伊（Aurora Miho Yanai，2017）等通过卫星数据和相应森林碳数据发现巴西合法的亚马孙定居点内41%的原始植被被削减，森林砍伐造成的碳损失达到 2.6PgC[55]。张颖

（2010）等基于森林生长特性以及离散时间经济系统控制方程计算得出，要使中国森林由于经济发展而消耗的碳储量最小，每年应采伐消耗的蓄积为 4.26 亿 m^3[56]。魏亚伟，周亚明等（2014）通过东北天然保护林保护工程区碳密度的研究发现，工程区森林植被平均碳密度为 41Mg/hm^2，较东北、内蒙古三地平均植被碳密度高 14%；工程区植被碳密度随林龄的增加逐渐增大，由幼龄林的 13Mg/hm^2 到过熟林的 63Mg/hm^2，工程区森林植被碳储量为 1 045Tg C，占东北、内蒙古三省森林植被总碳储量的 68%，其固碳效果远优于人工林[57]。森林抚育管理对于碳汇功能的增加同样具有重要的作用，高仲宇、陈鹏宇（2013）认为对于威胁森林资源的诱因的管理，尤其是森林火灾的预防管理是减少碳泄露和增加碳汇的有效措施，通过比较计划烧除、清理、搅碎覆盖碾压和掩埋对于森林固碳的影响，发现掩埋最有利于提高森林固碳效益，其次是计划烧除和绞碎覆盖碾压[58]。

在碳吸收和储存途径方面主要通过政策调节造林和再造林增加森林面积来增加森林碳汇。对于宜林荒山、荒地绿化造林的研究证明类似的结论，方精云等（2015）对中国 20 年世纪 70 年代中期以来实行的植树造林活动研究调研发现，东亚森林整体为显著的碳汇，但朝鲜和蒙古国为碳源；东亚地区的碳汇主要来自中国，其次是日本，中国森林碳汇增加主要源自人工林面积增加的贡献，中国人工林植被已经积累了 0.45PG C，其植被的碳密度 15.3MgC·hm^{-2} 增加到 31.3MgC·hm^{-2}。其他对于英国、印度、中国人工林的研究显示，增加人工林面积对于工业碳减排作用巨大[59]。

在碳替代的途径方面主要通过积极开发利用森林生物质能源，转变区域内燃料使用状况，尤其是发展中地区使用清洁燃料代替传统的薪柴，增加木质产品的合理循环使用，减少森林碳源泄露。FAO 估计 2030~2050 年期间，由于薪柴的使用减少，碳排放量可能占到这一期间减少的总排放量的 30%。克纳夫等（Marcus Knauf et al.，2014）通过模拟研究发现在中长期内（分别为 2050 年和 2100 年）合理用途木材使用量下的环境净气候保护功能比没有木材使用的场景要高，木材的合理使用可以增加碳汇，替代相关材料碳源的排放[60]。詹鹏（2014）等介绍了生物质能源林的碳汇功能，以及国内外普遍使用发展森林生物质能源碳汇增量计量方法，其计量公式为：$Q = \sum Ct + \sum Cx - \sum Csh$，其中包括：生物质能源替代化石性能源的 CO_2 吸收量（Ct）；生物质能源林生长过程中 CO_2 吸收量（Cx）；生物质能源林生产过程中使用化石性能源导致 CO^2 的排放量（Csh）[61]。

②森林碳汇项目管理。2001 年《波恩政治协议》和《马拉喀什协定》已同意将造林、再造林项目作为第一承诺期合格的清洁发展机制，这意味着发达国家可以通过在发展中国家实施林业碳汇项目抵消其部分温室气体排放量。中国在发展森林碳汇项目方面具有巨大的优势，李怒云等（2006）指出基于市场容量的扩大以及中国拥有发展森林碳汇项目的政治和经济优势，中国的森林碳汇项目发展前景广阔。国内外学者对于森林碳汇项目管理中存在的问题以及经验，以及管理框架运行机制的设计展开相关研究。

森林碳汇项目管理中存在的问题，武署红等（2006）研究发现在森林碳汇项目管理过程中会出现一定的碳泄露，其从泄露的原因、机理、影响范围等方面对于造林和再造林项目以及森林保护项目的中潜在的泄露进行分析，并提出增强中国林业碳汇项目的评估和监测。莫祝平等（2012）指出清洁发展机制造林再造林项目（CDMAR）实施和管理中存在着相关政策障碍、技术障碍、市场障碍和资金障碍，阻碍着 CDMAR 的实施管理[62]。杨帆等（2016）应用有序 Probit 模型对于 397 户森林碳汇项目林农对森林碳汇项目持续参与意愿及其影响因素的分析，发现现阶段林农森林碳汇项目持续参与意愿不高，有待进一步提升[63]。

国内外学者对于发展森林碳汇管理项目的建议以及经验，穆巴布（Purity Rima Mbaabu，2014）通过对于尼泊尔奇旺 Kayar Khola 分水岭地区的社区管理和政府管理的造林项目的地表植被密度和高度跟踪观察调查发现，社区管理效果优于政府管理，政府管理区域由于盗伐和管理不善碳泄露严重，在森林碳汇项目的管理中政府应该与他人建立协调和合作关系，控制非法的侵占项目用地行为和监管非法的林产品交易[64]。张弛等（2016）通过对于"川西北""川西南"森林碳汇项目的运行模式运行原理、链接机制的分析，提出未来森林碳项目管理的组织模式应该是"企业＋科技机构＋林业专业合作组织＋农户"，其中需要确立农户的主体地位，大力发展林业合作组织，要有政府的扶持，科研机构需要科技入股提高其参与度[65]。

③森林碳汇管理政策影响力及其制度机制创新研究。森林碳汇管理政策方面国内外的研究集中于森林碳汇公共政策的影响上，森林碳汇管理效率的可以提升相关地区经济效益以及管理水平，布鲁夫斯通等（Bluffstone et al.，2015）的研究显示，在埃塞俄比亚实施的森林碳汇项目能在一定程度上帮助提高社区管理和协调能力，有助于当地减贫[66]。刘娜等（2011）认为中国贫困的自然保护区可以利用碳汇机制，增加财政收益和居民收入，改善自然环境，降低贫困人口因灾返贫的风险[67]。黄颖利等（2012）等利用投入产出法预测黑龙江省开发 CDM 造林和再造林项目会引致简洁和直接的就业量，在一定程度上缓解林区职工的就业困难[68]。

中国森林碳汇项目制度机制的设计创新方面，张华明、赵庆建（2011）在研究中国森林资源和碳储量时空分布的基础上，基于产权界定，从财政金融工具和非政府组织角度提出了清洁发展机制下中国森林碳汇市场的政策创新机制[69]。李怒云等（2012）从森林的碳汇功能，应对气候变化以及碳汇交易国际规则为研究切入点，系统总结中国林业碳汇标准体系研建及试点基础上，提出了构建中国林业碳汇国家标准的思路和建议[70]。关于构建中国森林碳汇项目的监测和计量体系。陈健（2008）等做出初步探索，明确了森林碳汇监测区样地调查内容和森林碳汇计量方法，并构建了网络信息化平台，建立监测信息系统，实现数据网络化管理，同时结合地理信息系统进行综合应用，为中国应对全球气候变化制定相关政策提供基础数据和决策支持[71]。

1.3.3 草原碳汇及其管理的研究进展

1. 草原碳汇量的测算

方精云等（1996）计算了中国各种植被类型的碳储量，其中估算草地的总碳储量约占中国陆地生态系统总碳储量的16.7%。尼等（Ni J. et al., 2001）也估算了中国陆地生态系统碳储量，其中包括11种草地类型，面积为405.9×10⁶hm²。尼等（2002）应用奥尔森等（Olson et al.）的碳密度数据估算中国草地的总碳储量为44.09Pg（十亿吨），其中植被层为3.06Pg，土壤层为41.03Pg。在这次估算中，采用的可利用草原面积为298.97×10⁶hm²，草地类型为18种。范等（Fan J. W. et al., 2008）依据中国草地资源调查（1980～1991）数据，并结合样带调查实测数据及公开出版的资料计算了中国草地调查分类中的17种草地类型的地上、地下生物量值，估算中国草地植被碳储量约为3.32Pg[72]。马瑟亚斯（Matthias, 2011）利用涡旋相关法观测爱尔兰南部温带草原的碳汇量。

2. 草原碳汇的重要性

郑淑华、金花、邢旗等（2010）提出草原是面积最大的绿色资源，是中国陆地生态系统中面积最大的碳库；草原碳汇研究是加强草原保护建设、提高应对气候变化水平的迫切需要；草原碳汇研究是重视草原固碳研究、提高科技支撑水平的现实需要[73]。赵娜、邵新庆等（2011）提出开发碳汇草业价值，发挥中国草地生态系统的功能，特别是加强高寒草甸草原资源保护，将会对全球碳的保存、CO_2的减排具有极其深远的意义[74]。中国草学会理事长云锦凤（2009）呼吁，我们应该像重视森林碳汇一样重视草原碳汇，将草原建设工程与草原碳汇相结合，积极推进草原畜牧业生产方式的转变[75]。董恒宇（2010）提出，草原的合理利用可以为草原带来生态经济效益，反之不合理的利用将会阻碍当地的经济发展。他认为发展草原碳汇是草原可持续利用的手段之一[76]。

3. 草原碳汇管理

碳汇管理的研究主要集中在森林碳汇，草原碳汇管理的研究起步较晚，国内外的研究成果较少，但值得注意的是在碳减排方面发挥着不可替代的作用，刘加文（2010）指出草原是光合作用最大载体，也是中国面积最大的碳库，在制定应对气候变化的国家政策时，要真正确立草原、森林都是"大碳库"的科学理念。关于草原碳汇管理的研究主要集中在草原经营管理活动对草原碳汇的影响、草原碳汇管理的模式、草原碳汇市场、草原碳汇补偿以及草原碳汇 CDM 项目管理五个方面。

（1）草原经营管理活动对草原碳汇的影响。

草原管理措施对草原碳汇的影响：张英俊等（2013）认为人们对于草原碳汇管理的认识和研究还远远不足，其综述了 CO_2、温度及降雨等气象因子和草原开垦、放牧、割草、施肥、人工草地建植等草地管理措施对草原碳汇功能的影响及其作用机制，以期对中国草原的管理实践提供借鉴[77]。赵娜等（2013）通过研究放牧和补播对草地土壤有机碳和微生物量碳的影响，发现围栏封育 29 年、围栏封育 8 年、补播苜蓿、补播羊草以及轻度、中度和重度放牧共 7 种管理措施对草地土壤起了不同程度的固碳效果，其中围栏封育和补播措施对增加土壤有机碳含量尤为明显[78]。

风沙治理对草原碳汇的影响：张良侠等（2014）通过对京津风沙源治理工程对草地土壤有机碳含量影响的研究发现，利用草地生态建设工程使草地土壤达到最大有机碳密度仍然是一个相当长期的工作，相对而言，土壤固碳速率较快的人工种草所需的时间较短，为 57.75 年[79]。

（2）草原碳汇管理的模式。

"沙漏型"草原碳汇协作管理模式：为弥补草原碳汇由政府主导而产生的问题，马晓洁等（2017）提出"沙漏型"草原碳汇协作管理模式，在这一模式中，大学和科研机构组成联盟提供人才的培养并对草原碳汇进行人才的输入；将企业和牧民组成联盟通过沙漏上方联盟的人才和技术支持，实现双方利益最大化；最终在政府的协调推动下，大学和科研机构联盟、企业和牧民联盟都作于草原碳汇，实现草原碳汇相关利益主体的协作管理，整合政府的调控推动力、企业和牧民的利益驱动力以及大学和研究机构的协同驱动力，进而实现草原碳汇的生态价值和社会价值[80]。

"七位一体"草原碳汇协作管理的模式：马军等（2017）利用社会网络分析工具对内蒙古草原碳汇协同管理活动参与主体之间的合作行为进行量化分析，构建了政府、生态组织、非营利组织、研究机构、大学、污染企业和牧民七位一体的草原碳汇协作管理模式[81-82]。

（3）草原碳汇市场。

发展草原碳汇市场的基础：师颖新、艾伟强（2012）提出不同地方、不同气候条件下，不同的草原具有不同的碳吸收能力。另外由于其时间跨度长达几十年，针对不同区域、不同类型的草原，应该制订不同的管理方案，然后科学度量其效果，这才是开展可持续的草原碳汇交易的基础[83]。宋丽弘、唐孝辉（2012）提出完善行政法规，促进草原碳汇经济建设法制化：包括草原增汇措施法制化、草原碳汇评估法制化、草原碳汇交易法制化；加强国际合作，全面推进草原碳汇经济的发展等措施，包括大力开展"清洁发展机制"合作，促进草原碳汇机制建立、广泛搭建国际合作平台，完善生态补偿制度、开展环境合作项目，增强碳汇经济储备力量[84]。

草原碳汇市场的构建：闫晔（2013）建立区域性特色的草原碳汇交易市场体系，有利于促进草原碳汇产品的形成及碳汇贸易的实施，构建了草原碳汇的交易框架[85]。

（4）草原碳汇补偿。

草原碳汇交易下的碳汇补偿：韦惠兰、高涛（2010）从碳汇的角度切入，运用碳密度方法对玛曲草地碳汇含量进行测算。在此基础上，探索通过在清洁发展机制框架下实施碳汇交易，促使牧民维护草地健康发展，保证黄河水安全而减少牲畜所带来的损失得到补偿[86]。

草原碳汇补偿机制的构建：陈岚（2015）构建了草原碳汇补偿机制，分析了草原碳汇补偿的主体与客体[87]。陈岚（2016）指出草原补偿机制和区域草原碳汇补偿依然具有较大的发展空间[88]。

（5）草原碳汇 CDM 项目管理。

季雨潇等（2016）通过 CDM 项目批准指标和内蒙古现阶段草原碳汇 CDM 项目的发展趋势对比发现，内蒙古草原碳汇 CDM 项目存在着经济效益差、额外性证明不足、技术人水平不高的问题。草原碳汇 CDM 项目仍需要政府重视、企业发展、社会支持，推动草原碳汇 CDM 项目的发展[89]。

1.3.4　对现有文献的述评

1. 研究内容侧重于森林碳汇，对草原碳汇等其他碳汇的研究较少

由于国际上的一些协议、机制和标准主要针对森林碳汇，因此在这样的大背景下国内外对森林碳汇的研究从各个方面展开，对草原碳汇的研究才刚刚起步。但是对森林碳汇的研究可以借鉴到草原碳汇上，现有对草原碳汇市场、草原碳汇补偿的研究也借鉴了森林碳汇的研究。

2. 草原碳汇管理中内部管理制度和运行机制的研究是对草原碳汇管理深入研究的基础

基于对于现有文献的梳理分析，森林碳汇管理制度建设和机制建设相对于草原碳汇管理相对完善，从国家林业和草原局碳汇管理办公室成立以及相关森林碳汇项目的立项实施，以及相关法律规定的实施，森林碳汇管理的深入研究建立在对应管理实践之上。而草原碳汇管理的相关制度机制尚未完全成型，需要在借鉴森林碳汇的管理经验，结合草原碳汇管理的具体，加强草原碳汇管理基本制度机制的研究，为未来进一步研究奠定基础。

3. 在草原碳汇管理研究过程中研究方法的应用需要结合草原的特点

相对而言，碳汇管理研究主体多为森林碳汇，鉴于碳汇管理生态功能和社会经济功能的双重属性，因而森林碳汇管理过程研究方法多采用森林生态学和管理学等多重交叉学科的研究方法的结合；在研究草原碳汇协同管理时，需借鉴森林碳汇的相关研究方法同时，还需要注重结合草原治理的具体特征，尤其是草原生态功能的独特性和整体性，从系统论的角度以及相关理论研究草原碳汇管理。

4. 本书的重点、与以往文献的联系

本书的重点是草原碳汇管理，正是因为对于草原碳汇及其管理的研究都处于初级阶段，才要对草原碳汇管理做一个整体规划，才能为后续研究的开展打下基础。目前关于草原碳汇的文献可以作为本研究的基础，森林碳汇的文献作为借鉴，利用经济学、管理学等相关理论为基础，对草原碳汇管理的理论与实践进行探索与研究。

第2章

草原碳汇管理的理论基础

2.1 公共政策理论

公共政策学诞生于"二战"之后20世纪50年代的美国。美国的著名政治学家拉斯韦尔和勒纳（Harold D. Lasswell and Daniel Lerner）于1951年合编的《政策科学：范围与方法的新近发展》一书正式提出了"政策科学"的概念，标志着政策科学的诞生。在公共政策学发轫和发展的历史上，公共政策学者们对于它的界定做了很多探讨。艾斯顿[90]（Robert Eyestone）侧重于政策主体，他认为："公共政策就是政府机构和周围环境之间的关系。"戴伊[91,92]认为："公共政策是一个政府选择要做的任何事，或者他选择不去做的任何事。"对于这个定义他的解释是"既包括政府的行为，也包括政府不行为。政府无力行为正如其行为，可能同样对社会产生重大影响。"拉斯韦尔（Harold D. Lasswell）和卡普兰[93]（A. Caplan）的定义侧重于政策方案，他们认为："公共政策是一种含有目标、价值与策略的大型计划。"休斯敦[94,95]侧重于政策结果，他在1951年出版的《政治体系——政治学状况研究》一书中，把公共政策界定为对一个社会进行的权威性价值分配，他的界定产生了广泛而持久的影响。克鲁斯克等倾向于综合，他们给出的定义是："政治系统的产出，通常以条例、规章、法律、法令、法庭裁决、行政决议以及其他形式出现。"

西方学者对于公共政策学的研究成果被引进中国后，中国学者也对"公共政策"概念的内涵做出定义。本书引用宁骚[96]对公共政策给出的定义：公共政策是公共权力机关经由政治过程所选择和制定的为解决公共问题、达成公共目标、实现公共利益的方案。

在公共政策的研究中，如何制定公共政策始终是研究的重要主题和对象，公共政策是政策系统输出的公共产品，它既是政策运行的载体，也是政策过程展开的基础。有学者认为政策系统包含三个要素的互动：公共政策、政策环境和政策利益相关者[97]。对于政策系统，本书将引用宁骚的定义：政策系统是一个由政策主体和其他利益相关者，以及将他们与政策客体、政策环境联系起来的政策支持系统、政策反馈系统等所组成的有机整体。

2.2　可持续发展理论

1972年联合国人类环境会议通过的《人类环境宣言》，标志着可持续发展思想的初步形成。1981年，美国的世界观察研究所所长莱斯特·R.布朗（Lester R. Brown）在其出版的《建设一个可持续发展社会》一文中首次提出可持续发展（ideology of sustainable development）概念，由此，可持续发展的概念开始准确定位。但是他没有针对可持续发展的主要内容及意义进行详细的阐述与规定。

直到1987年世界环境与发展委员会在《我们共同的未来》报告中第一次阐述了可持续发展的概念，得到了国际社会的广泛共识。可持续发展是指既要达到发展经济的目的，又要保护好人类赖以生存的大气、淡水、海洋、土地和森林等自然资源和环境，使子孙后代能够永续发展和安居乐业。环境保护是可持续发展的重要方面，可持续发展的核心是发展，但要求在严格控制人口、提高人口素质和保护环境、资源永续利用的前提下进行经济和社会的发展（见图2－1）。

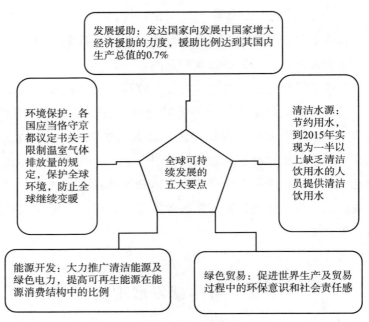

图2－1　全球可持续发展的五大要点

2.3　协作性公共管理理论

协作性公共管理是指为更有效地为公众提供公共服务，由公共部门、私人部门和非营利部门协作和协同解决社会问题的一种手段。在多部门联合下，以资源整合为主线，以有效实施公共项目及更好实现公共责任为目标，突破和超越地区与部门界限，构建跨部门、跨地区、跨层级、跨行业的公共协作管理网络。

协作性公共管理的产生源于社会变革的推动，在社会变革过程中会产生各种"跨边界公共问题"，而这些公共问题的解决单靠某一个部门或机构是无法解决的，需要两个或更多部门的相互协调和协同。公共性协作管理的作用主要有：

（1）有利于消除政府系统不同部门间的封闭分割状态。推进公共管理系统的整体有序运转。协作公共管理打破了不同部门间各自为政的局面，建立在信息共享基础上，通过基于特定政策和任务，信息共享，优化整合现有资源促进不同部门沟通协作，有助于提高公共问题的处理效率。

（2）有利于 $1+1>2$ 协同效应的实现。通过协同文化创建、协同价值观培养、信息沟通和理念培训等工作，最大限度地凝聚特定政策领域不同利益相关者力量，实现最大协同效应。

（3）有利于稀缺资源的有效利用。构建跨部门协作机制或成立部门间协调机构，能够有效资源和政策整合，从而提升稀缺资源利用效率。

（4）有利于创造公共价值的服务型政府。公共协同机制的建立是促进"一站式"服务中心的基础，通过共享公共服务界面提高公共服务效率，能够提升受众的满意度。

（5）有利于冲突和争端解决机制的建立。通过共同的结果目标、绩效指标和监管政策的协同，建立健全部门间的配合协调机制，能够更好地解决部门间协调困难的问题。

协作性公共管理更多强调合作管理、共同监督和联合评估，使公共管理更趋于公平合理，代表了当前公共管理的发展趋势，也是社会进化的选择。目前对协作性公共管理的研究主要有表2-1所示的几种模式。

表2-1　　　　　　　　协作公共管理的基本框架

项目	类别	内容
1. 政府间协作	纵向不同层级政府间协作	中央与地方合作生产和提供区域公共物品，如美国联邦与州之间的合作

项目	类别	内容
	横向不同行政管辖区间协作	跨地区协作，如欧盟区域协作和美国州际合作，中国泛珠三角、长三角和京津冀区域合作等
2. 政府内部协作	同层级政府内部不同部门间协作	部门间联合领导小组、部际联席会议、部门间联合委员会、部际协调小组等
	同一部门内部不同机构间协作	机构间联合项目团队、跨机构团队管理
3. 政府外部协作	政府与私人部门合作提供公共服务	公共服务民营化、市场化提供、公私部门伙伴关系
	政府与非政府组织（志愿者组织）合作	政府与非政府组织合作提供教育资源，应急管理中政府与非政府组织合作实施救援等
	政府与公众合作	基层社区治理中公众参与等

2.4 博 弈 论

博弈论译自英文"Game Theory"，直译为"游戏理论"，中国学者也有称其为对策论、冲突分析理论等。2005 年诺贝尔经济学奖得主奥曼（Robert John Aumann）指出："所谓博弈，就是策略性的互动决策。"中国博弈论与实验经济学研究会副理事长谢识予先生给出的定义为："博弈即一些个人、对组或其他组织，面对一定的环境条件，在一定的规则下，同时或先后，一次或多次，从各自允许选择的行为或策略中进行选择并加以实施，各自取得相应结果的过程。"

规定或定义一个博弈需要四个方面的设定：

（1）参与人。即博弈的局中人，在博弈中能够独立决策并承担相应结果的组织或个人。

（2）行动策略。即博弈的行动参与人可以选择的方法、做法或经济活动的水平、量值等。在同一个博弈中，每一个博弈的行动参与人一般的行动策略是不同的，但在一般的博弈中会设定有限的行动策略。

（3）博弈次序。即博弈参与人的决策先后顺序，同一个博弈中必须规定其中的次序，次序不同一般就不是同一个博弈。

（4）得益。及博弈参与人所获得的利益，博弈方在博弈参与过程中的所得或所失，可以量化为数量结果，如利润、收入、效用等，这些量化数值称为在相应情况下的"得益"，可正可负。

博弈论就是研究可以用上述四种方法定义的各种博弈问题的，依据不同的标准，博弈有不同的分类，具体如表2-2所示。

表2-2　　　　　　　　　　　　　博弈的基本分类

分类依据	博弈类型	界定
次序	静态博弈和动态博弈	静态博弈是指博弈中参与者同时采取行动，或在有先后顺序的情况下，后行动者不知道前面行动者以何种行动参与局中。动态博弈指博弈参与者行动有先后顺序，并且后参与者能够观察到先参与者的行动，并据此作出相应选择
信息	完全信息博弈和不完全信息博弈	每一个博弈参与者都拥有其他参与者的相关策略集、行动得益函数等方面的信息为完全信息博弈。参与人并不完全清楚有关博弈的一些信息，则为不完全信息博弈
约定	合作博弈与非合作博弈	博弈参与者之间若能达成一个具有强制性约定的博弈为合作性博弈，反之就称为非合作博弈

一般认为1944年冯·诺伊曼和奥斯卡·摩根斯坦出版的《博弈论和经济行为》一书是博弈论发展的起点。在博弈论发展初期，大多数学者对合作博弈比较关注，到20世纪50年代，合作博弈发展到鼎盛时期，此后学者们将更多的研究视角转向非合作博弈论的研究。在20世纪40~70年代末这一段时间，是博弈论发展非常重要的一个时期，出现很多理论概念，如奥曼的"强均衡"概念、塞尔腾的"子博弈完美纳什均衡"、海萨尼的"贝叶斯纳什均衡"等。虽然这一时期的博弈理论

还没有成熟，理论体系还比较乱，但这个时期的博弈论研究的繁荣和进展是非常显著的。20 世纪 80 年代后，博弈论逐步走向成熟时期，因理论框架及其与其他学科的关系逐渐完整和清晰起来，在经济学中的地位达到了鼎盛。

随着经济社会的不断发展，社会分工不断加深，政府对经济的干预加强，经济与政治、人口、环境保护的交互作用等，又使现代经济的运程程度越来越高，博弈性越来越强。因此，对博弈论的研究在现实经济社会中发挥了越来越重要的作用。草原碳汇协作涉及政府、企业以及牧民个人间的博弈。由于政府、企业以及牧民个人所追求的目标不一致，所以其在博弈中是多种主体间的合作与非合作博弈。政府是否向牧民分配草地治理补贴、怎样发放补贴、补贴金额多少，政府是否想企业分配草地治理任务、企业是否配合政府交纳草场治理费用等，以及国家的政策倾向问题，实际上构成了政府与企业、政府与牧民、企业与牧民之间的竞争博弈，另外在草原碳汇协作的发展过程中相关企业之间存在竞争。因此博弈渗透在草原碳汇协作管理发展的各个主体之间，在政府、企业、牧民目标不一致的情况下，如何协调与均衡其利益冲突是解决草原碳汇协作管理的关键问题。

2.5　政府规制理论

政府规制理论也被称为管制经济学（Economics of Regulation），是指在以市场机制为基础的经济体制里，相对独立的社会公共机构（主要是指政府），依据有关法律法规，对市场经济主体，包括国家机构、企业组织、事业单位及个人的经济活动和市场关系进行限制和管理的行为。

政府规制的两个主要方面包括经济规制和社会规制。

（1）经济性规制是指在自然垄断和存在信息偏差的领域，国家为了更合理配置资源，确保公民公平享有相关权利，政府机关用法律权限，通过行政许可和认可等手段，对某一领域的价格、市场进入和退出条件、特殊行业服务标准、投资、财务会计等有关行为加以规制。经济性规制又分为进入或退出规制、价格规制、产权锲约规制、标准规制、数量质量规制、设备规制等几个方面，如图2-2所示。

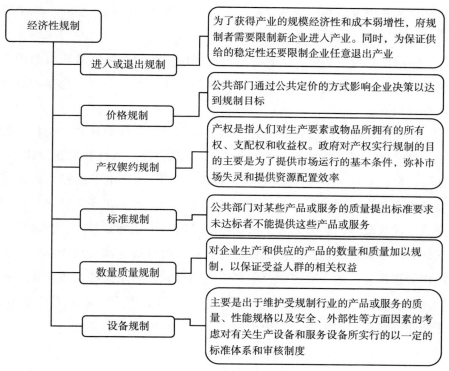

图2-2 经济性规制的内容分类

资料来源：根据政府经济管理理论整理所得。

（2）社会性规制是指以保护环境、劳动者和消费者的安全、健康等而采取的一些禁止和限制行为的规定，以纠正经济活动所引发的各种消极作用和影响。

社会性管制的内容包括：

①确保健康、卫生的社会性规制。包括确保健康、卫生的药品法、

医疗法、传染病预防法、检疫法、水道法、有关废弃物的处理与清扫方面的法律等。

②确保安全的社会性规制。包括防止劳动灾害、疾病保护消费者利益确保交通安全等方面的法律。

③保护环境的社会性规制。包括防止公害的水质污染防止法等，保护环境的草原保护法、森林保护法等，防止产业灾害的核燃料、原子反应堆规则法等，以及防止自然灾害的国土利用法等。

④确保教育、文化、福利的社会性规制。包括为提高教育质量的学校教育法等，为提高福利服务的社会福利事业法等，以及文物保护法和保护措施等。

经济性规制与社会性规制的区别主要是经济性规制针对的是特定行业，而社会性规制面向全社会所有厂商和消费者。从目前的研究来看，社会规制的研究尚不深入和系统，但随着人们生活水平的提高，对环境、安全和生活质量的社会要求将越来越高，尤其是在环境破坏日益严重，气候变暖等因素影响下，以及环境资源的稀缺性条件下，为以安全保证和环境保护为目的社会性规制将有较大的发展空间。对于草原碳汇协作管理来说，光靠政府、企业和牧民的自觉行为是无法实现草原可持续发展战略的，需要依靠政府规制和相关宣传，提升人们的综合素质，才能建设好草原碳汇协作管理机制。

2.6 协同管理理论

协同理论亦称"协同学"或"协和学"，是 20 世纪 70 年代以来在多学科研究基础上逐渐形成和发展起来的一门新兴学科。其创立者是联邦德国斯图加特大学教授、著名物理学家哈肯（Hermann Haken）。协同理论主要研究远离平衡态的开放系统在与外界有物质或能量交换的情况下，如何通过自己的协同作用，自发地出现时间、空间和功能上的有序结构。协同论以现代科学的最新成果——系统论、信息论、控制论、突变论等为基础，吸取了结构耗散理论的大量营养，采用统计学和动力学相结合的方法，通过对不同的领域的分析，提出了多维相空间理论，建立了一整套的数学模型和处理方案，在微观到宏观的过渡上，描述了各种系统和现象中从无序到有序转变的共同规律。协同论是研究不同事物共同特征及其协同机理的新兴学科，是近十几年来获得发展并被广泛应用的综合性学科，着重探讨各种系统从无序变为有序时的相似性[98]。

协同管理，即协同作战。是把局部力量合理地排列、组合，来完成某项工作和项目。协同管理是一种基于敏捷开发模式，以虚拟企业为对象的管理理论体系。虚拟企业实质是一个由许多子系统组成的系统环境，协同管理就是通过对该系统中各个子系统进行时间、空间和功能结构的重组，产生一种具有"竞争—合作—协调"的能力，其效应远远大于各个子系统之和产生的新的时间、空间、功能结构。其主要作用是提高行政效能，增强执行力和服务能力；优化流程，缩短周期，提升效能；积极推行信息公开，逐步提高工作透明度，提高执行力；完善监督考核机制，提升业务质量[99]。协同管理理念主要体现为三大基本思想，第一，信息网状思想，实现管理对真实的、全局信息的了解。第二，业务关联思想，促进各个环节的充分整合并纳入统一平台进行管理，并对相关信息进行及时更新，从而实现各环节之间的平滑链接。第三，随需而应思想，突破资源之间的各种障碍而被迅速找到并集合到一起，并实现它们之间通畅的沟通、协调，从而保证目标的达成。

第 *3* 章

草原碳汇管理

3.1 草原碳汇及其管理的现状分析

3.1.1 中国草原碳汇的现状分析

根据白永飞等（2018，《植物生态学报》3 期）的研究显示中国草原面积巨大，中国有草原面积近 4 亿 hm^2，4 亿 hm^2 草原大约每年可固碳 5.2 亿 t，折合 CO_2 9 亿 t，可大约抵消中国 CO_2 排放总量的 30%。因为草原具有绝对的固碳能力，所以凭借着草原的能力和中国草原的面积，使得草原成了中国面积最大的碳库。草原是最经济而有效的储碳库。根据宋丽弘等（2012，《中国草原学报》6 期）专家测算，以围栏、补播、改良等综合措施，保护建设 1 hm^2 天然草原，投入约 1 000 元，能固碳 5t，平均每吨碳的成本约为 200 元，而人工造林每固定 1t 碳的成本约为 450 元，是草原的 2.25 倍，若采用工业减排措施，每吨碳成本则高达万元。中国自 2003 年以来通过实施退牧还草工程，共增加牧草约

2.4亿t，相当于全国牧草年产量的1/4，所直接固定的碳达0.25亿t，折合0.91亿t二氧化碳，按照项目实际投入计算，固定1t二氧化碳的实际成本只有约110元。若考虑项目对草原资源的有效保护，以及草原生态环境的改善对土壤层的良性影响，其实际固碳量就更大，效率也就更高。

内蒙古自治区可以作为草原碳汇的典型地区。最新普查数据显示，内蒙古东西横跨2 400km，草原主要分布在温带半湿润、半干旱和干旱三个气候区草原面积11.38亿亩（约0.76亿公顷），其中天然草原约为10.87亿亩（约0.72亿公顷），约占全区草原总面积的95.4%。

内蒙古草原从最东部的呼伦贝尔市陈巴尔虎旗到最西部的阿拉善盟额济纳旗，自东向西依次分布着温性草甸草原、典型草原、荒漠草原、草原化荒漠和荒漠类5大地带性植被。北京大学地表过程分析与模拟教育部重点实验室组织的调研活动中，专家们根据内蒙古自治区各草原生物量密度估算出内蒙古地区草原碳储量如表3-1所示。

表3-1　　　　　　　　　内蒙古草原不同类型草原碳储量

类型	占地面积（万公顷）	总生物量密度（$MgC \cdot hm^{-2}$）		总碳储量（TgC）	
		平均值	标准差	平均值	标准差
草甸草原	949	7.09	0.88	48.46	5.98
典型草原	2 767.35	3.63	0.21	113.25	6.41
荒漠草原	841.99	1.58	0.11	15.37	1.09
草甸	538.65	4.56	0.47	48.93	5.09
温带草地	1 692.31	3.44	0.23	226.01	13.27
合计	6 789.3	4.06	0.38	452.02	31.84

资料来源：马文红等. 内蒙古温带草地植被的碳储量. 干旱区资源与环境，2006（3）.

调查结果显示，内蒙古草地碳储量为452.02±31.84 TgC（$1Tg = 10^{12}g$），平均碳密度为4.06$MgC \cdot hm^{-2}$，固碳能力大约达到1.127亿t，

按 CO_2 折合计算的结果约为 4.1 亿 t，大约能抵消全区全年二氧化碳排放总量的 30%。内蒙古草原在涵养水源、防风固沙、固碳储氮及维护生物多样性方面发挥着重要作用，是中国北疆的天然生态屏障。

中国草原生态环境逐步改善。近些年，中国加大草原保护建设的投入力度，组织实施了天然草原植被恢复与建设、牧草种子基地、草原围栏、自然保护区以及生态功能区建设等草原保护建设重点工程，并取得明显效果，草原沙化、生态恶化的局面得到有效缓解，草原植被状况和草场质量明显改善，这就为保持和增强中国草原碳汇功能奠定了基础。

3.1.2 中国草原碳汇管理现状分析

统一的管理机构、健全的政策制度、雄厚的资金保障，先进的技术支撑是开展草原碳汇管理的基础保障，缺少任何一项必然导致草原碳汇管理无法顺利进行。而目前中国草原碳汇管理现状不容乐观。

1. 缺少统一的草原碳汇管理机构

草原碳汇管理是一项系统工程，需要统一的管理机构对草原碳汇进行有效合理的统筹、规划、管理。但目前中国缺乏像国家林业和草原局碳汇管理办公室这样的权威机构来开展组织制定碳汇管理的国家规则、管理办法、技术标准和相关政策；负责全国碳汇项目的统计和分析等日常管理工作；指导和协调全国碳汇项目的实施工作；组织专家开展相关的碳汇计量、监测、核证、检查等活动；开展信息交流，组织人员培训以及负责归口对外发布相关信息等工作。中国草原碳汇的这些管理工作有的是由政府牵头，有的是临时组成的专家组，有的管理环节甚至完全处于缺失的状态。虽然在中央层面，有农业部畜牧业司草原处、农业部草原监理中心、国家林业和草原局的退耕还林（草）工程管理办公室等，在地方层面，内蒙古自治区有内蒙古自治区农牧业厅、农牧业厅草原处、内蒙古自治区饲料草种监督检验站、内蒙古自治区草原资源监测管理站以及内蒙古自治区草原工作站等草原管理部门，但草原管理的领域都未涉及草原碳汇的内容。而且，中国草原管理部门多而杂，且职能冲突，以内蒙古自治区为例，内蒙古自治区农牧业厅草原与内蒙古自治区草原工作站的职责里都有负责编制全区草原保护与建设发展规划计划这一条款，这也导致草原管理部门职责不清、效率低下。

2. 缺乏相应的草原碳汇管理法规政策

到目前为止中国还没有出台与草原碳汇管理相关的法律法规，虽然在草原治理方面，中央层面的有《中华人民共和国草原法》《水土保持法》《国务院关于加强草原保护与建设的若干意见》，在内蒙古自治区层面的还有《内蒙古自治区草原管理条例》《内蒙古自治区草原管理实施细则》《内蒙古自治区基本草牧场保护条例》《关于严禁乱开滥垦加强生态环境保护与建设的命令》等有关法律法规，但所有这些法律法规都没有提及草原碳汇的内容，草原碳汇作为应对气候变化的重要地位还没有政策文件将其确定下来。现有的《草原法》也没有明确草原生态补偿制度，对草原生态补偿基金应用于生态草地的营造、抚育、保护和管理的法律地位还没有作规定。而森林碳汇的管理有《应对气候变化林业行动计划》中的5项基本原则、3个阶段性目标，实施林业减缓气候变化的15项行动和林业适应气候变化的7项行动，都可以作为各级林业部门开展应对气候变化工作的指导政策。而对草原碳汇的管理却没有相应的指导计划。另外，《中国绿色碳基金碳汇项目管理暂行办法》明确规定本办法所称的碳汇项目是指：以吸收固定二氧化碳等为主要目的的植树造林、森林经营活动以及与碳汇相关的技术规范和标准制定、科学研究和成果推广、技术培训和宣传等项目，所以对于草原碳基金的管理也缺乏相应的法律保障。

3. 缺少草原碳汇管理技术人才

草原碳汇管理的实施需要一批专业化的技术人才，只有了解草原碳汇管理各种流程的管理人才、懂得草业技术的科技人才的加入，才会为中国草原碳汇的发展注入新鲜的血液，才能保证中国草原碳汇管理更加

35

有活力、更加有创造力，才会攻克各种技术难关，使中国草原碳汇管理朝着健康的方向发展。而中国草原碳汇大区的情况一般都是自身生产力发展水平不高，同时现实的生产技术水平又限制了原本就低下的草地自然潜力的有效发挥。草地的生产能力与先进国家相比极为悬殊，草原碳汇技术落后，缺乏创新，这就使得中国草原碳汇发展缺乏相应的技术支撑。目前从事这方面的科研的人才相当缺乏，熟悉碳汇及其相关管理的人才更少。中国草原碳汇管理缺乏相关专业人员和科技的支撑。

4. 缺乏草原碳汇试点示范项目

由于草原碳汇的特殊性和复杂性决定了不宜进行大范围的碳交易，应与国家碳贸易试点相结合，在某个地区支持小范围开展碳交易项目试点示范，结合碳汇探索生态有偿服务试点。通过碳交易试点，一方面获得有利于气候、有利于生物多样性、有利于社区农牧民共同受益的多重效益，另一方面探索建立增汇减排适应性管理技术及模式，使农牧生产和生态效益达到双赢，而这些试点项目的成功实施能为中国碳汇政策的推广和碳汇项目的发展提供非常宝贵的项目实施和管理经验，为进一步实施同类项目奠定基础。然而，草原碳汇项目近几年来在中国刚刚起步，草原碳汇项目试点也缺少，项目从申请、实施到经营管理都没有任何经验可以借鉴。到目前为止，中国只有 1 项草原碳汇 CDM 项目，即川西北草原碳汇 CDM 项目。

5. 参与投资主体少资金严重不足

草原碳汇经济投入是一项投资大、周期长、见效慢的公益性事业，这严重影响了投资主体的参与性，使草原碳汇经济建设的重担落在了各级政府身上。草原生态文明建设工程开展实施以来，随着国家和自治区各级政府对草原生态建设投入力度的增加，草原生态建设进程明显加快。但由于参与投资的主体少，主要以政府为主，使草原碳汇管理面临资金缺口较大。投入少，索取多，导致草原碳汇管理长期处于入不敷出的欠账状态。此外，草原碳汇科研经费少，草原碳汇研究成果转化资金严重不足，也导致草原碳汇管理创新性不足，这是草原碳汇经济发展严重滞后的重要根源。

6. 碳汇协作管理机制尚未形成

草原生态建设单靠一方的力量是无法完成的，因此，在政府治理草原生态环境时，必须依靠企业、牧民、非公益组织等各方力量的协作。但是，从目前草原生态建设情况来看，草原碳汇协作管理机制尚未形成。草原生态建设单以政府投资为主，企业、牧民尚未意识到草原碳汇发展的重要性，在生产生活中依然以自我为中心，不能很好配合政府发展碳汇事业，导致草原生态恢复成效不明显，甚至个别地区持续恶化[100]。

3.2 草原碳汇管理水平综合评价

3.2.1 草原碳汇管理水平评价指标体系构建

草原碳汇是涉及经济、社会、环境、资源等各个方面的综合性很强的问题，草原碳汇管理是草原碳汇发展的基础和保障，因此草原碳汇管理水平的高低可以通过各个子系统反映出来。各子系统之间是相互联系、相互制约的，是一个有机整体，每一个子系统都能体现整个草原碳汇管理的效果，每一个子系统又有具体的指标支撑[101]（见图 3−1）。

1. 经济发展子系统

草原碳汇具有巨大的经济效益，草原碳汇项目的建设以及草原碳汇交易机制的研究将使草原潜在资源转化为可交易的经济商品，提升草原经济价值，对政府来讲有了长期可靠的草原生态建设资金，对牧民来讲少养畜的损失将被多增绿的收益所弥补，确保牧民不会因为放牧模式的转变而降低收入，对提高牧民收入和生活质量产生巨大而深远的影响。具体指标包括：农牧民人均纯收入、牧草种子及草产品生产线建成数、牧草产业技术创新成果项目数。

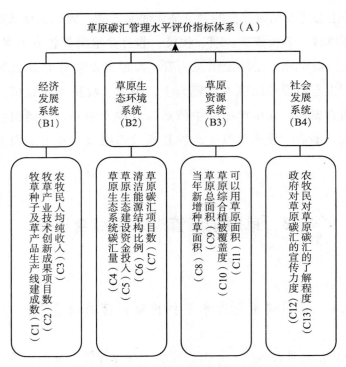

图3-1　草原碳汇管理评价指标体系

2. 草原生态环境子系统

草原碳汇管理的目的是为草原生态环境保护提供一种新的制度安排。而如果没有良好的草原生态作支撑，发展草原碳汇就是一句空话。以碳汇为目的草地治理对改善草地生态环境功能具有积极的影响，草原碳汇机制的实现，可使草原潜在的碳汇资源转化为可交易的商品，从而为草原生态的建设、恢复和改善获得有利的资金支持；通过碳汇交易市场机制还可以调整地区经济结构，改变地区发展方式。具体指标包括草原生态补助奖励资金投入、清洁能源结构比例、草原生态系统碳汇量以及草原碳汇项目数。

3. 草原资源子系统

草地资源是发展草原碳汇的基础，健康的草原资源系统具有丰富的碳储量和强大的碳汇功能，能够在抑制温室效应方面发挥重要作用。保护建设好草原就是增强草原的固碳能力，而草原草原面积缩小、草原退化沙化就会降低草地的固碳能力，减弱其碳汇的作用，导致草地生态系统由碳汇向碳源发展。以碳汇为目的草原经营管理是加强草原保护，实现草地资源永续利用，让草地尽快绿起来的有效途径。具体指标包括、草原总面积、可利用草原面积、草原综合植被覆盖度、当年新增草原面积。

4. 社会发展系统

公众对草原碳汇的了解程度制约着草原碳汇管理水平。国家以及公众层面的草原碳汇知识宣传对草原碳汇管理意义重大。近年来，农牧民对草原碳汇的认可度不断加大，碳汇理念不断深入人心，国家对草原碳汇的宣传力度也不断加大。具体指标包括：农牧民对草原碳汇的了解程度和政府对草原碳汇的宣传力度。

3.2.2 基于层次分析法的草原碳汇管理评价指标权重计算

1. 建立判断矩阵

邀请专家对各级评价中各个因素的重要程度进行两两比较，比较的结果用于建立判断矩阵。为了得到量化的判断矩阵，采用 1~9 的标度法，通过专家咨询，分别考查 B 层因素和 C 层因素的相对重要性，可以得出 A－B、B－C 判断矩阵，结果如表 3－2～表 3－6 所示。

表 3－2　　　　　　　　　　　　A－B 判断矩阵

A	B1	B2	B3	B4
B1	1	4	3	1
B2	1/4	1	1	1/3

A	B1	B2	B3	B4
B3	1/3	1	1	1/2
B4	1	3	2	1

表 3 - 3　　　　　　　　　　　**B1 - C 判断矩阵**

B1 - C	C1	C2	C3
C1	1	1/7	1/7
C2	7	1	1
C3	7	1	1

表 3 - 4　　　　　　　　　　　**B2 - C 判断矩阵**

B1 - C	C5	C6	C7	C8
C5	1	2	2	1
C6	1/2	1	1	1/2
C7	1/2	1	1	1/2
C8	1	2	2	1

表 3 - 5　　　　　　　　　　　**B3 - C 判断矩阵**

B3 - C	C9	C10	C11	C12
C9	1	1/4	1/3	1
C10	4	1	3	4
C11	3	1/3	1	3
C12	1	1/4	1/3	1

表 3 – 6   **B4 – C 判断矩阵**

B4 – C	C12	C13
C12	1	1
C13	1	1

2. 各指标权重

运用和积法求解判断矩阵得出在单一目标层 A 下被比较元素的相对权重，即层次单排序，并进行一致性检验。指标权重的计算步骤如下：

①将得到的矩阵按行分别相加得到列向量。如公式（3 – 1）所示。

$$W_i = \sum_{i=1}^{n} \frac{a_{ij}}{N} \qquad (3-1)$$

②将所得的 W 向量分别做归一化处理，得到单一准则下所求各被比较元素的排序权重向量。③一致性检验。一致性检验的基本步骤如下所述：应用公式（3 – 1）计算求解判断矩阵的最大特征值；然后分别代入公式（3 – 2）和（3 – 3）计算判断矩阵的一致性指标 CI 和一致性比 CR。

$$\lambda_{\max} = \sum_{i=0}^{n} \frac{(AW_i)_i}{nW_i} \quad i = 1, 2, \cdots, n \qquad (3-2)$$

$$CI = \frac{\lambda_{\max} - n}{n - 1} \qquad (3-3)$$

式中，A 为 A – B 判断矩阵，n 为判断矩阵阶数，为判断矩阵最大特征值。判断矩阵一致性性程度越高，CI 值越小。当 $CI = O$ 时，判断矩阵达到完全一致。各指标权重及一致性检验结果如表 3 – 7 所示。

表 3 – 7   **指标权重及一致性检验**

矩阵	指标权重	最大特正根	n	CI	CR	一致性检验情况
A – B	{0.4044, 0.1167, 0.1388, 0.3401}	4.028	4	0.0093	0.0103	通过
B1 – C	{0.067, 0.467, 0.467}	3	3	0	0	通过

矩阵	指标权重	最大特正根	n	CI	CR	一致性检验情况
B2 - C	{0.333, 0.167, 0.167, 0.333}	4.0001	4	0.0003	0.0037	通过
B3 - C	{0.108, 0.519, 0.266, 0.108}	4.0833	4	0.0278	0.031	通过
B4 - C	{0.5, 0.5}	2	2	0	0	通过

由表 3-7 可知,判断矩阵具有满意的一致性,因此由判断矩阵计算出来的各级评价指标的权重向量值是比较可靠的。下面将草原碳汇管理评价指标及其权重进行汇总,汇总情况见表 3-8。

表 3-8　　　　　　　草原碳汇管理评价指标体系及权重

目标层 (A)	准则层 (B)	指标层 (C)			
	子因素 (权重)	具体指标(C)		C 层指标相对于 B 层的权重	C 层指标相对于 A 层的权重
草原碳汇管理水平 (A)	经济发展状况 (B1)(0.4044)	牧草种子及草产品生产线数	(C1)	0.067	0.027
		草业产业技术成果项目数	(C2)	0.467	0.189
		农牧民人均纯收入	(C3)	0.467	0.189
	草原生态状况 (B2)(0.1167)	草原生态系统碳汇量	(C4)	0.333	0.039
		草原生态建设资金投入	(C5)	0.167	0.020
		清洁能源结构比例	(C6)	0.167	0.020
		草原碳汇项目数	(C7)	0.333	0.039
	草原资源状况 (B3)(0.1388)	当年新增种草面积	(C8)	0.108	0.015
		草原总面积	(C9)	0.519	0.072
		草原综合植被覆盖度	(C10)	0.266	0.037
		可利用草原面积	(C11)	0.108	0.015
	社会发展状况 (B4)(0.3401)	政府对草原碳汇宣传力度	(C12)	0.500	0.170
		农牧民对草原碳汇了解程度	(C13)	0.500	0.170

3.2.3 草原碳汇管理水平模糊综合评价与分析

1. 模糊综合评价

基于模糊层次分析法的环境评价，评价数据是通过调查问卷采集的。问卷中的数据来源为2013年全国草原资源公报以及2013年中国统计年鉴等。问卷共发放50份，其中政府农牧业、草原管理部门发放15份，碳汇学者、专家20份，大学生及其他社会成员15份。被调查者的构成具有一定的普遍性和随机性，回收的50份问卷中，有46份为有效问卷。

（1）准则层模糊评价。

通过对问卷的分析与整理初步得出指标层草原碳汇管理水平模糊评价矩阵。评价矩阵见表3-9。

表3-9   指标层模糊综合评价矩阵

准则层 （B）	指标层（C）	2013年值	评价矩阵		
			差	一般	好
经济发展情况指标（B1）	牧草种子及草产品生产线数　（C1）	9条	0.45	0.50	0.05
	草业产业技术成果项目数　（C2）	15项	0.20	0.80	0
	农民人均纯收入　（C3）	6 482.6元	0.25	0.75	0
	草原生态系统碳汇量　（C4）	1 300万吨	0.45	0.50	0.05
草原生态状况（B2）	草原生态建设资金投入　（C5）	207.8亿元	0.40	0.20	0.20
	清洁能源结构比例　（C6）	15.5%	0.50	0.50	0
	草原碳汇项目数　（C7）	2项	0.70	0.20	0.10
	当年新增种草面积　（C8）	6 915.3千公顷	0.30	0.40	0.30
草原资源状况（B3）	草原总面积　（C9）	392 832千公顷	0.15	0.30	0.55
	草原综合植被覆盖度　（C10）	54.2%	0.25	0.55	0.20
	可利用草原面积　（C11）	330 995千公顷	0.30	0.40	0.30

续表

准则层 （B）	指标层（C）	2013 年值	评价矩阵		
			差	一般	好
社会发展 状况（B4）	政府对草原碳汇宣传力度　（C12）	加大	0.30	0.40	0.30
	农牧民草原碳汇了解程度　（C13）	加深	0.75	0.25	0

注：①表中 2013 年农牧民人均纯收入为全国 8 个主要草原牧区省区（内蒙古、新疆、西藏、青海、四川、甘肃、宁夏、云南）平均值。②表中 2013 年草业产业技术成果项目数为全国牧草产业技术创新联盟 2013 年度在牧草产业技术创新领域共取得的专利项目数。③表中2013 年草原生态系统碳汇量为 2013 年中国草原论坛上公布的中国草原植被年均碳汇量。

资料来源：其他数据均来源于《中国统计年鉴》。非定量指标来源于问卷调研。

根据指标层综合评价公式（3 - 4）计算指标层模糊运算评判结果。

$$B_i = W_i * R_i = (W_{i1}, W_{i2}, \cdots, W_{i3}) \cdot \begin{pmatrix} r_{i11} & r_{i12} \cdots & r_{i1n} \\ r_{i21} & r_{i22} \cdots & r_{i2n} \\ \cdots & \cdots & \cdots \end{pmatrix} = (b_{i1} b_{i2} b_{i3})$$

$$(3 - 4)$$

式中，$i = 1, 2, \cdots, N$，B_i 为 B 层第 i 个指标所包含的下级因素相对于他的综合模糊运算结果，b_i 为 B 层第 i 个指标下级各因素相对于它的权重；R_i 为模糊评价矩阵。指标层评价结果如表 3 - 10 所示。

表 3 - 10　　　　　　　　　　　指标层评价结果

B 层指标集	评价结果		
	差	一般	好
经济发展水平指标（B1）	0.3267	0.6543	0.0196
草原生态状况指标（B2）	0.5093	0.3887	0.1017
草原资源状况指标（B3）	0.2289	0.3661	0.4156
社会发展状况指标（B4）	0.5150	0.3350	0.1500

（2）准则层模糊评价。

根据准则层模糊评价公式（3 - 5）计算准则层模糊评价结果：

$$B = W * (B_1, \ B_2, \ \cdots, \ B_N)^T$$

$$= (W_1, \ W_2, \ \cdots, \ W_N) * (B_1, \ B_2, \ \cdots, \ B_N)^T \qquad (3-5)$$

准则层模糊评价结果如表 3 – 11 所示。

表 3 – 11　　　　　　　　　准则层模糊评价结果

草原碳汇管理水平	评价结果		
	差	一般	良好
	0.3984	0.4747	0.1285

所评价草原碳汇管理水平有 39.8% 的可能属于 "差"；有 47.5% 的可能属于 "一般"；有 11.9% 的可能属于 "良好"。根据最大隶属度原则，在三个等级的隶属度中 "47.5%" 的数值最大，因此，所评价的草原碳汇管理水平为 "一般"。

2. 评价结果分析

由上述评价结果可知，准则层 B 中四个指标中经济发展指标和草原资源指标的评价结果属于 "一般"，而草原生态指标和社会指标的评价结果则为 "差"，这说明中国草原碳汇的管理力度不够，管理效果不明显，草原碳汇的经济、生态以及社会效益还未得到充分的发挥。指标层 C 中各指标的评价结果也不理想，评价等级基本都属于 "差" 或 "一般"，尤其是草原碳汇项目数（C7）以及农牧民对草原碳汇的了解程度（C13）的评价结果比例悬殊，评价结果为差的隶属度超过 50%，这说明，中国草原碳汇项目的建设以及草原碳汇知识的宣传方面还存在严重的不足。另外，牧草产业技术成果项目数（C2）、农牧民人均纯收入（C3）、清洁能源结构比例（C6）以及农牧民对草原碳汇的了解程度（C13）四个评价指标的评价结果为好的隶属度为 0。这说明中国草原管理技术落后，牧草创新技术成果不能快速地转化生产效益和生态效益、农牧民对草原碳汇基本不了解，而且，中国能源结构不合理，农牧民收入低，这也要求我们急需建立草原碳汇机制，加强草原碳汇管理，实现草原生态效益价值化。

3.3 森林碳汇管理经验的借鉴与启示

森林碳汇在应对气候变化国内外进程中受到关注和重视要早于草原碳汇，草原碳汇作为另一种应对气候变化的有效机制直到近几年来才进入人们的视野。碳汇问题是个系统工程，涉及面广。多年来，国家林业和草原局从机构建设、政策措施、技术标准、碳汇交易和参与国际气候谈判等方面开展了以应对气候变化为主要目标的森林碳管理工作，初步建立了从宏观到微观的中国林业碳管理体系，有力地推动了中国林业应对气候变化工作，也为尚处于无序状态的草原碳汇管理提供借鉴与启示。目前，中国林业碳汇工作主要围绕碳汇技术、碳汇项目、碳汇市场和碳汇政策 4 个方面逐步展开。其中，技术是基础，项目是载体，市场是关键，而政策则是保障[102]（见图 3 - 2）。

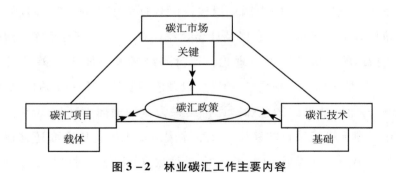

图 3 - 2 林业碳汇工作主要内容

3.3.1 建立碳汇管理机构

随着森林在国际应对气候变化进程中的地位进一步加强，2002 年

12 月，国家林业局造林司在浙江林学院举办了全国首个"造林绿化与气候变化国际培训班"，拉开了中国林业碳管理的序幕。随后，2003 年 2 月又在北京召开了林业应对气候变化高级研讨会。2003 年 12 月成立了国家林业局林业碳汇管理领导小组办公室（以下简称"碳汇办"），具体负责林业碳汇工作的协调和管理；2005 年成立了国家林业局林业生物质能源管理领导小组及其办公室（以下简称"能源办"）；2007 年成立了国家林业局应对气候变化和节能减排工作领导小组及其办公室（以下简称"气候办"），目前，碳汇办与气候办已合并，由造林司气候处承担相应工作。2010 年经国务院批准在民政部注册成立了中国首家以林业措施增汇减排为主要目标的全国性公募基金会——中国绿色碳汇基金会（国家林业局主管）。

这些机构成立以后，在国家应对气候变化与节能减排领导小组办公室的指导下，积极贯彻落实国家应对气候变化的方针政策和战略部署，履行国务院赋予国家林业和草原局拟订林业应对气候变化的政策措施并组织实施的职能，使林业应对气候变化工作逐步走上了规范化、科学化、国际化的轨道。在碳汇管理机构的建设方面，北京市林业碳汇项目管理机构的设置明确了碳汇项目管理机构的具体职责，为其他地区碳汇管理的实施提供了借鉴，北京市碳汇项目管理机构及相关责任分工见表 3 – 12。

表 3 – 12　　　　　　　　北京市碳汇项目管理机构设置及职责分工

管理机构	具体职责
国家发改委	负责受理通过市发改委提交申报的林业碳汇项目及碳信用审核备案、登记注册、签发注销、信息发布等事宜
国家林业和草原局	负责监督管理我市林业碳汇项目开发和交易推进工作进展等事宜
北京市发改委	参与碳排放权交易的林业碳汇项目和项目碳减排量交易的业务主管部门，主要负责相关工作的综合协调和监督管理
市园林绿化局	本市林业碳汇项目开发、立项申请、实施、碳减排量交易等工作的行业主管部门，主要负责相关工作的组织实施、综合协调和监督管理

续表

管理机构	具体职责
区县园林绿化局	安排具体工作负责人员，沟通协调区县财政局和发改委及相关企业单位，就项目包装开发业主、支出费用及收益分配、操作管理模式等问题达成一致意见 配合项目业主准备相关项目申报材料，促进项目顺利备案并实现成功交易；监督项目实施，发布相关交易信息等

3.3.2 制定林业碳汇管理政策措施

在研究碳汇问题的布局中，管理政策是重点，没有政策要求，碳汇活动可能就不会兴起和活跃；没有政策规范，碳汇活动可能就会无序和混乱；没有政策指引，碳汇活动就会没有目标和方向；同时，碳汇技术的研究成果为碳汇政策的制定提供了基础和依据；碳汇市场的研究为碳汇政策的执行提供土壤和实践机会；碳汇项目的实施为碳汇政策的检验提供评价载体和案例。碳汇管理政策是碳汇管理的核心，对具体的碳汇实施工作起着重要的指导作用。对碳汇管理政策的具体分析，是紧紧抓住碳汇产品市场有效需求不足这个核心问题来展开的。为促进并逐渐实现碳汇产品的有效需求，借鉴理论支撑、技术支持和实践指导，并统筹考虑国际规则和国内实际，从京都市场和非京都市场两个角度全面地构建了林业碳汇的管理政策[103]。碳汇管理政策的研究框架如图 3 - 3 所示。

为统筹全国林业应对气候变化工作，在了解和借鉴国外应对气候变化政策和规则的基础上，国家林业和草原局制定了有关林业碳管理的政策措施，并下发了若干指导性文件。如，中国于 2011 年底启动北京市等 7 个省市交易试点，碳汇是重要补充抵消机制；2011 年 12 月，国家林业局制定印发了《林业应对气候变化"十二五"行动要点》，要求重点推进碳汇交易；2012 年 6 月 20 日国家发展改革委印发《温室气体自愿减排交易管理暂行办法》，规范国内碳交易的管理；2014 年 5 月，国家林业局制定印发了《关于推进林业碳汇交易工作的指导意见》等。具体文件见表3-13。这些文件的下发，对于中国林业碳管理起到了把握方向、技术指导、传播知识等作用。

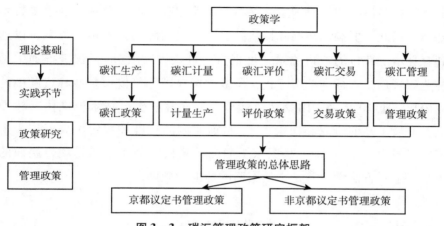

图3-3 碳汇管理政策研究框架

表3-13　　　　　　　　　　　　林业碳汇管理指导性文件

年份	文件名
2008 年	国家林业局造林司关于加强林业应对气候变化及碳汇管理工作的通知
2009 年	国家林业局办公室关于加强碳汇造林管理工作的通知
2010 年	①国家林业局林业碳汇计量与监测管理暂行办法 ②《造林绿化管理司关于开展林业碳汇计量与监测体系建设试点工作》的通知 ③国家林业局办公室关于开展碳汇造林试点工作的通知 ④国家林业局办公室关于印发《碳汇造林技术规定（试行）》和《碳汇造林检查验收办法（试行）》的通知 ⑤国家林业局关于林业碳汇计量与监测资格认定的通知
2011 年	①国家林业局造林绿化管理司（气候办）关于印发《全国林业碳汇计量监测技术指南（试行）》的通知 ②国家林业局办公室关于印发《造林项目碳汇计量与监测指南》的通知
2014 年	《国家林业局关于推进林业碳汇交易工作的指导意见》

3.3.3 制定相关技术标准

在研究碳汇问题的布局中，技术层面的分析是重要的支撑依据。林业碳汇标准体系建设是国家开展林业碳管理和发展碳汇林业的重要技术基础。因此，要制定与国际接轨并适合中国实际的技术标准体系，以达到森林增汇减排的"可测量、可报告、可核查"。同时，积极推动中国林业碳管理技术标准的国际化，争取中国在国际气候谈判涉林议题中的话语权。近10年来，国家林业和草原局在林业碳汇技术标准体系建设上，开展了超前研究和探索[104]。目前研制的标准和规定主要涵盖3个方面（见表3-14）；一是国家层面的计量监测体系，二是项目层面的碳汇营造林方法学，三是市场层面的标准和规则。

表3-14 林业碳汇标准和规定

类别	名称
碳汇计量监测	《全国林业碳汇计量监测体系》（2012.05）
	《全国林业碳汇计量监测指南（试行）》（2011.02）
以碳汇为目的的森林可持续经营方法学	《碳汇造林技术规定（试行）》（2010.07）
	《碳汇造林检查验收办法（试行）》（2010.07）
	《造林项目碳汇计量与监测指南》（2011.02）
	《竹林造林项目碳汇计量与监测方法学》（2012.11）
交易市场规范建设	《中国林业碳汇审定核查指南》（2011）
	《林业碳汇交易标准》（2011）
	《林业碳汇交易规则》（2011）
	《林业碳汇交易流程》（2011）

3.3.4 实施林业碳汇试点项目

在研究碳汇问题的布局中，项目是重要载体。项目的实施，能真正认识和了解碳汇造林的运行模式，了解可能存在的问题，获得开展碳汇活动的宝贵经验[105]。为了促进中国林业生态建设的发展及森林生态效益价值化，争取更多的国际资金，更好的培育中国林业碳汇市场，政府在给予高度政策支持的同时，组织实施全球第 1 个 CDM 森林碳汇项目（中国广西珠江流域再造林项目）和多个森林碳汇试点项目。这些试点项目的成功实施，不仅了解了应对气候变化相关的国际规则和 CDM 碳汇项目的技术和操作程序，为我们制定与国际接轨并符合中国实际的林业碳汇项目系列方法学奠定了基础，还对中国参与应对气候变化涉林谈判和林业碳汇项目的国际规则制定起了重要的指导作用。项目的主要实施情况见表 3 - 15。

表 3 - 15　　　　　　　　　　森林碳汇项目简介

项目名称	项目简介
广西碳汇项目	结合世界银行在广西珠江流域实施的流域综合治理与开发项目，开展一个世界银行生物碳基金造林再造林碳汇子项目
内蒙古碳汇项目	由意大利政府投资 135 万美元，当地配套 18 万美元，共 153 万美元，在内蒙古自治区敖汉旗荒沙地造林 3 000hm²，该项目第一个有效期为 5 年。是意大利政府投资和敖汉当地政府配套资金共同资助下的荒沙地造林项目
四川、云南项目	保护国际和美国大自然保护协会合作，按照有关国际规则和操作程序设计，在云南和四川，结合森林植被恢复和生物多样性保护，进行林业碳汇试点示范项目
河北省碳汇项目	项目执行机构为河北省林业局，由曲阳县林业局、郎家庄乡林业站及北台乡林业站，负责项目的具体实施，并提供项目建设全程技术服务，由村委会及农户具体实施
北京市碳汇项目	（1）中国绿色碳基金中国石油北京市房山区碳汇项目。该项目是由国家林业局和中国石油天然气集团公司共同发起、中国绿色碳基金支持的首批碳汇造林项目；（2）北京市八达岭林场碳汇造林项目。这是中国第一个民间公众捐款资助开展的碳汇造林项目

3.3.5 搭建碳汇信息交流平台

国家发改委和国家林业和草原局等部门积极搭建碳汇信息交流平台，开展碳汇研讨和培训活动，大力促进知识普及与理论研究，营造"碳汇问题"研究的学术氛围。如，国家林业局碳汇管理办公室从成立以来，与清华大学、北京师范大学、北京林业大学、中国林科院等高等院校和研究机构以及美国大自然保护协会、保护国际等组织合作，组织人员进行相关研究工作[106]。另外，由于清洁发展机制下造林再造林碳汇项目的实施和管理，涉及选点、基线确定、额外性、泄漏、非永久性、监测计划、社会经济和环境影响评价、核证登记等一系列技术问题和管理环节，与实施常规造林项目的要求有很大不同，国内尚缺乏这方面经验，因此，积极了解学习国际林业碳汇项目的经验教训十分必要。为此，国家林业局先后在浙江、北京等地举办了几次国际研讨会和国内培训班。邀请国家气候办、外交部、科技部等负责气候变化的领导以及国内有关单位从事气候变化研究的专家和国际专家，进行了造林绿化和气候变化专题培训和研讨。通过培训和研讨，学员对碳汇的认识有了较大程度的提高，有不少省市对林业碳汇项目表现出较高的积极性。此外，受美国大自然保护协会邀请，国家林业局组团赴美国和巴西进行了为期13天的林业碳汇项目考察。通过对具体项目的实地考察，与国外的专家、官员及非政府组织人员的信息交流，对林业碳汇项目有了更加深入的认识，为国内开展这方面的工作提供了很好的指导和借鉴。

目前，中国除了开展人员培训、国际交流、专题报道外，国家发改委气候办、国家林业局碳汇办及中国气象局等单位还结合各自业务分别搭建了网络信息平台，包括中国清洁发展机制网、中国气候变化信息网、中国碳汇网等，为信息的及时发布和互相交流提供了快速便捷的渠道。

3.3.6 建立碳汇交易市场

在研究碳汇问题的布局中，市场是关键，在中国已经有企业为碳市场的发展做出了较大的贡献，林业碳汇交易的条件也逐渐成熟。2012 年 6 月 7 号，国家发改委下发《关于开展碳排放权交易试点工作的通知》，明确在北京、天津、上海等七省市开展碳交易试点，国内已有的环境交易市场，比如北京环境交易所、天津环境交易所、上海环境能源交易所等减排交易市场也都为林业碳汇市场的形成奠定了基础，使得中国碳交易从理论层面走入实质性的试点阶段。

中国区域性碳汇交易中心已经形成。2012 年 1 月，以华东林业产权交易所为主体的区域性森林碳汇交易中心，成功交易了首批森林碳汇。碳汇指标来自中国绿色碳汇基金会于 2008 年在全国首批实施的 6 个碳汇造林项目。

林业碳汇"自愿市场"的兴起。中国绿色碳基金是设在中国绿化基金会下的专项基金，属于全国性公募基金。该平台为国内企业、团体和个人志愿参加植树造林以及森林经营保护活动、国内外有志于为应对气候变化和中国林业作贡献的企业、政府、组织及个人，提供碳汇"购买"交易[107]。

3.3.7 森林碳汇管理对中国草原碳汇管理的启示

1. 加强协调与合作是碳汇管理成功的关键

目前中国的林业碳汇试点项目之所以获得成功，是各有关单位密切合作的结果，其中的合作主要包括以下几个层面：一是作为项目的主管单位与资助单位，国家林业局碳汇管理办公室和出资单位进行了充分研究和协商，先期共同讨论并确定了项目开展的基本思路和原则；二是国家林业局碳汇管理办公室和实施林业碳汇试点项目的各地方林业部门进行充分沟通，就项目开展的有关事项进行了充分交流；三是林业碳汇试点地区林业部门与当地市、县林业局以及相关农户联合体进行充分协调，确定项目实施地块和管理模式。草原碳汇项目同样如此，它也涉及多单位多个部门，只有各个单位各部门密切合作、齐心协力，才能取得项目的最终成功。

2. 鼓励各种社会力量的参与是碳汇管理成功的保障

中国森林碳汇试点项目的成功还离不开多主体的共同参与，多主体共同参与体现在，一是政府充分发挥引导和扶持作用。政府对林业碳汇项目的引导和扶持，是造林再造林碳汇项目之所以成功的关键所在，中国政府对气候变化、林业生态建设给予高度重视，并制定政策给予支持；对于林业碳汇项目试点来说，人们由于缺乏了解，参与意识较弱，政府及林业相关部门通过报纸、网络等各种媒体加以宣传，培养人们的环保意识，提高人们对其的认知度和参与度；此外，开展林业碳汇相关的专业人才比较缺乏，从中央政府到地方政府都非常重视碳汇专业人才的输送和培养，政府通过一定程度的参与，给予一定的技术支持，通过研讨班、座谈会、培训班等各种方式培养了一批碳汇专业人才，为林业碳汇政策试点项目的成功实施奠定科技基础。二是碳汇可持续经营管理需要多方力量参与。如，广西碳汇试点项目采取农民或村集体与林场或公司多元合作的造林方式。采用这样的经营方式，个人、社区、林场、当地政府之间形成紧密互动关系，有利于政府、公司、村集体和农民个体在碳汇造林建设过程中相互协作，及时沟通反馈，取得更好的配合，从而保障造林的成功实施。三是各个主体可以为碳汇发展提供资金支持。如，北京市房山区碳汇造林项目及八达岭林场碳汇造林项目的资金筹集渠道采用的是企业出资及个人捐赠等这样的民间筹资渠道。

所以说，发展森林碳汇，既不是完全的政府行为，也不是简单的市场行为，而是政府与社会公众相互影响、相互作用的推进过程；其发展不仅需要政府同企业和公众三方通力合作，还需要涉及的多个部门共同参与，共同推进。中国草原碳也要适当利用利益驱动机制，积极鼓励各种社会力量参与草原碳汇管理，鼓励不同性质的单位和组织、个人共同参与。

3.4　草原碳汇管理的理论设计

3.4.1　草原碳汇管理架构与流程设计

1. 管理框架设计

基于协作性公共管理理论的草原碳汇管理框架的设计要依据中国草原碳汇管理所处的内外部环境，加入政府、企业、非营利组织、科研院所以及公众在整个管理过程中的力量，以技术为先导，以政策为保障，以合理的组织结构和协作流程为支撑，完成草原碳汇开发管理利用的基础工作[108]。草原碳汇管理的框架如图3-4所示。

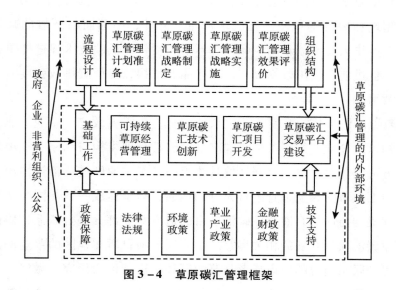

图3-4　草原碳汇管理框架

在草原碳汇管理框架中处于核心地位的是要做好草原碳汇基础工作，为整个草原碳汇管理工作提供明确的方向。

可持续性草原经营管理是一种以碳汇为目的草原经济管理理念，草原碳汇是草原碳汇价值实现的基础，草地的可持续经营管理、草原碳汇能力的增强需要政府、企业、非营利性机构以及公众的相互协作。国内方面，对农牧民进行碳汇知识、经济效用、生态效用等方面的宣传普及，鼓励其积极配合草原保护措施的实施，保证碳汇供给的稳定性，为碳汇交易、草原保护奠定基础，同时，还要对区域内煤炭、电力等高耗能工业企业进行碳汇交易及其收益的宣传，树立其低碳生产经营的理念，不断促进企业技术创新和产业结构的调整转变，减少碳源。国际方面，应采取走出去的战略，与其他发展中国家开展环境合作项目，获取更多的碳汇资源储备。

草原碳汇管理技术的创新为草原碳汇管理工作提供强有力的支撑。对草原碳汇量的准确测量，明确草原碳汇可供给以及潜在的供给量和草原碳汇的需求量以及潜在需求量是实现草原碳汇价值的基础。中国草原生态环境复杂，草原种类繁多，要创新草原碳汇的测量技术，分区域、分类型地准确测定草原碳汇的增加量。另外，中国面临严峻的减排形势，企业作为技术创新的主体，应不断开发新的低碳技术促进能源技术进步，促进能源利用效率提高，转换能源结构，降低碳排放强度，控制碳排放增长。

草原碳汇项目的开发是一项系统工程，也需要政府、企业、非营利性机构以及公众的共同参与。国家草原碳汇管理机构与草原碳汇项目的出资方可以就草原汇项目开展的具体思路和基本原则进行洽谈协商，对草原碳汇项目的相关事宜进行充分的沟通，力求达成一致。国家草原碳汇管理机构与即将开展草原碳汇项目的地方草业部分进行联系，协商支持草原碳汇项目开展的相关事宜。草原碳汇项目所在地区的草业部门要积极主动联系当地的地市或者县草业管理站进行沟通研究，做好与农户沟通商量的工作，确保草原碳汇项目的顺利开展。草原碳汇项目涉及多个部门、多个主体，只有每个部门、每个利益相关者都密切合作，才能取得最后项目最后的成功。

草原碳汇交易平台建设是实现草原碳汇价值实现的主要途径。要把发展草原碳汇贸易作为一项重大战略纳入经济社会发展规划之中，有计划、有步骤地加以组织实施。整合现有资源，基于地方碳交易平台，将草原碳汇交易平台建设并入国内统一的碳市场中，并积极开展行业与地区试点。要制定出台相应的碳汇贸易优惠扶持政策，吸引更多的国外企业到中国开展碳汇贸易。政府成立相应的部门或委托相关组织，设立一定数的"碳汇基金"，积极参与到国家层面的碳汇交易市场中，到其他地区进行 CDM 项目的发展，同时带动企业实现自身产业升级，并积极参与到 CDM 项目中。

2. 管理流程设计

管理流程是管理中管理者实施管理的方针和步骤。如果管理者的管理程序合理得当，就可以加快管理的速度，提高管理的效率，取得好的管理成效[109]。基于协作性公共管理理论的草原碳汇管理程序设计要将私营部门、第三部门以及公众的需求充分考虑在内，这样才成简化管理程序、减少管理成本、提高管理效率。草原碳汇管理流程如图 3 – 5 所示。

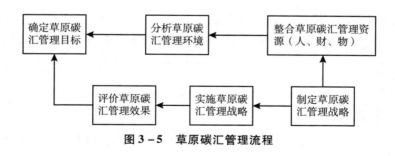

图 3 – 5 草原碳汇管理流程

第一步，确定草原碳汇管理目标。草原碳汇管理目标的制定既能为参与者提供一个明确的方向，又可以作为检验草原碳汇管理效果的标尺。对于草原碳汇管理目标的确定要充分考虑政府、企业、非营利机构以及社会公众等众多参与主体的利益要求，充分调动各主体的参与积极性。

第二步，分析草原碳汇管理环境。对草原碳汇管理环境的分析要尽量全面，从草原碳汇管理所处的内部优势和劣势以及外部机会和威胁等多方面进行综合分析，这样对草原碳汇管理有一个全面的把握，遇到管理中的突发事件可以及时应对，保证管理的顺利进行。

第三步，整合草原碳汇管理资源。草原碳汇管理资源涉及管理人才、管理资金以及管理机构等多种资源。在对草原碳汇管理资源的整合过程中一定不要忽略企业、非营利组织以及公众等主体所具有的资源。

第四步，制定草原碳汇管理战略。草原碳汇管理战略的制定是草原碳汇管理的关键阶段。战略的制定要注意对参与主体如政府、私营部门、第三部门对此战略目标达成一致意见。确定管理的时间进程和各个阶段的任务，对参与人员进行职务的任免和人事的安排，明确规定政府、私营部门、第三部门的每个参与人员的职责和角色，合理安排政府、私营部门、第三部门的具体分工，在此基础上设计合理的团队结构。设计草原碳汇管理的技术解决方案并制定草原碳汇管理决策程序和工作流程，这样能保证人员落实到位、资金合理的分配，按时完成草原碳汇管理的工作任务。

第五步，实施草原碳汇管理战略。草原碳汇管理战略的实施过程中要注意控制管理的资金流向，控制管理成本和时间，节约管理费用。在草原碳汇管理战略实施过程中还要协调参与主体的利益，注意政府、私营部门、第三部门关系的维护。对照目标考察战略实施情况，及时纠正偏离目标的行为。

第六步，评价草原碳汇管理效果。对草原碳汇管理效果的评价也是管理过程的一个重要步骤。对草原碳汇管理效果的评价既能检验草原碳汇的管理活动是否达到了预定的管理目标，有利于及时修改完善草原碳汇管理战略，另外，要注意对草原碳汇管理评价结果进行公开，这可以对各个主体产生激励作用。

3. 管理组织结构设计

管理组织结构的设计能对组织内部工作任务如何进行分工、分组和协调合作进行规范。设置管理单位、部门和岗位，界定各个单位、部门和岗位的职责、权力，界定单位、部门和岗位角色相互之间关系。基于协作性公共管理视角，合理设计中国草原碳汇管理组织结构，能够明确草原碳汇的管理部门以及各参与主体的职责、权限，从而保证草原碳汇管理的规范化与制度化。本章所设计的草原碳汇管理组织结构如图3-6所示。

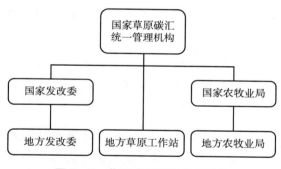

图3-6 草原碳汇管理组织结构

国家发改委负责受理通过下级发改委提交申报的草原碳汇项目及碳信用审核备案、登记注册、签发注销、信息发布等事宜；国家畜牧业局负责监督管理下级草原碳汇项目开发和交易推进工作进展等事宜；地方发改委对碳交易的草原碳汇项目和碳交易的业务主管部门主要负责相关工作的综合协调和监督管理；地方畜牧业局为草原碳汇项目项目开发、立项申请、实施、碳交易等工作的行业主管部门，主要负责相关工作的组织实施、综合协调和监督管理；地方草原工作站所安排具体工作负责人员，沟通协调区县财政局和发改委及相关企业单位，就项目包装开发、支出费用及收益分配、操作管理模式等问题达成一致意见；配合项目方准备相关项目申报材料，促进项目顺利备案并实现成功交易；监督项目实施，发布相关交易信息等。

草原碳汇的管理要在国家的统一领导下，充分发挥地方的积极性、主动性和创造性。中国草原碳汇管理国家层面应建立的权威统一的草原碳汇管理部门，负责制定草原碳汇管理的国家规则、管理办法、技术标准和相关政策；负责全国草原碳汇项目的统计和分析等日常管理工作；指导和协调全国草原碳汇项目的实施工作；组织专家开展相关的碳汇计量、监测、核证、检查等活动；开展信息交流，组织人员培训以及负责归口对外发布相关信息等工作。地方层面也要建立地方草原碳汇专门管理机构，直接隶属于国家草原碳汇管理部门，地方的发改部门、农牧业局及草原工作站相互配合地做好方碳汇计量、监测和其他各项以碳汇为目的的草原碳汇经营和管理工作。

3.4.2 草原碳汇管理模式构建

如图3-7所示，基于协作性公共管理视角的草原碳汇管理是一种政府、营利性机构、第三部门、科研院所多方合作，公众也参与到其中的模式。草原碳汇管理的重要任务是引入协作管理的模式以改善草原碳汇资源建设、开发、利用的绩效。政府要转变角色，肩负起应尽的责任。一方面，从科研院所、私营部门、赢利机构中引进先进的管理技术和经验；另一方面，吸纳第三部门更多地参与公益性碳汇管理；另外，提倡一种民主、自治的精神，调动牧民及社会公众也参与进来。草原碳汇协作管理是一种政府行政公共职能的方式，而代表了一种新型的社会多元管理模式。

1. 私营部门参与管理的模式

（1）签订供给合同。

对一些具有一定排他性的草原碳汇管理公共产品，如灌溉基础设施、草原重建等，地方政府可以通过公开招标的形式，与最优的厂家签订供给合同，这样可以引入竞争机制，使企业在竞争中成为市场主体，有效激发出企业经营的积极性，从而减少支出，缓解了财政压力，又能提高草原碳汇产品的供给质量。

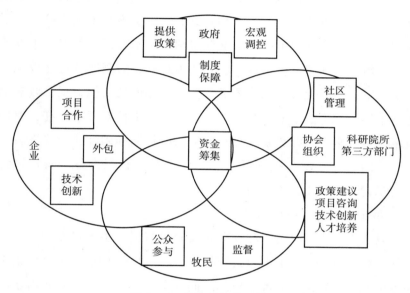

图 3 – 7　草原碳汇管理模式

（2）外包。

外包是政府把草原碳汇资源的开发、建设、运营、维护业务部分项目或全部项目委托给私营部门的一种协作形式。在外包过程中，政府由草原碳汇资源的供给者向草原碳汇资源开发的授权者转变。政府仍然拥有草原碳汇管理的绝对权威并肩负主要责任，行使宏观一调控和监督控制的职能。政府通过采用招标的形式，寻找合适的公司、企业来运作草原碳汇资源建设项目，采用此种模式将具体项目外包出去，并不意味着政府责任的移交或撒手不管，政府部门要密切关注这些项目的运行状况，对项目实施的具体过程实行监管。具体是由政府部门提出草原碳汇建设需求，由企业投资并承担草原碳汇建设项目的设计、建设、运行、维护、培训等工作。

（3）外聘人员与租用设备。

政府部门为了缓解草原碳汇管理方面人员和设备的进展，可以到私营部门聘请技术专家，租用碳汇设备，外聘人员。目前，政府部门的草原碳汇人才的储备还不充足，内部职员的碳汇素养水平还不高，为了解决这一问题，政府部门可以到私营部门聘请技术专家。信息技术专家的到来，能给政府部门开展培训，攻克技术难题，为草原碳汇建设项目提供解决方案，同时无形中也传播了碳汇技术方面的知识，促进政府部门整体技术知识水平的上升。另外，草原碳汇面临情况复杂多变，草原碳汇技术设备也必须及时更新，以确保碳汇测量的准确性，面临设备随时可能更新的实际情况，政府可以不必自己购买碳汇设备，而是签订协议，与私营部门协作，去公司、企业中租用设备。

2. 第三部门参与管理的模式

一般来说，非政府组织和许多非政府组织汇集了大量专门人才，他们往往具有超前视野，同时能够起到联系企业和政府的桥梁和纽带作用，可以充当政府部门和商业机构之间的润滑剂。此外，非政府组织信息渠道广泛，无论对实施项目还是开展管理都是积极有益的，能为开展碳汇和其他项目寻找更多机会。第三部门参与草原碳汇管理有两种方式。

（1）成立各类协会组织。

包括建立和完善各类野生动植物保护协会、草原保护协会、草原民间监理组织等。政府应加强对制度类草原管理公共产品的供给，建立自愿供给的准入机制，制定相关政策，鼓励一些非营利组织，如野生动物研究保护组织等，也从事草原资源保护工作，经费可以来自社会捐款或政府相关基金。还可以尝试启用民间草原监理组织，通过特定渠道、方式，及时反馈各类草原破坏信息，还可以设立举报奖励制度，使每一个热爱草原、关心草原的人都积极行动起来，推进草原监理工作能够制度化、经常化、社会化，使社会各界有识之士、相关专业人士及牧民积极行动起来。政府应当对于自愿从事草原管理的人给予一定的补偿或精神上的奖励。例如，草原保护协会就是将所有对发展、保护和重建草原生态系统的有兴趣的单位和人组织在一起的组织，通过培训、会议和出版物为会员提供技术和信息服务。此时政府要通过给予非营利组织资金、免税或其他税收优惠、低息贷款等补助条件，鼓励非营利组织加入提供草原碳汇这种公共产品的行列中。

（2）碳汇管理社区化。

政府主动让渡社区生态服务管理，以社区为单位，碳汇活动在社区的示范与推广将有利于牧户采取和维持碳汇的方法来对草地进行科学的经营管理，改善集体草地经营管理，强化集体草地所有权改革的长效机制，让非政府组织提供社区碳汇公共产品，通过草原碳汇和生态服务管理使草原生态服务功能有形化和生态价值市场化，使社区参与到具有巨大发展潜力的全球环境服务市场之中，从而为承担生态服务功能的广大农村社区尤其是牧区提供了一条生态补偿途径，以实现政府的压缩式管理。政府以制度安排者的身份设定草原碳汇的数量和质量标准，以合约的形式组织社区进行草原碳汇的生产，购买草原碳汇产品，以满足社会的需求。

3. 科研院所参与管理的模式

（1）科研机构。

科研机构主要负责草原碳汇相关技术规范和标准制定，科学研究和成果推广等活动的管理活动中，一般情况下科研机构的资金来源大部分为国家投入，因此能够保证其正常高效运转。

（2）大学。

大学是一个社会人才资源的输送地，很多高等院校中大部分学校开设了与草原及生态保护相关的专业，其培养的草原方面的人才也被输送到社会的各个岗位，为草原管理做出贡献。

4. 公众参与管理的模式

（1）公众参与。

根据公众参与的程度不同，草原碳汇协作管理中引入公众参与可以分为碳汇产品提供、草原碳汇管理咨询和草原碳汇管理决策三个层面，碳汇提供层面是在草原碳汇宣传、供给过程中引入公众参与，要求加强与公众的沟通互动，明确公众的基本碳汇信息需求，了解公众接受碳汇信息的行为习惯，以便为公众提供个性化的宣传服务。此外，在碳汇产品提供过程中引入公众参与还可以让公众来提供草原碳汇产品。在咨询层面引入公众参与可以向公众特别是一些专业人士咨询，让他们提出自己的意见看法。这种参与形式可以让公众对如何增加草原碳汇提出完善建议和设想，也可以让公众对草原碳汇资源商业性开发提出解决方案等。在草原碳汇管理的决策层面引入公众参与是最高层次，真正实现了公民当家作主的权利，最能体现民主的精神，这种参与形式能让公众拥有决策权，能将自己的想法付诸实践，自治性管理草原碳汇资源。

（2）牧民自愿组成的管理机构。

牧民自愿管理机构由各地区的牧民组成，组建私人管理机构可以减少草原禁牧、纠纷时等的谈判费用和决策成本。私人管理机构提供的公共产品仅仅提供给参加私人管理机构的成员。但私人管理机构的组建建立在牧民自愿加入的基础上，不受强制力量的约束，不应该成为牧民的负担。具体措施是由县草原主管部门牵头，组织各有关苏木、嘎查的负责人、有威望的人士和牧民共同组成，负责各片草原碳汇管理工作，其职责是草原使用费的收取，草场纠纷的调解处理，督促放牧员适时搬圈，定期召开草原会议，向放牧员和群众讲解有关法律法规，提高农牧民依法利用、保护草原、增加草原碳汇的意识。

第4章

草原碳汇管理的公共政策

4.1 草原碳汇管理相关政策内容分析

4.1.1 草原碳汇管理现行相关政策现状分析

1. 草原碳汇管理相关政策的数据统计[110]

鉴于"草原碳汇"作为一个新兴项目，专门性政策文本有限，本章将锁定"碳汇""低碳""草原生态保护""草原生态环境建设"为关键词，扩大检索范围。为了对现行政策现状进行准确、全面的把握，本章从国家和地区两个层次梳 2006 ~ 2016 年相关政策情况，并以"内蒙古自治区草原碳汇管理公共政策"为主要研究对象，结合自治区相关政策进行汇总分析。

如表 4 - 1 所示，从数量总和上来看，2006 ~ 2016 年十年间国家出台草原碳汇管理相关政策 27 项，涉及地区相关政策分别为内蒙古 7 项，西藏 5 项，新疆 3 项，青海、黑龙江和甘肃分别为 2 项，宁夏、云南、辽宁各 1 项。

表 4 - 1   2006～2016 年国家及地区草原碳汇相关政策统计

地区	2006 年	2007 年	2008 年	2009 年	2010 年	2011 年	2012 年	2013 年	2014 年	2015 年	2016 年	总计
全国	1	0	2	0	2	1	1	9	1	3	7	27
内蒙古	0	0	1	0	0	0	0	2	2	1	2	7
青海	0	0	0	0	0	0	0	1	1	0	0	2
新疆	0	0	0	0	0	0	0	0	3	0	0	3
西藏	0	0	0	0	0	0	0	1	4	0	0	5
黑龙江	0	0	0	0	0	0	0	0	1	0	1	2
宁夏	0	0	0	0	0	0	0	1	0	0	0	1
云南	0	0	0	0	0	0	0	1	0	0	0	1
辽宁	0	0	0	0	0	0	0	0	0	0	1	1
甘肃	0	0	0	0	1	0	0	1	0	0	0	2
总计	1	0	3	0	3	1	1	16	12	4	10	52

资料来源：根据中华人民共和国国家发展和改革委员会官方数据统计整理而得。

从政策出台的数量变化趋势来看，如图 4 - 1 所示，2013 年作为一个分水岭，2006～2012 年出台国家层面相关政策总计达 7 项，其中涉及地区层面仅甘肃 1 项，其他地区均未涉及。从政策制定的时间来看，2013～2016 年，相关政策数量呈总体上升趋势，其中，以 2013 年最为凸显，2013 年出台国家和地区层面相关政策共计 16 项，为政策数量最多的年份。从政策效应过程及其时滞特点来看，产生这一政策指定的高峰原因主要与 2013 年国家发改委制定并出台了《有关生态文明建设的意见》，旨在将生态文明理念与实际操作相衔接和 2014 年环保部出台了《国家生态红线管控政策措施和生态红线管理法规》，从而实现对生态红线区域最严格的管控，以及 2013 年以来中国政府推进生态文明建设的进程密切相关。

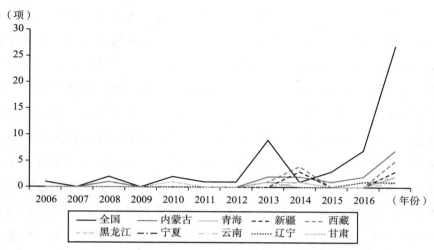

图 4 – 1　2006～2016 年国家及地区草原碳汇相关政策变化趋势

2. 草原碳汇相关政策文本数据来源

按照公共政策文本分析法的研究步骤，首先对草原碳汇管理相关政策文本进行数据选择。所选择的草原碳汇管理相关文本均来源于近十年由国务院相关部委及其直属机构公开颁布的关于碳汇发展及草原生态治理的法律法规、规划、意见、办法、通知公告等能体现政府政策的文件。鉴于 2006～2016 年相关政策数量，如图 4 – 1 所示，本章选取国家层面相关政策和内蒙古自治区层面相关政策进行政策文本分析。

4.1.2　草原碳汇相关政策文本分析

1. 研究方法选择与政策分析框架

文本分析方法的作用在于分析、解释、预测政策文本中有关主题的本质性的事实及其关联的发展趋势。政策文件以及与政策相关的文本是政府政策行为的反映，是记述政策意图和政策过程尤为有效的客观凭证。因此，对草原碳汇相关政策文本进行内容分析是把握政策意图和政策实质的有效途径。

政策系统包含三个要素的互动：公共政策、政策利益相关者和政策环境。公共政策是一系列政府机关制定的相互关联的选择（包括不起作用的决定），邓恩所指的"公共政策"就是"政策工具"，为了将两者在字面上进行区分，本章将用"政策工具"来替代"公共政策"。此外，政策分析也探求产生关于价值方面的信息及通过反射行为获得价值方面的信息，对政策价值的把握就能获得提取和分配社会资源以及对相关行为进行管制的权力，因此将"政策价值"纳入政策文本的分析要素。本章将遵循以下两种研究思路，一方面从时间趋势上探究草原碳汇相关政策的变迁路径，另一方面在横剖面上采用政策工具、利益相关者和政策价值三个具有内在关联的维度以描述与评价草原碳汇相关政策的变迁。政策工具是指被为实现一定政策目标的各种措施、策略、方法、技术、机制、行动、作为以及人力、资金、设备、资源等手段。政策本身也是政策工具，所以对于政策工具的研究从某种意义上讲也是对政策内容的研究。对于政策价值维度，本章将从行政监管原则视角进行分析。"原则"即为"准则"，它体现了执行者所代表的立场和利益。对于草原碳汇行政监管原则反映了政策决策者在行政监管方面的立场、态度和观点，从而有效地反映政策的价值走向，进行政策预测。

2. 研究对象与样本选择

本章以 2006～2016 年草原碳汇相关政策文本进行分析，鉴于草原具有很强的地域特点，所以本章将对 2006 年至今国家和内蒙古自治区层面所有涉及草原碳汇管理的相关政策进行文本分析。

相关政策涉及的利益相关者主要有：行政管理部门（政策制定主体）、直接参与的牧民（政策用户）和作为依托单位的当地企业或相关部门（其他利益相关者）。需要说明的是，在碳汇管理相关政策文本中，关于政策用户和利益相关者的信息甚少，所以在利益相关者维度，本章主要将政策制定主体，对"发文部门""政策作用范围""文种"作为编码记录单元。文本分析的关键在于对政策文本内容的编码，为了保证政策文本分析的有效性和可靠性，也为了利于辨清和查找政策文本中固有的相近语义表达，鉴于计算机不能有效甄别文本中相关的近义词，所以，本章将采用人工方式进行内容编码。

对政策文本样本的编码遵循了以下原则；第一，编码类型尽量保持完整性，即在一个编码系统中能够将所有相关的条目都包括其中。第二，分类之间相互排斥，即不允许用两个以上编码代表同一个分类。第三，编码之间保持相互独立，即一个编码单元的设定不受到其他单元的影响。为了检验政策文本编码的可信度，特邀请一位研究者对政策文本样本进行重新编码，编码的一致程度为 86.96% 。Nunnal 认为：信度程度在 0.7 以上时表示前期的研究足够可信。

在政策文本的选取上遵循了以下步骤：首先，明确中国草原碳汇管理的行政部门，从而获得样本数据的来源渠道。中国草原碳汇管理的部门主要有发改委、国土资源部、农业部、环保部以及一些相关部委，本章不再将"相关部委"纳入研究。此外，考虑到草原碳汇管理刚刚兴起，相关的政策文本多见于发改委和环保部，因此，本章将发改委和环保部作为文本信息的重要来源渠道。其次，鉴于当前中国政府电子政务化的发展趋势，根据研究的相关政策通过主管部门官网以及百度、中国知网等搜索引擎获取所需政策数据。最后，确定检索关键词。对"草原碳汇""碳汇""低碳""草原环境""草原保护""建议""意见""条例""办法""细则""规定""决定""公告""通知"进行检索，为避免政策遗漏，对已汇总的政策文本进行反复核查。

本章的重点和难点在于抽样的全面性，在准确选择政策文本之后，为保证政策文本选择信度，特邀请相关领域研究专家对政策样本进行核查，最终确定 30 部国家层面政策和 14 项内蒙古自治区层面政策作为研究对象。

3. 文本分析过程

（1）国家层面草原碳汇相关政策。

对 2004 年至今草原碳汇国家层面相关政策进行检索，检索结果显示 2004～2009 年国家层面相关政策为零，检索到 2010 年至今草原碳汇国家层面相关政策 30 项，如表 4 - 2 所示，本章共汇总了 30 部国家层面有关草原碳汇管理的政策文本，具体政策文本的分析过程如下。

表 4 - 2　　　　　　2010 年以来国家层面草原碳汇相关政策索引

编号	年份	政策编号	政策标题
1	2010	发改价格 ［2010］1235 号	关于草原植被恢复费收费标准及有关问题的通知
2	2010	发改气候 ［2010］1587 号	关于开展低碳省区和低碳城市试点工作的通知
3	2010	发改环资 ［2010］989 号	关于 2010 年全国节能宣传周活动安排意见的通知
4	2011	发改环资 ［2011］911 号	关于 2011 年全国节能宣传周活动安排意见的通知
5	2012	发改环资 ［2012］1320 号	关于 2012 年全国节能宣传周活动安排的通知
6	2012	发改环资 ［2012］765 号	关于推进园区循环化改造的意见
7	2013	发改规划 ［2013］1154 号	贯彻落实主体功能区战略推进主体功能区建设若干政策的意见
8	2013	发改办财经 ［2013］957 号	关于进一步改进企业债券发行审核工作的通知
9	2013	发改环资 ［2013］827 号	关于 2013 年全国节能宣传周活动安排的通知
10	2013	发改气候 ［2013］279 号	关于印发《低碳产品认证管理暂行办法》的通知
11	2013	发改办环资 ［2013］1311 号	关于请组织开展推荐国家重点节能技术工作的通知
12	2013	发改环资 ［2013］1585 号	关于加大工作力度确保实现 2013 年节能减排目标任务的通知
13	2013	发改气候 ［2013］849 号	关于推动碳捕集、利用和封存试验示范的通知
14	2014	发改环资 ［2014］19 号	关于印发《节能低碳技术推广管理暂行办法》的通知
15	2014	发改环资 ［2014］926 号	关于 2014 年全国节能宣传周和全国低碳日活动安排的通知
16	2014	2014 年第 9 号公告	2013 年各省自治区直辖市节能目标完成情况
17	2014	2014 年第 13 号公告	《国家重点推广的低碳技术目录》
18	2014	2014 年第 24 号公告	关于《国家重点节能技术推广目录（2014 年本，节能部分）》的公告
19	2014	发改办环资 ［2014］1818 号	关于开展国家重点节能技术征集及前 3 批国家重点节能技术推广目录更新工作的通知
20	2014	发改环资 ［2014］2451 号	关于印发燃煤锅炉节能环保综合提升工程实施方案的通知

续表

编号	年份	政策编号	政策标题
21	2014	发改环资〔2014〕2984 号	关于印发《重点煤炭消费减替代管理暂行办法》的通知
22	2014	国发办〔2014〕23 号	国务院办公厅关于印发 2014~2015 年节能减排低碳发展行动方案的通知
23	2015	2015 年第 31 号公告	国家重点推广的低碳技术项目（第二批）
24	2015	发改环资〔2015〕973 号	关于 2014 年全国节能宣传周和全国低碳日活动安排的通知
25	2015	发改气候〔2015〕339 号	关于征集国家重点推广的低碳技术目录（第二批）的通知
26	2015	发改环资〔2015〕2154	关于开展循环经济示范城市（县）建设的通知
27	2015	发改办环资〔2015〕1862 号	关于组织开展国家重点节能技术征集和更新工作的通知
28	2016	发改农经〔2016〕467 号	关于印发牧区草原防灾减灾工程规划（2016~2020 年）的通知
29	2016	发改农经〔2016〕537 号	关于支持贫困地区农林水利基础设施推进脱贫攻坚的指导意见
30	2016	发改环资〔2016〕1162 号	国家发改委等 9 部委印发《关于加强资源环境生态红线管控的指导意见》的通知

　　如表 4-2 所示，在草原碳汇相关公共政策制定的过程中，发改委（86.67%）、发改委办公厅（13.33%）和国务院（3.33%）发挥的作用明显。在 30 部样本政策中所有发文部门均作为单独发文部门出现（见表 4-3），其中，发改委作为草原碳汇的行政主管部门发布相关政策的出现频次最多，单独发文数量也最多，其次是发改委办公厅（发改委 26 部；发改委办公厅 3 部；国务院 1 部），充分体现出其部门职责的重要性，以及主管行政职能部门单一化的格局。值得注意的是，国务院在 2014 年作为单独发文单位颁布了一项政策，体现了对草原生态建设与低碳发展的重视，也间接说明 2013 年开始的关于环境保护、气候变暖、低碳发展等舆论热点问题引起了相关行政职能部门的注意。

表 4 – 3　　　　　　　国家层面草原碳汇相关政策发文部门情况

部门	项数和比重	发改委	发改委办公厅	国务院	合计
单独发文部门	项数	26	3	1	30
	比重（%）	86.67	13.33	3.33	—
联合发文部门	项数	0	0	0	0
	比重（%）	—	—	—	—

最后，其他行政部门作为参与部门联合发文的情况未见出现。对比单独发文和联合发文的数量，体现出相关行政职能管理部门间还没有趋于协调合作的趋势。

如图 4 – 2 所示，如果将发文数量与发文时间联系起来可以看出，2010 年以来国家层面对于办法草原碳汇相关政策的强度变化（发文频率）呈现明显上升规律，2010～2012 年发文数量呈现平稳态势，值得注意的是，2013 年发文数量显著增多，主要与中国政府推进生态文明建设的进程密切相关。直到 2014 年发文数量达到峰值。2015～2016 年发文数量呈现出稳定的低行态势。

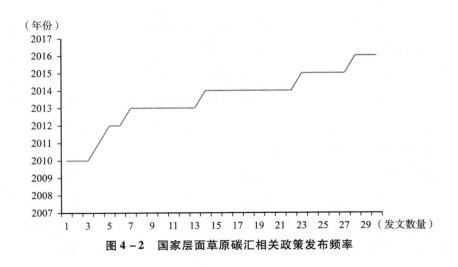

图 4 – 2　国家层面草原碳汇相关政策发布频率

为了便于研究，鉴于 30 部样本政策文本的发文时间和发文数量为重要节点将其划分为 3 个阶段，平均 2～3 年为一个阶段。

对于草原碳汇相关政策的效力评价采用了"政策适用范围"和"政策文种类型"两个指标在横向上对政策约束力的广度和纵向上对政策执行强度进行综合评判，评判结果如表 4－4 所示。将政策适用范围分为"普适型"和"专一型"。普适型是指某项政策针对多个领域多个事项进行管理。专一型是指某项具体政策仅针对一个具体事项进行管理。

表 4－4　　　　　　国家层面草原碳汇相关政策的效力情况

年份	政策适用范围			政策文种类型				
	普适型	专一型	普适型/专一型	规定	细则	办法	通知	意见
2010～2012	1	5	0.2	0	0	0	3	0
				0	0	0	1	0
				0	0	0	1	1
2013～2014	10	4	2.5	0	0	0	6	1
				0	0	0	6	0
2015～2016	6	1	6	0	0	0	4	0
				0	0	0	2	1
合计	17	10	8.7	0	0	0	23	3

如表 4－4 所示，由"普适型/专一型"可以明显看出，2010 年至今，普适型政策与专一型政策之比从 0.2 上升到 6，政策适用范围明显由"专一型"趋向"普适型"，这表明中国草原碳汇相关政策的适用范围更具普适性，在一定程度上避免了政策客体由于政出多门所造成的政策条款冲突。同时也有利于增强政策效力。

从政策文种类型来看，"通知"类政策在所有文种类型的总体数量上占有绝对优势，"意见"类政策较其他文种类型出现的频次较多。对于"规定""细则""办法"类政策在 30 部样本政策文本中均未出现，由此可以表明，相关行政职能部门对于中国草原碳汇相关政策类型尚处于研究或修订阶段，尚未形成具体的规定，没有出台相应的实施细则或办法。缺乏对于草原碳汇的专项管理，相关的政策内容各项规定不明确、政策内容不详尽、缺乏政策约束力。综上所述，现阶段中国草原碳汇相关政策文种类型反映出国家层面的政策内容应向政策精细化管理转变，使政策本身更具指导意义和可操作性，由此来实现政策效力。

对于政策工具分析的基本思路是把政策结构性作为基本立论基础，突出政策的结构特性，认为政策是由一系列基本单元工具合理组织、搭配而构建的，由此来评判政策的可操作性，同时还可以体现决策层的公共政策价值和理念。

根据罗斯威尔和泽格维德（Rothwell and Zegveld）的观点，将基本政策工具分为环境型、供给型和需求型三类，如图4－3所示。

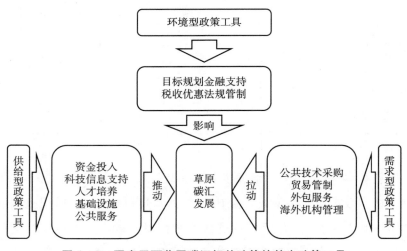

图4－3　国家层面草原碳汇相关政策的基本政策工具

X维度：基本政策工具维度

环境型政策工具。包括政府通过一系列的政策进行调控，如目标规划、金融支持、法规管制、监督检查、制定与完善相应标准、制定与完善相应政策，为草原碳汇提供有利的政策环境和发展空间，同时促进碳汇产品的开发。环境型政策工具又可细分为目标规划、金融支持、税收优惠、法规管制与知识产权等方面。供给型政策工具。主要体现为国家出台的碳汇相关政策对草原碳汇的推动力。

供给型政策工具是指政府给予的资金、技术、人才、信息等相关要素的供给。主要包括草原碳汇资金投入、人才培养、科技与信息支持、基础设施建设和公共服务等方面。

需求型政策工具。主要体现为国家层面碳汇相关政策对草原碳汇的拉动力，是指政府主要通过采取公共技术采购、贸易管制、外包和海外机构管理等措施，降低市场不确定性，积极开展对碳汇技术的研发和新产品开发，从而带动相关碳汇产业发展。

Y 维度：产业竞争力维度

基本政策工具维度划分主要是从政府角度研究中国草原碳汇政策对草原碳汇发展的影响，草原碳汇及其相关产业要实现可持续发展，其内在组织、运行规律及生产活动也必须加以考虑，这种内在的组织活动和运行规律主要体现在草原碳汇及其相关产业自身竞争力上。要想在碳汇市场上获得更强的竞争力，除由外部碳汇政策的支持与引导外，内部系统自我生存、自我繁衍能力的不断提高也是获得持续竞争力的重要方面。草原碳汇及其相关产业竞争力主要体现在资源要素配置能力、组织生产能力和碳汇技术创新能力三个方面。本章将碳汇竞争力要素归纳为碳汇生产、碳汇研发和投资力度，并以此来构架国家层面草原碳汇相关政策分析框架的 Y 维度。

如图 4-4 所示，本章通过对基本政策工具和碳汇竞争力维度的划分，最终构建了草原碳汇相关政策的政策工具二维分析框架图。

基于政策工具的国家层面的草原碳汇相关政策文本分析如表 4-5 所示。对草原碳汇政策文本在基本政策工具维度下的频数统计进行分析，如表 4-5 所示，环境型政策工具占基本政策工具总体数量的 36.67%，供给型政策工具约占 53.33%，需求型政策工具仅占 10%。

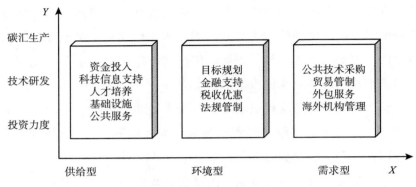

图 4-4　草原碳汇相关政策的政策工具二维分析框架

表 4-5　　　　　国家层面草原碳汇基本政策工具维度各环节统计分析比例

工具类型	工具名称	统计	百分比（%）
环境型政策工具	目标规划	9	36.67
	金融支持	1	
	税收优惠	1	
	法规管制	0	
供给型政策工具	资金投入	1	53.33
	科技信息支持	7	
	人才培养	0	
	基础设施	2	
	公共服务	6	
需求型政策工具	公共技术采购	3	10
	贸易管制	0	
	外包服务	0	
	海外机构管理	0	
共计		30	100

对具体政策工具进一步深入分析发现，如图 4-5 所示，在环境型政策工具中，目标规划在环境型政策工具中约占 81.82%，金融支持和

税收优惠仅占 9.09%，目标规划工具利用相对较多，这些政策工具为中国相关领域发展起了方向指引和目标设立的作用，但是缺乏具体实施细则，不具有可操作性。这说明中国已经对草原碳汇总体目标进行规划，支持和鼓励性政策还未大量配套，也并未出台相关的法律、法规类政策措施，由此给相关职能部门带来监管困难。

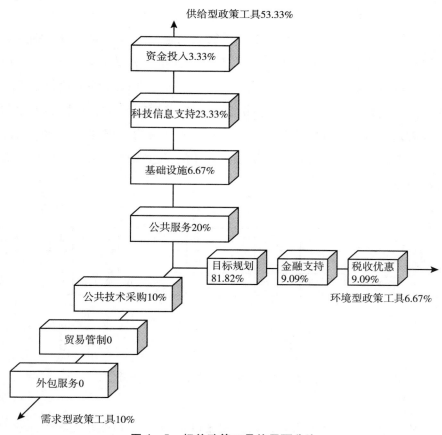

图4-5　相关政策工具使用百分比

在供给型政策工具中，科技信息支持（23.33%）和公共服务（20%）显著凸显，资金投入（3.33%）和基础设施（6.67%）建设较为薄弱，这说明国家非常重视草原碳汇的开发利用，并且在相关领域的科技信息支持力度很大，在逐步加大资金投入同时进行配套的基础设施建设。供给型政策工具对于草原碳汇的发展起重要的推动作用。

在需求型政策工具中，政策工具应用相对较少，需求型政策工具对于草原碳汇的发展起拉动作用。只有公共技术采购占10%，其他政策工具并未涉及，由此可见，需求型政策工具应用频度较低，这也为后续出台相关政策预留了空间。

另外，在基本政策工具维度分析的基础上，引入产业竞争力维度影响因素，得到政策工具在产业竞争力上的分布统计结果。如图4-6所示，通过30部政策文本对中国碳汇产业竞争力进行分析发现，碳汇生产所占比例为63.33%，说明中国非常重视草原碳汇发展。投资力度与技术研发所占比例分别为33.33%和3.33%，表明中国在不断加大力度开发碳汇新技术，只有广泛采用新技术才能推进中国草原碳汇相关产业的经济发展。

碳汇生产	0	0	0	2	6	9	1	1	0	0	0	0	0
技术开发	0	7	0	0	0	0	0	0	0	3	0	0	0
投资力度	1	0	0	0	0	0	0	0	0	0	0	0	
	资金投入	科技信息支持	人才培养	基础设施	公共服务	目标规划	金融支持	税收优惠	法规管制	公共技术采购	外包服务	贸易管制	海外机构管理

图4-6 相关政策工具频数分布统计情况

从产业竞争力维度来看，相关配套政策制定尚不完善。目前，中国草原碳汇并未真正开展起来，政策实行方法仍以节能减排为主，且大部分都单纯依靠政府行政力量推行，缺乏激励机制，忽视了市场的作用，缺乏长效机制。在碳汇生产中占据绝大比例的是目标规划项，公共服务6项，基础设施只有2项，这表明中国在引导草原碳汇发展、研发碳汇技术方面目前还停留在制定政策、法规和规划层面，尚缺乏具体可操作的激励性、保障性政策工具。

（2）内蒙古自治区草原碳汇相关政策

鉴于本章研究重点和文章篇幅的限制，对内蒙古自治区的政策文本分析将不再详述具体分析过程，主要论述分析结果。如表4－6所示，2010年至今自治区草原碳汇相关政策文本内容汇总如下。

表4－6　　　　　　2010年以来内蒙古自治区草原碳汇相关政策索引

编号	年份	政策编号	政策标题
1	2010	内政发［2010］44号	内蒙古自治区人民政府关于印发自治区应对气候变化实施方案的通知
2	2010	内政发［2010］59号	内蒙古自治区人民政府批转自治区发改委关于2010年深化经济体制改革重点工作实施意见的通知
3	2011	内政发［2011］57号	内蒙古自治区人民政府关于印发自治区人民政府2011年工作要点的通知
4	2012	内政办发［2012］54号	内蒙古自治区人民政府办公厅关于印发自治区贯彻落实国家《西部大开发"十二五"规划》重点工作分工方案的通知
5	2012	内政发［2012］57号	内蒙古自治区人民政府批转自治区发改委关于2012年深化经济体制改革重点工作实施意见的通知
6	2012	内政办发［2012］138号	内蒙古自治区人民政府关于印发自治区实施《大小兴安岭林区生态保护与经济转型规划》方案的通知
7	2013	内政办发［2013］6号	内蒙古自治区人民政府关于印发自治区贯彻落实国家《呼包银榆经济区开发规划（2012～2020年）》重点工作分工方案的通知
8	2013	内政发［2013］64号	内蒙古自治区人民政府关于批转自治区发改委关于2013年深化经济体制改革重点工作实施意见的通知
9	2013	内政办发［2013］79号	内蒙古自治区人民政府办公厅关于全面开展和谐矿区建设的通知
10	2014	内政发［2014］102号	内蒙古自治区人民政府关于加快推进气象现代化的意见
11	2015	政府令第214号	内蒙古自治区气候资源开发利用和保护办法
12	2015	内政发［2015］130号	内蒙古自治区人民政府关于发展空港经济的指导意见

编号	年份	政策编号	政策标题
13	2015	内政发〔2015〕150号	内蒙古自治区人民政府关于创新重点领域投融资机制鼓励社会投资的实施意见
14	2016	内政发〔2016〕1号	内蒙古自治区人民政府关于下达2016年自治区国民经济和社会发展计划的通知

如表4-7所示，在自治区草原碳汇相关政策的制定中自治区人民政府（71.43%）和自治区人民政府办公厅（28.57%）发挥主要作用，并且两个部门均作为单独发文部门，未见其他行政部门作为参与部门出现，由此表明，管理主体单一化，行政监管部门间协作性较差。

表4-7　　　　　　内蒙古自治区草原碳汇相关政策发文部门情况

部门	项数和比重	自治区人民政府	自治区人民政府办公厅	合计
单独发文部门	项数	10	4	14
	比重（%）	71.43	28.57	—
联合发文部门	项数	0	0	0
	比重（%）	—	—	—

从政策颁布的时间和发文数量来看，如图4-7所示，2010~2015年，自治区草原碳汇相关政策呈现平稳的上升态势，其中，2012年以后，发文数量显著增多，由此可以看出，自治区层面对于草原碳汇的重视程度越来越高。

如表4-8所示，与国家层面草原碳汇相关政策不同，自治区相关政策文本在政策适用范围上，并没有出现由专一型向普适型转变的趋势，相反，在2013~2014年、2015~2016年期间自治区行政职能部门出台的相关政策文本集中于"专一型"，由此表明，自治区层面相关政策效力的广度较低。

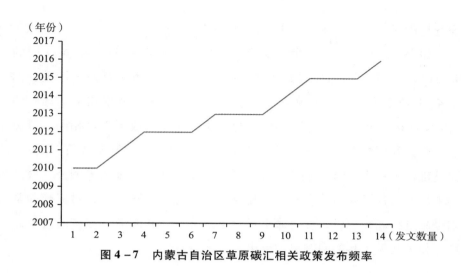

图4-7　内蒙古自治区草原碳汇相关政策发布频率

表4-8　　　　　　　内蒙古自治区草原碳汇相关政策的效力情况

年份	政策适用范围			政策文种类型				
	普适型	专一型	普适型/专一型	规定	细则	办法	通知	意见
2010~2012	2	4	0.5	0	0	0	2	0
				0	0	0	1	0
				0	0	0	3	0
2013~2014	1	3	0.3	0	0	0	3	0
				0	0	0	0	1
2015~2016	0	4	—	0	0	1	0	2
				0	0	0	0	1
合计	10	7	—	0	0	1	9	4

　　如表4-8所示，自治区相关政策在政策文本类型方面，虽然"通知"类政策在总体数量上所占比重较大，在2010~2013年期间，政策文本全部以"通知"政策文种类型出台，但值得注意的是，在2014~2016年期间，"意见"类政策在总体文种数量上占绝对优势，并出台1部"办法"类政策文种。与国家层面相关政策文种类型一致，自治区层

面同样没有"规定"和"细则"类政策出台。

如表4-9所示,环境型政策工具占基本政策工具总体数量的92.86%,供给型政策工具约占7.14%,需求型政策工具并未体现。如图4-8所示,在环境型政策工具中,目标规划在环境型政策工具中约占85.71%,金融支持占7.14%,与国家层面相关政策工具相同,目标规划工具利用相对较多,但其他3项均未体现。在供给型政策工具中,仅基础设施占7.14%,科技信息支持、资金投入、人才培养和公共服务均未涉及。这说明内蒙古自治区政府开始重视草原碳汇,并对配套的基础设施进行起步建设。从总体来看到目前为止,并未形成完备的政策体系,相关政策工具的问题更加突出。

表4-9   内蒙古自治区草原碳汇基本政策工具维度各环节统计分析比例

工具类型	工具名称	统计	百分比(%)
环境型政策工具	目标规划	12	92.86
	金融支持	1	
	税收优惠	0	
	法规管制	0	
供给型政策工具	资金投入	0	7.14
	科技信息支持	0	
	人才培养	0	
	基础设施	1	
	公共服务	0	
需求型政策工具	公共技术采购	0	
	贸易管制	0	
	外包服务	0	
	海外机构管理	0	
合计		14	100

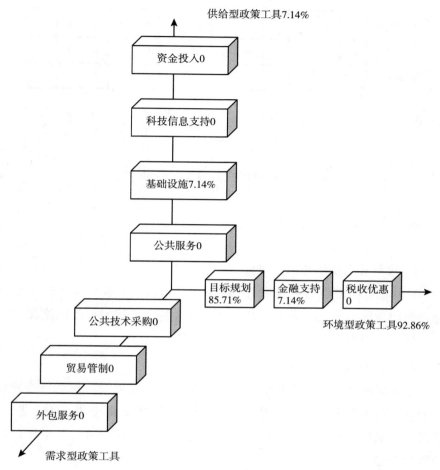

图 4 - 8 相关政策工具使用百分比

如图 4 - 9 所示，从产业竞争力维度来看，碳汇生产所占比例为
92.86%，投资力度所占比重很少为 7.14%，技术研发并未涉及。与国
家政策工具相同，自治区相关配套政策制定尚不完善。在碳汇生产中占
据绝大比例的是目标规划项，基础设施仅 1 项，这表明自治区相关政策
对草原碳汇不具备指导性和可操作性。

	资金投入	科技信息支持	人才培养	基础设施	公共服务	目标规划	金融支持	税收优惠	法规管制	公共技术采购	外包服务	贸易管制	海外机构管理
碳汇生产	0	0	0	1	0	12	0	0	0	0	0	0	0
技术开发	0	0	0	0	0	0	0	0	0	0	0	0	0
投资力度	0	0	0	0	0	0	1	0	0	0	0	0	0

图 4 - 9 相关政策工具频数分布统计情况

4.1.3 政策文本分析结论

1. 政策管理主体与部门协调

从前面分析汇总后可以看出，国家和自治区草原碳汇相关政策均不存在管理主体多元化的现象。但值得注意的是，在相关行政职能部门间协调较差，问题较为突出。

2. 政策效力

国家层面政策的适用范围由"专一型"向"普适型"发展的趋势较为明显，政策效力的广度逐渐增强；自治区层面更集中于"专一型"，政策效力的广度较低。从政策效力的强度来看，国家政策趋于平稳；自治区政策趋于下降[111]。

3. 政策可操作性与政策预测

从政策工具分析维度来看，国家政策的可操作性不强，政策工具应用较少；而自治区政策的可操作性更差，相关政策工具缺陷尚多，政策体系均不完备[112]。

4.2 草原碳汇管理政策的影响分析

本章选择中国牧区生产大省内蒙古自治区开展草原碳汇管理政策影

响分析模型验证与效果检验。内蒙古自治区草原面积占全国草原面积约为25%，畜牧业总产量位居全国前列。内蒙古自治区水土资源丰富，增加草原碳汇的潜力巨大，在适应全球气候变化的背景下，内蒙古自治区设计并实施了一系列草原碳汇管理措施。相对而言，禁牧与休牧两种策略的应用较为普遍。本章中定义的禁牧包括退牧情况；休牧主要采取让牧区的牧民在一段时间内停止放牧以增加草原植物的生长和发育的草原碳汇管理。本研究针对这两种措施设计出相应的草原碳汇政策情景，研究在适应全球气候变化的情况下区域草原碳汇管理政策的绩效，以期对内蒙古自治区牧业生产与草原碳汇管理具有借鉴价值。

4.2.1 草原碳汇管理政策模型的构建思路

假设研究区域的草原可被分割成面积为$1hm^2$的地块（以下简称"单位面积"），以其净收益NR为考察变量，以上理论可推倒出NR服从正态分布。各种变量的定义如下：样本区平均产量y（只/hm^2），全区"单位面积"产量Y（只），畜产品羊肉的市场价格P（元/只），畜产品放牧的收益率R，畜产品放牧"单位面积"净收益NR_i，退牧还草"单位面积"机会成本C元，休牧"单位面积"产出增加量d（只）。

在常规放牧、禁牧和休牧三种情景下探讨草原碳汇管理政策的绩效。常规放牧时"单位面积"净收益记为NR_0，"单位面积"退牧还草所要额外付出的人力、物力成本记为C，因增加产量而增加的纯收入记为ΔNR，休牧政策补贴金额为S_1。因此，"单位面积"休牧的净收益公式为：

$$NR_1 = NR_0 - C + \Delta NR + S_1 \qquad (4-1)$$

"单位面积"草原的禁牧补贴记为S_2，其净收益：

$$NR_2 = S_2 \qquad (4-2)$$

在禁牧补贴和休牧补贴政策下，追求生产利润最大化的牧民将做出3种不同的选择：

（1）当 $NR_0 \geqslant NR_1$ 且 $NR_0 \geqslant NR_2$，即 $C \geqslant S_1 + \Delta NR$，$NR_0 > S_2$，牧民会选择常规放牧。

（2）当 $NR_1 > NR_0$ 且 $NR_1 \geqslant NR_2$，即 $S_1 + \Delta NR > C$，$NR_0 + S_1 + \Delta NR > S_2$，牧民会选择休牧。

（3）当 $NR_2 \geqslant NR_0$ 且 $NR_2 > NR_1$，即 $S_2 \geqslant NR_0$，$S_2 > NR_0 + S_1 + \Delta NR$，牧民会选择禁牧。

4.2.2 草原碳汇管理政策模型参数估计

1. 参数估计方法

如果选择羊为研究对象，并在整个放牧区域内随机抽取 n 个样本区，每个样本区随机抽取 10 头羊，则可得到各样本区该作物平均产量 $y = y_1$，y_2，$\cdots$，y_n。本章以整个放牧区域的羊"单位面积"产量作为总体，抽出 n 个样本区羊的平均产量的均值和标准差，测度出各个样本区作物平均产量的无显著性差异，因此可用 y 估计总体标准差[113]。

综上所述，"单位面积"牧区产量的均值与标准差的无偏估计分别为：

$$\hat{E}(Y) = \sum_{i=1}^{n} p_i y_i, \quad \hat{\sigma}(Y) = \sqrt{D(Y)} = \sqrt{\sum_{i=1}^{n} p_i \left(y_i - \sum_{i=1}^{n} p_i y_i \right)^2}$$

$$(4-3)$$

式（4-3）中：p_i 为每个样本区牧区面积占整个样本牧区总面积的比例。而

$$NR = P \cdot R \cdot Y \quad (P、R \text{ 为常数}) \tag{4-4}$$

由此式（4-4）可以得出见式（4-5）和（4-6）：

$$\hat{E}(NR) = \hat{E}(P \cdot R \cdot Y) = P \cdot R \cdot \hat{E}(Y) \tag{4-5}$$

$$\hat{\sigma}(NR) = \sqrt{\hat{D}(NR)} = P \cdot R \cdot \sqrt{\hat{D}(Y)} \tag{4-6}$$

所以，NR 的分布密度函数为见式（4-7）：

$$\eta(x) = \frac{1}{\sqrt{2\pi}\hat{\sigma}(NR)} e^{-\frac{(x-\hat{E}(NR))^2}{2\sigma^2(NR)}} \tag{4-7}$$

在以上分析的基础上，可以推导出采用常规放牧的牧区面积占总牧区面积的比例、采用休牧面积占总牧区面积的比例和采用禁牧面积占总牧区面积的比例依次为：见公式（4-8）、（4-9）和（4-10）。

$$Z(S_1, S_2) = \left[1 - \int_{-\infty}^{S_2} \frac{1}{\sqrt{2\pi}\hat{\sigma}(NR_0)} e^{-\frac{(x-\hat{E}(NR_0))^2}{2\sigma^2(NR_0)}} dx \right] \cdot I_{\{C \geq S_1 + \Delta NR\}}$$

$$(4-8)$$

$$J(S_1, S_2) = \left[1 - \int_{-\infty}^{S_2} \frac{1}{\sqrt{2\pi}\hat{\sigma}(NR_1)} e^{-\frac{(x-\hat{E}(NR_1))^2}{2\sigma^2(NR_1)}} dx \right] \cdot I_{\{C < S_1 + \Delta NR\}}$$

$$(4-9)$$

$$X(S_1, S_2) = \left[\begin{array}{l} \int_{-\infty}^{S_2} \frac{1}{\sqrt{2\pi}\hat{\sigma}(NR_0)} e^{-\frac{(x-\hat{E}(NR_0))^2}{2\sigma^2(NR_0)}} dx \cdot I_{\{C \geq S_1 + \Delta NR\}} \\ + \int_{-\infty}^{S_2} \frac{1}{\sqrt{2\pi}\hat{\sigma}(NR_1)} e^{-\frac{(x-\hat{E}(NR_1))^2}{2\sigma^2(NR_1)}} dx \cdot I_{\{C < S_1 + \Delta NR\}} \end{array} \right] \quad (4-10)$$

其中，$I_{\{C \geq S_1 + \Delta NR\}} = \begin{cases} 1, & \text{如果 } C \geq S_1 + \Delta NR \\ 0, & \text{如果 } C < S_1 + \Delta NR \end{cases}$

$I_{\{C < S_1 + \Delta NR\}} = \begin{cases} 1, & \text{如果 } C < S_1 + \Delta NR \\ 0, & \text{如果 } C \geq S_1 + \Delta NR \end{cases}$

2. 内蒙古草原碳汇管理政策影响分析模型的参数估计

内蒙古自治区是中国畜牧业大省，也是中国四大牧区之首，含有牧区 33 个旗县，半牧区 21 个旗县，面积约 88 万 km²，可利用草原面积为 10.2 亿亩（约 6.8 亿 hm²），约占全国草原面积 1/4。本章以内蒙古自治区畜牧业中牧民牧羊为例，测度草原碳汇管理政策对其放牧面积的影响，并通过发放问卷的方式获得有效数据，其发放问卷对象是分别来自内蒙古东部、中部和西部牧区的牧民，共发放问卷 150 份，收回问卷 150 份，有效问卷 120 份，根据调查问卷统计，该数据检验结果显示呈近似于正态分布，由公式（4-5）和式（4-6）得到全省牧羊"单位面积"产羊量的期望和标准差的估计值分别为：

$$\hat{E}(Y) = \sum_{i=1}^{24} p_i y_i = 109.83$$

$$\hat{\sigma}(Y) = \sqrt{\sum_{i=1}^{24} p_i (y_i - \sum_{i=1}^{24} p_i y_i)^2} = 44.56$$

表 4 - 10 是通过问卷调查方法，数据运用 SPSS 统计软件整理得出，从内蒙古自治区 54 个牧区旗县（含半牧区）分成东部、中部和西部三个区域，分别从这三个地区各选八个"单位样本"，其平均产羊量为 y 只，共 24 个"单位样本"（见表 4 - 10）。

表 4 - 10　　　　　内蒙古三个区域 24 个单位样本的平均产量

		频率	百分比	有效百分比	累积百分比
有效	20.00	1	4.2	4.2	4.2
	30.00	1	4.2	4.2	8.3
	60.00	3	12.5	12.5	20.8
	70.00	2	8.3	8.3	29.2
	80.00	3	12.5	12.5	41.7
	100.00	5	20.8	20.8	62.5
	110.00	3	12.5	12.5	75.0
	130.00	1	4.2	4.2	79.2
	150.00	1	4.2	4.2	83.3
	175.00	1	4.2	4.2	87.5
	200.00	3	12.5	12.5	100.0
	合计	24	100.0	100.0	

根据表 4 - 10 的统计样本数据结果并通过运用 SPSS 软件估计全省"单位面积"产羊量的分布函数（见图 4 - 10）。根据生成的图形结果显示可近似看作呈正态分布。

同时根据图 4 - 10 的正态分布结果利用 SPSS 统计软件进行正态分布的单样本 Kolmogorov - Smirnov 检验（见表 4 - 11）和 Q - Q 图检验

（见图4-11）的双重检验，检验结果为：单样本 Kolmogorov-Smirnov 检验 Z 值为 0.990，P 值为 0.281 > 0.05；而 Q-Q 图检验中图（见图 4-11）显示各个点近似于一条直线，综上所述，检验结果显示都符合正态分布。

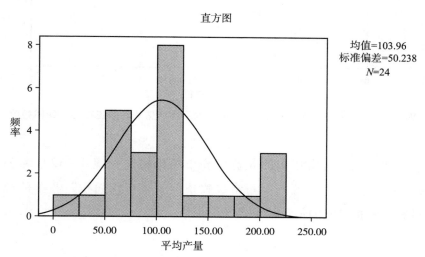

图4-10　内蒙古自治区单位面积产羊量的分布函数

表4-11　　　内蒙古三个区域24个单位样本平均产量的单样本
Kolmogorov-Smirnov 检验

		平均产量
N		24
正态参数[a,b]	均值	103.9583
	标准差	50.23811
最极端差别	绝对值	0.202
	正	0.202
	负	-0.107
Kolmogorov-Smirnov Z		0.990
渐近显著性（双侧）		0.281

注：a 检验分布为正态分布；b 根据数据计算得到。

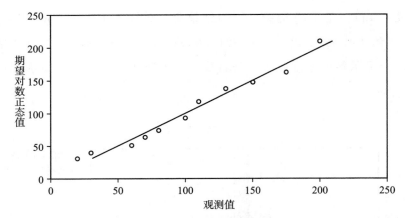

图 4 – 11　内蒙古三个区域 24 个单位样本平均产量的对数正态 Q – Q 图检验

在此基础上，由牧羊的收益率和市场价格（见表 4 – 12）和公式（4 – 5）、式（4 – 6）可得到正常放牧条件下"单位面积"牧羊的纯收益的期望和标准差的估计。

表 4 – 12　　　　　　　　内蒙古自治区 2015 年羊的统计信息

名称	数值
市场价格 P	523 元/只
纯收益率 R	63.75%
总放牧面积 H	6 800 万 hm^2
退牧还草机会成本 C	3 195 元/hm^2
退牧还草增加的产量 d	9 只/hm^2

注：总放牧面积源于统计年鉴，其他数据来源于统计调查。

$$\hat{E}(NR_0) = P \cdot R \cdot \hat{E}(Y) = 36\ 618.69$$

$$\hat{\sigma}(NR_0) = P \cdot R \cdot \sqrt{D(Y)} = 14\ 856.86$$

由此可以得到 $NR_0 \sim N(36\ 618.69,\ 14\ 856.86)$。

　另外，由公式（4 – 4）可以得到 $\Delta NR = P \cdot R \cdot d = 3\ 000.71$，由式

（4 - 1）和式（4 - 6）进而有：

$$\hat{E}(NR_1) = \hat{E}(NR_0) - C + \Delta NR + S_1 = S_1 + 39\ 081.4$$

$$\hat{\sigma}(NR_1) = \sqrt{D(NR_0)} = 14\ 856.86$$

所以，$NR_1 \sim N(S_1 + 39\ 081.4,\ 14\ 856.86)$。

4.2.3 模型分析过程

情景1：

常规放牧与休牧。当实施休牧措施的投入成本大于因此而获得的收益（包括休牧的政策补贴和羊的数量增长而带来的收益），亦即 $3\ 195 \geq S_1 + 3\ 000.71$ 时，相对于采用休牧措施，采用常规放牧时"单位面积"牧羊获得的净收益较大，所以牧户会采用常规放牧策略；当实施休牧措施的投入成本小于因此而获得的收益，亦即 $3\ 195 < S_1 + 3\ 000.71$ 时，相对于采用常规放牧，实施休牧获得的"单位面积"的净收益较大，所以牧户会采用退牧还草措施。

情景2：

常规放牧与禁牧。当实施休牧碳汇管理措施的机会成本大于因此而增加的收益，亦即 $I\{3\ 195 \geq S_1 + 3\ 000.71\} = 1$，$I\{3\ 195 < S_1 + 3\ 000.71\} = 0$ 时，理论上将不会有牧民采用休牧措施。在此种情况下，采用禁牧措施和常规放牧的草原面积分别由式（4 - 8）和式（4 - 9）可得：

$$X(S_1, S_2) = H \cdot (S_1, S_2)$$

$$= 6.8 \times 10^7 \times \int_{-\infty}^{s_2} \frac{1}{\sqrt{2\pi \times 14\ 856.86}} e^{-\frac{(x-36\ 618.69)^2}{2 \times 14\ 856.86^2}} dx$$

$$Z(S_1, S_2) = H \cdot Z(S_1, S_2)$$

$$= 6.8 \times 10^7 \times \left[1 - \int_{-\infty}^{s_2} \frac{1}{\sqrt{2\pi \times 14\ 856.86}} e^{-\frac{(x-36\ 618.69)^2}{2 \times 14\ 856.86^2}} dx\right]$$

通过运用 MATLAB 数理统计软件对以上数据进行模拟分析整理出二维曲线图（见图 4 - 12），在这两种措施下放牧总面积将随着补贴数额的变化而变化。a 图中实施禁牧的面积是随着禁牧补贴金额的增加而呈上升趋势，而 b 图中实施常规放牧的面积是随着禁牧补贴金额的增加呈下降趋势，a 图中实施禁牧面积的增减趋势与 b 图中实施常规放牧的面积相反，而两者的面积总和则为内蒙古自治区草原牧羊总面积。从图 4－12可以看出，当禁牧补贴的金额在 90～180 元/hm² 时，牧民对实施草原碳汇管理政策较为敏感的。

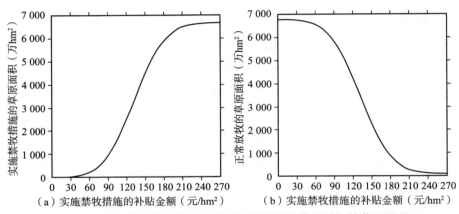

图 4－12　内蒙古禁牧补贴条件下禁牧措施和常规放牧的草原面积

情景 3:

休牧与禁牧。当实施休牧碳汇管理措施的机会成本小于因此而增加的收益时，亦即 $I\{3\,195 \geqslant S_1 + 3\,000.71\} = 0$，$I\{3\,195 < S_1 + 3\,000.71\} = 1$ 时，牧民不会选择常规放牧，采用禁牧措施和休牧措施的面积分别由式（4－8）和式（4－9）可得:

$$X(S_1,\ S_2) = H \cdot X(S_1,\ S_2)$$

$$= 6.8 \times 10^7 \times \int_{-\infty}^{s_2} \frac{1}{\sqrt{2\pi \times 14\,856.86}}\, e^{-\frac{(x - s_1 - 36\,618.69)^2}{2 \times 14\,856.86^2}}\, \mathrm{d}x$$

$$T(S_1,\ S_2) = H \cdot X(S_1,\ S_2)$$

$$= 6.8 \times 10^7 \times \left[1 - \int_{-\infty}^{s_2} \frac{1}{\sqrt{2\pi \times 14\,856.86}}\, e^{-\frac{(x - s_1 - 36\,618.69)^2}{2 \times 14\,856.86^2}}\, \mathrm{d}x\right]$$

通过运用 MATLAB 数理统计软件对以上数据进行模拟分析整理出三维立体曲线图（见图 4 - 13），在这两种措施下草原牧羊面积也会随禁牧补贴和休牧补贴金额的变化而变化。在 c 图中实施禁牧措施的草原牧羊总面积随着禁牧补贴的增加而增加，随着休牧补贴金额的增加而减少，而 d 图中实施休牧的草原牧羊面积的变化趋势恰恰与之相反，两者之和为内蒙古自治区草原总牧羊面积。对一定额度的休牧补贴，同样可以找到一个区间，当禁牧补贴的金额位于该区间时，牧民对实施草原碳汇管理政策比较敏感。此外，由于休牧补贴增加了禁牧的机会成本，在同等金额的禁牧补贴条件下，实施禁牧的面积少于前一种情景。例如，当禁牧的补贴金额同为 90 元/hm² 时，在情景 2 之下的禁牧草原面积约为 1 000 万 hm²，而在情景 3 中，当休牧的补贴金额为 100 元/hm² 时，实施禁牧措施的草原面积约为 40 万 hm²。

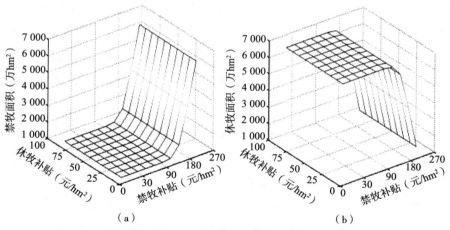

图 4 - 13　内蒙古实施禁牧与休牧补贴条件下禁牧和休牧的面积

4.2.4　模型分析结论

本章选择了退牧还草工程中休牧与禁牧两个草原碳汇管理政策作为

研究的切入点，测度出不同草原碳汇管理政策对牧民决策行为的影响。研究表明，可以将草原碳汇管理政策、成本收益分析、牧民放牧决策行为等因素通过草原碳汇管理政策影响分析模型联系起来，利用数理统计分析方法测度其间的相互联系和相互作用。但是在草原碳汇管理政策的执行过程中会有很多因素制约着草原碳汇管理政策的影响。

1. 经济补偿缺乏重视程度

在禁牧、休牧政策开始前，牧业税是地方政府的主要财政收入来源，现在牧业税已经取消，旗县和镇乡两级的财政收入将受到很大影响，同时也直接影响到政府对经济补偿投入的多少，再加上地方政府还要负担一部分地方项目户的补助，造成地方政府的财力严重不足，补贴的发放上存在拖欠现象，在政策实施过程中，政府对于退牧还草工程补贴有钱的时候就自己先垫上，多数情况下都是先拖欠着，等上级的补助下来后才发放，同时也反映出政府在经济补偿方面的形式较为单一。

以内蒙古自治区草原牧羊为例模拟了草原碳汇管理政策对草原碳汇管理的影响。模型估计结果表明，当禁牧补贴在 $90 \sim 180$ 元/hm^2 时，牧民对草原碳汇管理政策（补贴数额）较敏感。同时，休牧补贴会增加禁牧的机会成本，降低禁牧补贴政策的效果。当休牧的补贴金额较高时（如 100 元/hm^2），同样的禁牧补贴金额下（如 90 元/hm^2），采用禁牧措施的草原面积约为未实施休牧补贴政策或休牧补贴金额极小情况下的 1/25。

2. 禁牧和休牧政策有待优化

禁牧和休牧工作是以乡镇为主，农业部门执法单位配合。但在工作中存在着诸多问题，例如，乡镇禁牧人员禁牧手段简单粗放，没有严格的工作程序，在工作中常与农牧民发生冲突，没有整套的监督制约机制和健全的操作性强的禁牧和休牧工作程序，缺乏专项管理部门，相关的法律法规还不完善，使禁牧和休牧工作透明度不高，影响禁牧和休牧的工作效果。草原碳汇管理政策的执行也间接影响了牧民对草原碳汇管理政策的敏感。

综上所述，需要说明的是，区域草原碳汇管理政策措施很多，仅考虑了其中的两个，并根据这两种措施的组合构建了三种草原碳汇管理情景，这是对区域草原碳汇管理政策的一种概括与抽象；本章同时假设牧民在两种草原碳汇管理政策下的决策行为是理性的，如果假设牧民生产的目标是追求利润最大化，没有考虑实施草原碳汇管理政策措施中的各种非理性因素对分析结果的影响，也没有考虑休牧产生净收益过程中的可能风险。尽管如此，基于上述假设，在案例区的估算结果与实际情况较为一致。本章提出的测算草原碳汇管理政策影响的方法为草原碳汇研究和政策评价提供了一条新思路，为区域草原碳汇管理政策的制定与实施提供了可资借鉴的方法。

4.3 草原碳汇管理政策的改进建议

4.3.1 完善草原碳汇政策制定环境

1. 加强舆论宣传导向，建立信息传播机制

加强舆论宣传导向，加大宣传力度，建立信息传播机制。建立政府、企业、社会公众与媒体联动的宣传方式。在加强舆论宣传方面，政府宣传机构可借助网络、电视、报纸、杂志、广播等多种媒体对企业、民众进行碳汇的宣传，普及草原碳汇知识。努力进行草原碳汇思想传播与项目开展，普及草原碳汇相关知识与技术，高度重视草原碳汇工作。通过制度化的合理安排发挥媒体的作用，组织草原碳汇的宣传活动，通过电视、网络、报纸杂志、广播等多种媒体形式普及碳汇知识，积极开展碳汇活动。建立草原碳汇数据及动态信息传播机制，建立草原碳汇官方网站，并及时发布更新相关内容动态。关注并参与草原碳汇项目国内外会议，收集整理碳汇最新科研成果，形成统一有效的碳汇管理脉络体系。

2. 保护草地生态环境、增强草原碳汇潜力

草原面积扩大、生态系统机能恢复可以增强草原固碳潜力。优化草地管理方式改进草地利用方式可以增强草地碳汇功能。政府应采取在草原牧区落实草畜平衡和禁牧、休牧、划区轮牧等草原保护制度，控制草原载畜量，退耕还林还草，遏制草原退化等相关政策措施。尽快实施增加草地资源总量、扩大可利用草原面积、高度重视草地生态环境建设，大力开展草原复垦与资源保护等工作项目。保护草原草场，恢复草原生态机能。

3. 引进和培养专业科技人才

加强草原碳汇管理机构的建立，形成有效管理机制。积极引进专业科技人才，为草原碳汇提供技术保障。政府应加大支持力度，组织成立草原碳汇项目办公室、碳汇研究所等专门科研机构；加快建立草原碳汇数据库以及草地生态定位监测站，加大草原碳汇科研技术投入与碳汇知识普及培训力度。同时，引进发达国家和地区先进的管理理念和科研成果。努力培养草原碳汇专家队伍，为区草原碳汇项目健康发展提供技术保障。

4. 发挥高校重要的教育媒介作用

高校是重要的教育媒介，高校教育是环境与生态保护教育体系中重要组成部分。首先，整合高校教育资源，增设草原生态相关专业、草原碳汇研究方向，对学生实施有计划、有目的、全面系统的碳汇知识传授，将学生的社会意识转化为个人意识。其次，重视课堂教学的主导作用，将碳汇教育知识体系纳入高校思想道德理论课程中。运用各种教育手段，培养学生树立生态保护价值观，提高环境道德素质。另外，开展草原碳汇专业知识讲座，从而对草原碳汇知识有全面、深刻的了解[114]。

4.3.2 优化草原碳汇管理经济补偿政策

1. 增加政府对牧民草原保护补偿金额

碳汇作为稀缺性产品，既不能通过市场自身得到实现，同时它又具

有很强公共产品的外部特征性。所以，想要弥补市场在碳汇方面的缺陷，政府的宏观调控就成为重要手段。区应该增加专业的评估机构，定期对治理结果进行量化，用规范化的数据对牧民的劳动成果进行评估，要第一时间使得牧民拿到经济补偿，并对草原碳汇管理做出的服务及成果得到及时的反馈，从而让政府对牧民补偿金额具有时效性，同时也增加了牧民对保护草原的重要性。提高对牧民补偿标准，注重牧民补偿金发放过程的透明化监督，提高牧民积极性。

在碳贸易越来越受到关注的国际大背景下，碳汇交易的价格也将不断上升。政府根据各地区情况适当提高牧民对草原保护的补偿金额，并且也应该结合中国的市场碳汇交易价格变动的情况。同时，应该区分区域、类型制定或提高补偿金额的标准，不同地区的旗县都有不同的情况，具体标准应根据各级政府而定，不能完全统一标准，但也不能相差太多。如果草原碳汇管理补偿金额太低，会一定程度上打击牧民参与的积极性，影响草原碳汇管理政策实施的效果。

2. 加大对区域性草原碳汇管理补偿的资金投入

区域性补偿的资金主要是地方政府进行转移支付的。一方面，主要是为了弥补国家对草原碳汇管理补偿的资金不足。另一方面，则是针对因地区原因未被国家列入补偿范围却需要补偿的草原地区。对于草原碳汇管理补偿的现状，其补偿的体系还处于刚起步阶段，而未被纳入补偿范围但需要补偿的地区有很多，这些地区的补偿只能依靠地方政府根据自身的实际情况来进行补偿。所以，区域性草原碳汇补偿是现阶段草原碳汇管理的主要措施之一。

加大草原碳汇管理的财政转移支付力度。要加大政府财政转移支付力度，建议首先，在财政转移支付中增加生态环境影响因子权重，增加对草原生态脆弱地区和草原生态保护重点地区的支持力度，建立草原生态建设重点地区经济发展、农牧民生活水平提高和区域社会经济可持续发展的长效投入机制；其次，地方政府除了负责辖区内草原碳汇管理补偿机制的建立之外，在一些主要依靠财政支持的草原碳汇管理补偿中，应根据自身财力情况给予支持和合作，以发挥内蒙古自治区政府和地方财政的双重作用。

3. 增加对草原碳汇管理补偿的方式

（1）增加市场对草原碳汇管理的补偿。

草原碳汇补偿开始实施主要是通过政府补偿的方式，但政府补偿的特点是不仅成本高，而且效率低。而市场补偿机制的特点是灵活有效、成本低、范围广，正好能弥补政府补偿的不足之处。草原碳汇管理政策间接地实现了类似于碳汇的交易机制，那么草原碳汇就可以实现市场化，因此草原的生态效益通过市场交易就可以实现内部化。通过这种市场交易机制的手段，为草原碳汇找到除政府外的其他买家，这样不但草原碳汇补偿也可以得到来自市场的补偿，牧民也可以从中得到市场补偿，从而帮政府一定程度上分担了补偿压力，同时草原碳汇也会随着市场的不断需求而逐渐增加，从而形成了良性的循环发展。

（2）增加社会对草原碳汇管理的补偿。

社会补偿主要是针对每个社会主体来说的，它作为补偿的手段之一，首先，主要是通过社会的直接捐助，或是社会通过政府直接向牧民进行捐助，鼓励牧民响应政府出台的草原碳汇管理政策，其中包括内蒙古各地区的个人或企事业单位自发的，也包括来自中国其他地区、国际组织或外国政府的。其次，也可以设立关于内蒙古草原碳汇管理补偿的社会基金，通过这种方式，来增加草原碳汇管理补偿的资金来源，在一定程度上能分担和弥补政府补偿和市场补偿考虑不周的地方。草原碳汇管理补偿主要是通过社会自发的用于草原生态保护方面的直接或间接的捐助。在一定程度上保护草原生态环境，同时也是我们每个人的责任和义务，从这个意义上说，社会补偿是草原碳汇管理补偿的最优的补偿方式。现阶段草原碳汇管理虽然处于刚刚起步的阶段，但是在碳排放越来越受重视的今天，草原作为内蒙古生态环境中的重要的组成部分，草原碳汇在碳汇经济中是存在巨大的潜力。所以草原碳汇管理补偿进行多元化发展是势在必行的，不能仅仅单纯地依赖政府或市场，要从各个方面取长补短，更好地发挥其优势，进而推动经济的可持续发展。

4.3.3　提高草原碳汇管理政策执行力度

1. 提升政府对草原生态保护建设工作水平

内蒙古自治区发展草原碳汇的市场关键在于内蒙古自身的草原生态环境的情况。必须要加大强度保护建设和管理草原生态，要充分贯彻落实国家关于草原生态保护建设方面的各项政策，再由地方政府进一步细化执行，合理划定草原生态红线，稳定和完善草原承包经营制度，尽快扭转草原生态持续退化的局面。要在政府的内部对相关部门的主管、工作人员进行深化其草原碳汇相关知识的认识，提高其重视程度。为此，内蒙古应该定期举办类似国际研讨会和国内培训班，并定期邀请农业部、科技部等负责草原生态的领导以及国内有关单位从事草原碳汇研究的专家和国际专家积极参与，并进行有关草原碳汇管理的专题培训和研讨。通过培训和研讨，使区内外人员对草原碳汇管理的认识有较大程度的提高，增强对草原碳汇项目的兴趣和积极性，同时也提高政府和企业单位之间的参与度。

2. 保持现有生态成果并继续加强草原生态建设

加强实施草原生态工程建设，增加草原碳汇为了有效地缓解气候变化和增强草地碳汇功能，应继续实施已有重大的草原生态工程，如退牧还草、天然草地封育等，是草原面积不断扩大，增加草原碳汇的同时发展发展草原生态工程建设，通过建立草原碳汇信息库以及生态定位监测站，加大草原碳汇科技投入与碳汇知识培训力度，引进发达国家建设和管理的先进理念和技术成果。这样不仅有利于增加其生态、经济和社会三大效益，还会对草原的碳汇起到一定程度上的辅助作用。

调整放牧制度，控制放牧强度。草原的不合理放牧是草原退化、沙化的主要原因之一，所以必须合理分配使用草原资源，适当调整放牧强度，根据地区自身特点积极响应国家划区轮牧、禁牧、休牧等放牧政策实施，使草原对放牧的压力减轻，其中不乏生态环境脆弱地区，可多种政策措施相互结合实施，加快改善草原生态。

4.3.4 保障草原碳汇管理政策的措施

1. 提高牧民对草原碳汇管理政策参与的积极性

从草原碳汇管理政策实施的主体角度出发，政府要加大对草原碳汇管理政策的宣传力度，普及草原碳汇的相关知识以及草原碳汇管理政策的重要性，让牧民深切认识到草原碳汇管理政策的顺利实施是对草原生态环境的保护有着积极的影响，同时这也关系到每个人实际的切身利益，加强宣传农牧民对草原碳汇管理政策的认识。农牧民是实施草原碳汇管理政策的主体，也是草原生态建设的主体，积极引导群众，取得群众的理解与支持是做好工作的关键，因此要加强宣传教育工作；在信息高速发展的时代，更要利用现代媒体的多元化特点，通过培训班、现场会、网络、电视、广播、报纸等形式对有关法律法规和碳汇管理政策进行宣传，使各级干部群众统一思想，充分认识草原碳汇管理建设的重要意义。号召社区居民进行公众参与，以调动牧民日常管理草地的积极性，提高保护环境意识，从而带来牧民习惯行为的改变，调动牧民保护草地的自觉性和积极性。

2. 提高草原碳汇管理政策对社会的影响力

加强对企业、非营利组织和个人对草原碳汇管理这项公共事业投资建设进行鼓励宣传，让草原碳汇管理项目的资金渠道多元化，也可以政府部门与私人企业共同开发草原碳汇资源，共同培养草原碳汇管理方面的相关技术人才；为提供人力、物力、财力等其他方面的支持，政府可以设立更多关于草原碳汇管理的基金项目，把更多有责任心的企业、团体和公民吸纳进来，在草原碳汇管理的可持续发展中起到积极地推动作用，把为草原相关的碳汇基金做出巨大贡献的企事业单位、民间团体或个人定期进行表彰奖励和大力宣传，并积极鼓励人们参与其中，支持和鼓励企事业单位、民间团体或个人以不同方式捐款，目的是拓宽融资渠道，加大对社会的影响力度。

现阶段，内蒙古在草原碳汇管理政策方面政府起到主导作用。对于草原碳汇管理政策实施的社会参与程度也有一定的阻碍。同时应建立相关的激励制度，对于开展草原保护的单位应该予以税收方面的优惠政策，政府也可以和相关企业合作开展草原碳汇管理的政策，鼓励推行第三方治理企业对其进行治理，使草原碳汇资源的恢复速度逐渐加快，同时推动了当地经济发展。

3. 提高对草原碳汇管理政策的重视

加快完善内蒙古草原碳汇管理政策，积极探索制定相关的法律法规，尽快将草原碳汇相关内容纳入法制化的管理范畴；要依据中国的形势政策和法律法规做好与草原碳汇管理相关的规章制度准备，尽快完备关于草原碳汇管理方面的法律法规。将草原碳汇管理纳入相应的法律规范内，要做到有法可依，这样草原碳汇管理才能被社会普遍接受和了解，也为其以后的发展提供了保障，奠定了良好的基础。

内蒙古自治区畜牧业厅、自治区草原监督管理局等相关机构应加强对草原资源的监督管理，进一步完善草原碳汇管理的督查机制，明确草原碳汇管理执法单位的职责，在工作中应建立健全便于操作的科学的工作程序，增加工作的透明度，做到有章可循、按章办事、提高工作人员的素质、讲究工作方法，提高工作效率；政府要合理利用草原的碳汇资源，草业、牧业、农业等相关部门成立与之相应的草原碳汇管理办公室，建立内蒙古自治区草原碳汇工作办公室、碳汇科研机构等专门机构，进行草原碳汇管理问题的研究；各个主管部门应进行碳汇资源的预测，并制订出中长期的发展计划，有节制地进行对自然资源的开发，由于草原碳汇管理有着不同类别的细分，需要分别设立相应的管理机构，以便更有效地进行科学管理，在设立管理机构的同时，也要给予管理人员相应的法律职责和职权，要加强各个部门的协作性，严格按照草原碳汇管理的法律法规进行公开、公正和公平执法，这样才能进行有效的管理；相应地，还要成立监督管理部门和具有针对性的政策执行监督部门，建设并完善草原碳汇管理政策的综合决策、草原碳汇管理政策的动态监控和政策执行监控三位一体的机制，在草原碳汇管理政策的综合决策机制和草原碳汇管理政策的动态监控机制的作用下，对动态的草原碳汇管理政策实施必要的监控，为能够达到统一和协调其草原碳汇管理相关政策的制定、执行和监督等各个环节提供保障。

4. 强化草原碳汇管理服务

在草原碳汇管理服务方面，政府建立不同区域草原生态服务市场，还要统一评估不同区域草原碳汇的生态服务，让其价值化，以便更好地制定其补偿金额，让保护草原生态环境的建设资金得以增加，使保护草原碳汇资源的民众从中获得经济利益，同时也奠定了政府继续发展草原碳汇管理的基础。政府应重点加强基础设施建设，饲草料种植加工配制、品种改良、疫病防治等方面的实用技术引进、开发、推广和应用。在服务的发展方向上，根据农村牧区的特点，应注重从单纯的技术服务向技术和市场开发的综合性服务方面转变。同时还要加强畜产品流通服务体系建设，要通过各类畜产品交易市场和相关的经济联合体，开辟较为广阔的畜产品销售市场，切实解决畜产品的供需矛盾，提高经济效益。同时加强草原碳汇管理的技术人才培养和引进，以便能够快速有效的组织成立草原碳汇管理专项研究机构，政府部门为主导地位，可以参与或促进省内企业与国外企业共同开发草原碳汇资源，引进国际先进的技术，共同培养技术方面的专业人才，加强各个地方政府组织草原碳汇技术培训，充分贯彻中国"走出去"和"引进来"的重要精神，从管理科学理念、科学技术和物质装备等方面引进所需要的，为促进内蒙古草原碳汇管理的长期发展提供有力保障[115]。

第 5 章

草原碳汇协作管理

5.1　草原碳汇协作管理现状及协作方分析

5.1.1　草原碳汇协作管理现状

根据对内蒙古草原碳汇相关部门的访谈以及调查并结合协作管理理论，得知参与到草原碳汇管理中的有政府部门、生态企业、污染企业、非营利组织、大学、科研机构、牧民。结合草原碳汇协作管理的定义，为明确内蒙古地区草原碳汇协作管理过程中的协作情况，界定内蒙古草原碳汇协作管理活动的协作方分为七大类：政府部门、生态企业、污染企业、非营利组织、大学、科研机构、牧民，通过分别对各个类别进行调查获取研究所需数据。

根据对七类协作方的走访参观以及调研发现，目前，内蒙古地区政府部门中农牧业区的管理工作由内蒙古农牧业厅负责，内蒙古农牧业厅主要参与到研究制定草原碳汇的相关政策，资金拨付和使用的管理以及对草原碳汇生态保护活动的管理；生态企业和污染企业仅参与到吸收固定二氧化碳等为主要目地的草原碳汇生态保护活动的管理中；非营利组织主要实现对草原碳汇协作管理活动的宣传；科研机构参与到草原碳汇相关技术规范和标准制定，科学研究和成果推广等活动的管理活动中；大学一方面参与到草原碳汇的相关技术、科学研究管理活动中，另一方面也对草原碳汇的宣传起了作用；牧民不仅与科学研究和成果推广等活动的管理活动有关同时也在草原碳汇生态保护活动中占有重要地位。

通过调查得知，内蒙古草原碳汇协作管理过程中协作关系较弱，各个协作方之间的联系或合作较少。其中政府部门中的内蒙古农牧业厅在协作管理中处于主导地位，与其他参与者都存在管理与被管理的关系；生态企业和污染企业为深入研究草原碳汇都与科研机构和大学相互之间进行学术探索和专家人才的交流；牧民作为草原资源的持有者，与生态企业和污染企业之间都有合作[116]。

5.1.2 草原碳汇协作管理协作方分析

1. 政府部门

内蒙古地区政府部门中农牧业区的管理工作主要由内蒙古农牧业厅负责，内蒙古农牧业厅是内蒙古主要管理、保护草原资源，推进草原碳汇的政府机构，该机构下设草原处，主要负责草原资源的保护、合理开发利用及草场建设，组织实施草原生态监测、普查、草原鼠虫害工作以及草原防火工作。因此，走访内蒙古农牧业厅并主要对其草原处、草原工作站、草原勘察规划院的草原碳汇相关管理工作进行了调研。针对内蒙古农牧业厅在草原碳汇协作管理相关政策制定、管理活动的进行以及与其他六类协作方之间的合作情况，对各个部门的处长进行了详细的访谈。通过对其官网的查询以及对其实地访谈得出，其中保护草场资源、推进草原碳汇协作管理的相关部门及其主要职能如表5-1所示。

表5-1　　内蒙古农牧业厅与草原及生态保护相关的厅属相关部门及其职能

主要职能	数量（个）	相关部门及科室
主要承担草原监督管理工作，查处违反草原法律、法规的行为，保护草场资源	3	草原监督管理局执法监督和保护科；草原工作站的草原保护科；草原勘察规划院的草原保护与利用研究室
主要承担草原资源、草原生态、草畜平衡以及草地灾害的动态监测工作，防止草原火灾的发生	3	草原监督管理局监测科、防火科；草原勘察规划院的草原监察室
主要承担草地资源勘察规划、新型技术推广以及草场的利用与建设工作	4	草原工作站草原建设科；草原勘察规划院的草原遥感研究室、草业规划设计室、工程勘察规划室
主要承担全区草原保护建设的数据统计工作	1	草原工作站科技信息科
主要承担草品种选育、审定认定、区域试验工作，种植优质草种，保护草原资源	2	草原工作站牧草种子科、饲草饲料科
主要承担各部门间的组织协调与沟通工作，配合各部门开展草原保护工作	3	草原监督管理局办公室；草原工作站办公室；草原勘察规划院办公室

资料来源：内蒙古农牧业厅。

由表5-1可知，由内蒙古农牧业厅目前下设草原处、草原研究所、草原监督管理局、草业工作站、草原勘察规划院、饲料草种监督检验站对草原资源进行管理、规划和保护，无专门草原碳汇协作管理相关部门。

通过对内蒙古农牧业厅的访谈以及对其官网上政策的检索，筛选出与草原及生态保护相关的政策包括草原生态保护补助奖励政策、惠农惠牧政策、禁牧禁垦政策以及退耕还林还草支持政策，如表5-2所示。

通过对农牧业厅网站的搜索，有关草原的政策40个，占网站全部政策的22.6%，其中包括：草原生态保护补助奖励政策20个、惠农惠牧政策17个、禁牧禁垦政策2个、退耕还林还草支持政策1个。内蒙古有关碳汇消息的发布仅停留于相关资讯的报道，没有上升到政策的高度。关于生态碳汇的相关资讯仅有 3 个，其中关于草地碳汇的只有 1 个。

表 5 - 2　　　　内蒙古农牧业厅发布的与草原及生态保护相关的政策

与草原及生态保护相关的政策	数量（个）
草原生态保护补助奖励政策	20
惠农惠牧政策	17
禁牧禁垦政策	2
退耕还林还草支持政策	1

资料来源：内蒙古农牧业厅。

2. 生态企业

内蒙古地区的"草原生态修复产业技术创新战略联盟"（The strategic alliance for technology innovation in grasslands ecology restoration industry）由蒙草抗旱与余粮畜业联合发起，经自治区科技厅批准成立了草原生态产业联盟。整合联盟成员单位的资源、品牌、科研、技术、资本、市场、区位、专业优势、强化产学研结合的创新机制，以联盟为依托，市场为导向企业为协作方，技术为支撑，创新生态修复的技术体系，提升生态产业的核心竞争力。联盟成员 70 多家，其中与草原碳汇相关的生态企业有 30 家，开展草原碳汇、推动草原恢复项目的企业有 3 家，实施与草原及生态保护相关项目的生态企业及其生态项目如表 5 - 3 所示，完成项目最多的为内蒙古蒙草抗旱股份有限公司，因此对该公司进行了实地参观。

其中蒙草抗旱截至 2015 年共约完成生态项目 214 个，生态企业中内蒙古蒙草抗旱股份有限公司一家独大，成为全国园林绿化的百强企业，但是反观内蒙古其他实施碳汇项目的生态企业，目前为止只完成了一个项目，差距较大。

表5-3   内蒙古生态企业及其完成的生态项目

内蒙古生态企业	企业简介	碳汇项目	完成生态项目总量（个）
内蒙古蒙草抗旱股份有限公司	选育、培植低维护费用、低耗水量、低成本、高性价比、高生命力的蒙草，大力推广抗旱绿化植物	呼和浩特市大青山南麓万亩草原恢复建设项目、乌海市甘德尔沙漠生态环境建设项目、鄂尔多斯市神华煤复垦项目等	截至2015年共约214
内蒙古和盛生态育林有限公司	以生态修复、林木种苗培育、荒山工程造林、城市园林绿化、森林碳汇交易、绿色生态农业、生物质能源研究为核心产业	内蒙古盛乐国际生态示范区项目	1
内蒙古草都牧业有限公司	致力于打造全球最值得信赖的草牧业电子交易平台、形成集约化、专业化的全国牧草资源整合平台	"草都易牧连锁超市、青年创业服务中心"项目	1

资料来源：各企业官方网站。

3. 污染企业

污染企业界定为在草原地区开矿的企业，据有关机构研究显示草场的沙漠化、荒漠化现象80%都是由于人为的不合理利用造成的。通过对内蒙古地区的33个纯牧业旗县的各环境保护局的不完全统计，有513个污染程度较深的企业，污染治理关乎企业利益，大部分污染企业并未进行治污，企业的运行对草原碳汇的发展以及牧民均造成了负面影响。内蒙古33个纯牧业旗县的污染企业的数量分别如表5-4所示。

表5-4   33个纯牧业旗县的污染企业数量

33个纯牧业旗县	污染企业数量（个）
阿拉善左旗	10
额济纳旗	36

续表

33 个纯牧业旗县	污染企业数量（个）
东乌珠穆沁旗	36
苏尼特左旗	57
阿拉善右旗	8
阿巴嘎旗	11
新巴尔虎右旗	2
西乌珠穆沁旗	3
乌拉特后旗	—
乌拉特中旗	13
苏尼特右旗	39
新巴尔虎左旗	9
鄂托克旗	11
达尔罕茂名安旗	—
陈巴尔虎旗	12
锡林浩特市	47
克什克腾旗	11
扎鲁特旗	51
鄂温克族自治旗	—
杭锦旗	49
阿鲁科尔沁旗	18
鄂托克旗	11
正蓝旗	—
巴林右旗	2
科尔沁左翼后旗	8
科尔沁右翼中旗	11
翁牛特旗	14
乌审旗	4
镶黄旗	—
正镶白旗	27

续表

33 个纯牧业旗县	污染企业数量（个）
科尔沁左翼中旗	—
巴林左旗	13

资料来源：各旗县环境保护局。

据不完全统计，内蒙古的 33 个纯牧业旗县的污染企业数量巨大，共有 513 个污染程度较深的企业，平均每个纯牧业旗县约有 16 个污染企业。苏尼特左旗、扎鲁特旗、杭锦旗的污染企业数量最多，污染企业数量达到 50 个以上，其中，苏尼特左旗矿区面积 84.02km² 的情况下污染企业数量达到 57 个。内蒙古地区内的污染企业较多，造成草原的沙漠化，使得大量草原由碳汇转变为碳源。

4. 非营利组织

非营利组织也是内蒙古草原碳汇协作管理的重要力量。非营利组织利用各种公益活动、公益项目传播草原文化，强调草原保护的重要性，并身体力行开展各项保护草场资源的活动。主要通过百度搜索，查找内蒙古主要的与草原及生态保护相关的非营利组织。百度查询到内蒙古地区与草原及生态保护相关的非营利组织检索到 7 个，分别为：内蒙古草原文化保护发展基金会、大自然保护协会 TNC、草原之友、阿拉善 SEE 生态协会、阿拉善生态基金会、老牛基金会、内蒙古地区草原学会，通过各个组织官网来查询其草原碳汇相关项目以及活动的参与情况。内蒙古与草原及生态保护相关的非营利组织及其实施的项目如表 5-5 所示。

表 5-5　　　　与草原及生态保护相关的非营利组织及其实施的项目

非营利组织	组织宗旨	实施项目
内蒙古草原文化保护发展基金会	利用各界人士的捐助资产资助草原文化公益事业，促进草原文化交流，保护和发展草原文化事业	百家论坛、大型草原诗经演出等

续表

非营利组织	组织宗旨	实施项目
大自然保护协会 TNC	在内蒙古选取不同类型的关键生态修复区域作为示范点，探索出内蒙古干旱半干旱区的生态修复之道，打造并推广"生态修复与经济发展相平衡"的可持续生态修复模式	可持续放牧管理项目；内蒙古盛乐国际生态示范区项目
草原之友	针对农牧区普法教育，发展志愿者，应用法律手段维护农牧民的合法权益	—
阿拉善 SEE 生态协会	以阿拉善地区为起点，通过社区综合发展的方式解决荒漠化问题，推动中国企业家承担更多的环境责任和社会责任，推动企业的环保与可持续发展建设	—
阿拉善生态基金会	为改善和保护西部生态环境，动员发挥社会力量，尽社会责任，以奉献实现自然和谐，联手军民共建国家生态安全屏障	青年世纪林，骆驼行走公益长征活动
老牛基金会	以"教育立民族之本、环境立生存之本、公益立社会之本"为使命；以环境保护、文化教育及行业推动为主要公益方向	内蒙古盛乐国际生态示范区项目
内蒙古地区草原学会	开展草原、草业科技学术交流，组织号召学术年会和各种形式的研讨交流会议，开展草原科技方面论证、咨询服务	—

资料来源：各非营利组织官方网站。

由表 5-5 可知，内蒙古参与草原保护的非营利组织有 7 家，其中，目前各非营利组织实施的相关项目数量较少，其在社会中起到的影响也不大。根据对草原之友论坛的调查，论坛总会员人数为 13 832 人，但是近一周时间内只有一个会员发布帖子，浏览量为 33 次，回复为 0，发现其在社会中起到的影响较小。

5. 科研机构

科研机构主要负责草原碳汇相关技术规范和标准制定，科学研究和成果推广等活动的管理活动中，一般情况下科研机构的资金来源大部分为国家投入，因此能够保证其正常高效运转。主要通过百度搜索，查找主要相关科研机构。百度检索到内蒙古地区的草原科研机构有 9 个，并对机构官网中具体草原碳汇相关活动进行整理，主要包括：中国农业科学院草原研究所、内蒙古农牧业科学院、内蒙古锡林郭勒草原生态系统国家野外科学观测研究站、内蒙古呼伦贝尔草原生态系统国家野外科学观测研究站、内蒙古草地生态学重点实验室、内蒙古碳汇评估研究院、内蒙古民盟北方生态研究基金会、草原生态系统研究院、中国科学院内蒙古草业研究中心。表5-6为内蒙古与草原及生态保护相关的科研机构及其基本投入情况。

表5-6 　　　与草原及生态保护相关的科研机构及其基本投入情况

科研院所	人员投入（人）	资金投入（万元）	项目成果（个）
中国农业科学院草原研究所	117	—	489
内蒙古农牧业科学院	537	2 856	140
内蒙古锡林郭勒草原生态系统国家野外科学观测研究站	128	—	57
内蒙古呼伦贝尔草原生态系统国家野外科学观测研究站	87	—	8
内蒙古草地生态学重点实验室	303	3 000	60
内蒙古碳汇评估研究院	—	—	2
内蒙古民盟北方生态研究基金会	—	—	—
草原生态系统研究院	—	—	—
中国科学院内蒙古草业研究中心	40	—	—

资料来源：各研究机构官方网站。

由表5-6可知，内蒙古的草原科研机构主要有9个，此外内蒙古还有内蒙古碳汇评估研究院和内蒙古低碳发展研究院。总体来看，内蒙古的科研院所不多，项目成果较少。具体来看，各草原科研机构官方网站的研究有关草原碳汇的项目较少。

6. 大学

大学是一个社会人才资源的输送地，内蒙古的高等院校中大部分学校开设了与草原及生态保护相关的专业，其培养的草原方面的人才也被输送到社会的各个岗位，为草原管理做出贡献。本章主要以内蒙古地区的 13 所本科院校为调查对象，查找与草原及生态保护相关的院系和专业。内蒙古地区 13 所本科院校中有 10 所包括：内蒙古农业大学、内蒙古大学、内蒙古科技大学、内蒙古师范大学、内蒙古民族大学、内蒙古财经大学、内蒙古工业大学、赤峰学院、河套学院、呼和浩特民族学院，拥有草原碳汇相关的课题、基金。运用知网检索"草原碳汇"相关文章从 2000～2017 年 4 月 17 日共计 222 篇，并对大学教师之间的项目以及论文合作情况进行统计。表 5 - 7 为内蒙古自治区高校开设的与草原及生态保护相关的专业及其基本情况。

表 5 - 7   内蒙古自治区各高校（本科）开设的相关院系及专业

学校名称	院系数量（个）	专业数量（个）
内蒙古农业大学	11	27
内蒙古大学	2	4
内蒙古科技大学	1	1
内蒙古师范大学	2	2
内蒙古民族大学	1	2
内蒙古财经大学	1	1
赤峰学院	1	1
河套学院	1	1
呼和浩特民族学院	1	1
内蒙古工业大学	1	1

资料来源：各高校官方网站。

由表 5 - 7 可知，内蒙古 13 所本科高校中有 10 所高校开设与草原及生态保护相关的院系与专业，超过一半的学校开设相关课程，但各大高校开设的院系数量不多，大部分只开设了一个相关学院，专业数量更少，其中以内蒙古农业大学为首。

7. 牧民

牧民是草原保护最直接的协作方，其与草原的关系密切，影响巨大，应该重视牧民在协作管理过程的地位和作用。本章主要以内蒙古的牧民收入水平为调查对象，表5-8为2017年内蒙古自治区牧民收入的基本情况。

表5-8　　　　　　　　　　2017年牧民收入情况

收入分类	产业分类	产品种类	收入水平（元）
工资性收入			1 683
经营净收入	第一产业	农业	1 688
		牧业	8 859
	第二产业		9
	第三产业		432
财产净收入			707
转移净收入			4 511

资料来源：内蒙古自治区统计局。

由表5-8可知，内蒙古牧民的人均可支配收入的四个部分中，其中经营净收入占可支配收入的61.4%，占据绝对优势，说明牧民的收入来源主要是经营净收入。在经营净收入中，第一产业收入占绝对主导地位，而第一产业中，牧业收入占第一产业收入的84%，即牧业是牧民收入的主要来源，牧民的生产经营活动对草原碳汇过程造成直接影响。

5.2　草原碳汇协作管理中相关主体的博弈分析

5.2.1　政府与企业间的博弈分析

市场经济与政策环境的变化对政府部门监管和企业经营均产生了重

要影响，通过碳汇协作视角下的政府与企业间的博弈分析，模拟制定低碳激励政策下，政府能否开展高效监督，企业是否愿意参与草原碳汇协作管理，以探讨碳汇协作各阶段政府监管与企业减排行为[117]。

1. 模型构建

草原碳汇协作管理机制下政府与企业间的博弈模型，考察草原畜牧企业的经营道路选择与政府对其碳排放的监督策略之间的互动演化。为简化博弈模型做出了以下几个方面的：

（1）博弈参与者具有有限理性且信息是不完全的。

（2）政府通过行使行政管辖权来监督企业碳排放。本模型假设政府对企业碳排放水平的监督比例为 $x(0 < x < 1)$，即假设政府无法做到对企业碳排放水平的 100% 监管。

（3）企业具有经济人特征，追求利润最大化，在企业运营过程中综合考虑成本与最终收益。

（4）政府成本与收益包括：如果政府部门选择激励企业参与草原碳汇协作管理，则需付出一定的监督成本，设为 c_1。政府通过规定企业产品的单位碳排放标准 α 实施对企业的监督：①对于草原碳汇协作管理的企业，考察其单位产品实际碳排放量 α_l 与 α 的差额，以 β 为单位额度进行奖励性碳汇补贴，销售量用 Q 表示，即碳汇补贴为 $(\alpha - \alpha_l)Q \cdot \beta$；②对于不参与草原碳汇协作管理的企业考察其实际碳排放量为 α_c，如碳排放超标将面临单位额度为 D 的惩罚，则高碳惩罚为 $(\alpha_c - \alpha)Q \cdot D$。如政府不展开碳汇协作管理进的，则不发生监督成本和碳汇奖励补贴，也不会获得碳排放惩罚额度。但不论政府是否开展碳汇协作管理监督，政府都是草原生态治理的第一责任主体，因而传统发展模式下企业经营对草原环境产生的负面影响，需要政府支付 c_2 的治理成本，对草原生态环境进行治理，此情况下，政府治理成本 c_2 不仅草原生态治理成本，还包括草原环境恶化所带来的社会成本，而这一成本也将随着人们对草原生态保护理念的增强而逐渐增大。

（5）企业的成本与收益包括：设传统经营模式下企业单位产品产生

η 的营业利润，模型不考虑传统经营成本，重点考虑企业参与草原碳汇协作管理后的成本与收益变化，设企业参与草原碳汇协作管理的单位成本为 θ，同时会带来额外的碳汇平均收益为 ω，选择参与草原碳汇协作管理的企业将获得碳排放奖励，而不参与参与草原碳汇协作管理的企业则面临碳排放超标的惩罚。

由此可得政府与企业的收益矩阵如表 5 – 9 所示。

表 5 – 9   **政府企业博弈模型**

博弈主体及其策略		企业	
		实施碳汇协作	不实施碳汇协作
政府	监督	$-c_1-(\alpha-\alpha_l)Q\cdot\beta,$ $(\eta-\theta+\omega)Q+(\alpha-\alpha_l)Q\cdot\beta$	$-c_1-c_2+(\alpha_c-\alpha)Q\cdot D,$ $\eta Q-(\alpha_c-\alpha)Q\cdot D$
	不监督	$0,\ (\eta-\theta+\omega)Q$	$-c_2,\ \eta Q$

设政府实施碳排放水平监督的比例为 x，对应不监督的比例为 $1-x$，企业选择配合政府参与碳汇协作管理与不参与草原碳汇协作管理的比例分别为 y，$1-y$。

则政府的期望收益及平均收益分别为：E_G^x，E_G^{1-x}，$\overline{E_G}$

$$E_G^x = y(-c_1-(\alpha-\alpha_l)Q\beta)+(1-y)(-c_1-c_2+(\alpha_c-\alpha)QD)$$

$$= y[c_2-(\alpha-\alpha_l)\beta-(\alpha_c-\alpha)D]Q+(\alpha_c-\alpha)QD-c_1-c_2$$

$$E_G^{1-x}=y\cdot 0+(1-y)(-c_2)$$

$$E_G = x\{y[c_2-(\alpha-\alpha_l)Q\beta-(\alpha_c-\alpha)DQ]+(\alpha_c-\alpha)QD-c_1-c_2\}$$

$$+(1-x)(yc_2-c_2)$$

$$= -xy[(\alpha-\alpha_l)\beta-(\alpha_c-\alpha)D]Q+x[(\alpha_c-\alpha)QD-c_1]+(y-1)c_2$$

政府所选策略的复制动态方程

$$T(x)=\frac{\mathrm{d}x}{\mathrm{d}t}=x(1-x)(E_G^x-E_G^{1-x})=x(E_G^x-\overline{E_G})$$

$$= x(x-1)\{y[(\alpha - \alpha l)\beta + (\alpha c - \alpha)D]Q - (\alpha c - \alpha)QD + c_1\}$$

$$(5-1)$$

企业的期望收益及平均收益分别为：E_A^γ，$E_A^{1-\gamma}$，$\overline{E_A}$

$$E_A^\gamma = x[(\eta - \theta + \omega)Q + (\alpha - \alpha_l)Q \cdot \beta + (1-x)(\eta - \theta + \omega)Q]$$

$$= x(\alpha - \alpha_l)\beta Q + (\eta - \theta + \omega)Q$$

$$E_A^{1-\gamma} = x[\eta Q - (\alpha_c - \alpha)QD] + (1-x)\eta Q = -x(\alpha_c - \alpha)QD + \eta Q$$

$$\overline{E_A} = y[x(\alpha - \alpha_l)\beta Q + (\eta - \theta + \omega)Q] + (1-y)[-x(\alpha_c - \alpha)QD + \eta Q]$$

$$= xy[(\alpha - \alpha_l)\beta - (\alpha_c - \alpha)D]Q - x(\alpha_c - \alpha)QD - y(\theta + \omega)Q + \eta Q$$

则企业发展道路策略的复制动态方程为：

$$T(y) = \frac{dy}{dt} = y(1-y)(E_A^\gamma - E_A^{1-\gamma}) = y(E_A^\gamma - \overline{E_A})$$

$$= y(1-y)\{x[(\alpha - \alpha l)\beta + (\alpha c - \alpha)D - (\theta - \omega)]Q\} \quad (5-2)$$

2. 模型求解

（1）政府策略的稳定演化分析。

为简化表达，设 $y_0 = \dfrac{(\alpha c - \alpha)DQ - c_1}{[(\alpha - \alpha_1)\beta + (\alpha c - \alpha)D]Q}$

由复制动态方程式（5-1）可知，若 $y = y_0$，则无论 x 为多少，都有 $T(x) = 0$，因此所有状态都是稳定的。若 $y \neq y_0$，则 $x_1 = 0$，$x_2 = 1$ 是 x 的两个稳定点。根据微分方程的稳定性定理，当 $x^{※}$ 满足 $T^{※}(x) < 0$ 时，$x^{※}$ 为演化稳定策略，下面针对不同情况进行详细分解。其中，

$$T(x) = \frac{dT(x)}{dx} = (2x-1)\{y[(\alpha - \alpha_l)\beta + (\alpha_c - \alpha)D]Q - (\alpha_c - \alpha)QD + c_1\}$$

① $(\alpha_c - \alpha)DQ < c_1$，即 $y_0 < 0$，恒有 $y > y_0$，此时要满足 $T(x) < 0$，则 $x_1 = 0$ 为演化稳定策略，表示当企业的碳排放超标所带来的惩罚额度小于政府监督所需成本时，有限理性的政府最终都会选择不监督策略。此时，政府监督决策的动态趋势与稳定性如图 5-1 所示。

② $(\alpha_c - \alpha)DQ > c_1$，由模型设定知 $y_0 < 1$，因此考虑以下两种情形：

当 $y < y_0$ 时，$\dfrac{dT(x)}{dx} > 0(x = 0)$，且 $\dfrac{dT(x)}{dx} < 0(x = 1)$

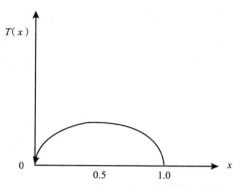

图5-1　$(\alpha_c-\alpha)DQ<c_1$ 政府监督决策的动态趋势

因此 x_2-1 是稳定点，政府将选择监督企业的碳排放水平。

当 $y>y_0$ 时，$\dfrac{\mathrm{d}T(x)}{\mathrm{d}x}<0(x=0)$，且 $\dfrac{\mathrm{d}T(x)}{\mathrm{d}x}>0(x=1)$

因此 $x_1=0$ 是稳定点，政府不需要监督企业的碳排放水平。

这种情况下，政府部门监督与否的动态趋势与稳定性如图5-2所示，当企业碳排放超标惩罚的额度高于政府监督成本时，政府的策略选择依赖于企业是否参与草原碳汇协作管理的选择，企业选择参与草原碳汇协作管理的概率越小，政府部门就越可能付诸各种资源来对其进行监督引导，概率越大，一旦企业参与草原碳汇协作管理进入良性循环，政府便可以转变职能定位。

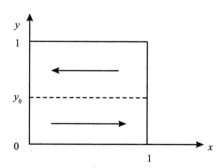

图5-2　$(\alpha_c-\alpha)DQ>c_1$ 政府监督决策的动态趋势

由此可以得出，当政府的监督成本高于对企业超标碳排放的惩罚额度时，政府将最终选择"不监督"策略。当政府监督成本低于对企业超标碳排放的惩罚额度，同时选择参与草原碳汇协作管理的企业较少时，为了鼓励企业参与草原碳汇协作管理，政府将开展碳排放监督工作，通过碳汇奖励、调节企业单位产品排放标准、提供技术指导与信息咨询服务，帮助碳排放不达标企业进行战略升级。随着参与草原碳汇协作管理企业的增加，政府将逐步放宽政策，让完善的碳排放市场交易机制进行自发调节。因此，当参与草原碳汇协作管理的企业达到一定程度时，伴随碳汇交易市场的逐步成熟，政府将不需要开展碳排放监管，而是转向提供相关服务支持。

（2）企业策略的演化稳定分析。

设 $x_0 = \dfrac{(\theta - \omega)}{(\alpha - \alpha l)\beta + (\alpha c - \alpha)D}$，由复制动态方程（5-2）可知，若 $x = x_0$，则所有的 y 值下均为稳定状态。当 $x \neq x_0$，解得 $y_1 = 0$，$y_2 = 1$ 是可能的稳定状态，进一步根据微分方程的稳定性来判别不同情况下的企业稳定策略。其中，

$$T(y) = (1 - 2y)\{x[(\alpha - \alpha_l)\beta + (\alpha_c - \alpha)D - (\theta - \omega)]\}Q$$

①当 $\theta - \omega < 0$，即 $x_0 < 0$ 时，恒有 $x > x_0$，此时要满足 $T(y) < 0$，则 $y_2 = 1$ 为演化稳定策略，表示当参与草原碳汇协作管理所带来的收益大于成本时，有限理性的企业最终都将选择参与草原碳汇协作管理。此时，企业参与草原碳汇协作管理决策的动态趋势与稳定性如图 5-3 所示。

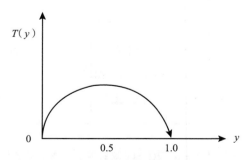

图 5-3　$\theta - \omega < 0$ 企业决策的动态趋势与稳定性

②当 $\theta - \omega > 0$ 时，由模型设定易知 $x_0 < 1$，因此考虑以下两种情形：

当 $x < x_0$ 时，$\dfrac{\mathrm{d}T(y)}{\mathrm{d}y} < 0\,(y=0)$，且 $\dfrac{\mathrm{d}T(y)}{\mathrm{d}y} > 0\,(y=1)$

因此 $y_1 = 0$ 是为演化稳定策略，博弈结果为：经过长期演化，有限理性的企业将选择不参与草原碳汇协作管理。

当 $x > x_0$ 时，$\dfrac{\mathrm{d}T(y)}{\mathrm{d}y} > 0\,(y=0)$，且 $\dfrac{\mathrm{d}T(y)}{\mathrm{d}y} < 0\,(y=1)$

因此 $y_2 = 1$ 为演化稳定策略，博弈结果为：经过长期演化，有限理性的企业将选择参与草原碳汇协作管理。

此种情况下企业决策的动态趋势及稳定性如图 5-4 所示。当参与草原碳汇协作管理为企业带来的收益小于成本时，企业决策依赖于政府的策略选择，政府开展草原碳汇协作监督的概率越大，企业就越可能选择参与草原碳汇协作管理。

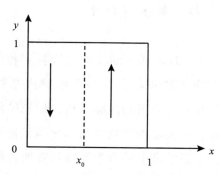

图 5-4　$\theta - \omega > 0$ 企业决策的动态趋势与稳定性

由此得出，如果企业参与草原碳汇协作管理的收益超过成本投入，则具有经济人特性的企业将选择参与草原碳汇协作管理。但在发展初期，参与草原碳汇协作管理的投入将大于利益产出，企业的决策会考虑政府的监督比例，若政府部门进行监督的比例较低，企业将冒着高碳惩罚的风险继续开展传统经营，一旦越来越多的政府部门重视碳排放监督工作，低碳成为必然发展趋势，企业会选择参与草原碳汇协作管理。因此，在草原碳汇协作管理发展初期，政府部门一方面应着眼长远利益，加强碳排放水平监督，另一方面可以通过加大碳汇奖励力度，提供相关的碳汇技术、信息及管理培训，甚至给予税收优惠、财政补贴，引导和帮助企业更积极地参与草原碳汇协作管理。

从上述的研究中得出，碳汇协作管理背景下政府与企业的动态演化不可能一蹴而就，只有基于远期利益的决策行为才能获得更高的收益。即政府和企业两个博弈主体在草原碳汇协作管理决策中，都应着眼于未来进行决策。政府部门作为草原碳汇协作管理的主动力，要积极营造良好的碳汇市场运行环境，制定草原碳汇市场交易机制，开展相关碳排放监督工作，通过加大对草原碳汇协作参与的奖励，加强对传统发展企业的引导服务，提供碳汇技术支持和相关配套服务以降低企业参与成本等措施，提高企业参与草原碳汇协作管理的积极性[118]。

5.2.2 政府与牧民间的博弈分析

经济环境和自身生存环境的不断变化将直接对牧民产生影响，是否与政府积极配合参与草原碳汇协作管理由牧民内在需求和外部环境决定。通过碳汇视角下政府与牧民的博弈分析，模拟碳汇政策下政府能否为牧民带来更高收益，牧民是否愿意参与草原碳汇协作管理中来，以探讨政府和牧民在草原生态治理中的行为选择和发展过程。

1. 模型构建

在构建政府与牧民碳汇协作博弈模型时，引入以下合理的假设变量。

①假设草原上的牧民均享受目前政府的禁牧和退牧还草补贴政策，因此在计算牧民收益时，不考虑政府禁牧补贴和退牧还草补贴对牧民的影响。

②博弈的参与人都具备有限理性，博弈在信息不完全的条件下进行。

③在博弈过程中，政府有两种策略选择：碳汇协作管理和非碳汇协作管理。非碳汇协作管理即对牧民的行为不关心，只是按照相关制度要求实施草原治理。采取碳汇协作管理策略就是规范牧民一些行为，为草原碳汇事业发展做一些基础工作，这就不可避免要付一部分额外成本，当然也会取得相应收益。相对于政府策略选择而言，牧民也有两个可选择的策略：配合政府政策和不配合政府政策（实行传统牧业生产）。其中，传统生产方式的成本较低，但会造成一定的草原生态环境破坏，面临政府惩罚危险，配合政府政策可以创造长期的碳汇效益，但是要付出相应的碳汇成本。政府和牧民的策略选择满足一定的概率分布，设初始状态下，政府选择碳汇协作管理的概率为 r（其中 $0 \leqslant i \leqslant 1$），选择非碳汇协作管理为 $1-i$；牧民选择配合政府相关政策的概率为 t（其中 $0 \leqslant l \leqslant 1$），选择不配合政府相关政策的概率为 $1-t$。并假设同一群体内的所有个体的收益支付均相同。

④政府在非碳汇协作背景下，付出的草原监督治理成本为 b，获得的收益为 0；在碳汇协作背景下，付出额外的碳汇项目成本为 c，给予牧民参与碳汇协作管理的补贴为 p，获得的碳汇收益为 r。

⑤牧民配合政府相关政策不会受到惩罚，不配合政府相关政策，将受到政府惩罚为 f，参与草原碳汇协作付出的成本为 c_1，获得的碳汇收益为 w；不参与草原碳汇协作不会付出相应成本，也不会获得收益。

政府和牧民采取不同组合策略所得的报酬矩阵如图 5-5 所示。

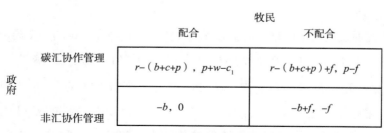

		牧民	
		配合	不配合
政府	碳汇协作管理	$r-(b+c+p)$, $p+w-c_1$	$r-(b+c+p)+f$, $p-f$
	非汇协作管理	$-b$, 0	$-b+f$, $-f$

图 5-5 政府和牧民博弈模型

2. 模型求解

根据收益矩阵，政府实行碳汇协作管理的期望收益 E_{G1} 为：

$$E_{G1} = i[r - (b + c + p)] + (1 - i)[r - (b + c + p) + f]$$

政府实行非碳汇协作管理的期望收益 E_{G2} 为：

$$E_{G2} 为 = -bl + (1 - l)(-b + f)$$

则政府的平均期望 $\overline{E_G}$ 为：

$$\overline{E_G} = iE_{G1} + (1 - i)E_{G2}$$

由此得到政府实施草原碳汇协作管理的动态方程式为：

$$F(i) = \mathrm{d}i/\mathrm{d}t = i(E_{G1} - \overline{E_G}) = i(1 - i)[t(r - p - f) + f - (b + c + p)] \tag{5-3}$$

牧民配合政府相关政策获得的期望收益 E_{M1} 为：

$$E_{M1} = l(p + w - c_1)$$

牧民不配合政府相关政策获得的期望收益 E_{M2} 为：

$$E_{M2} = i(p - f) - (1 - i)f$$

则牧民的平均期望收益 $\overline{E_M}$ 为：

$$\overline{E_M} = lE_{M1} + (1 - l)E_{M2}$$

由此得到牧民综合收益的复制动态方程为：

$$F(t) = \mathrm{d}l/\mathrm{d}t = l(E_{M1} - \overline{E_M}) = l(1 - l)[i(p + f) + w - c_1] \tag{5-4}$$

令 $F(i) = 0$，$F(t) = 0$，解得

$I_1 = 0$，$i_2 = 1$，$i^* = (b + c - f)/(r - p - f)$；$l_1 = 0$，$l_2 = 0$，$l^* = (c_1 - w)/(p + f)$

由此通过政府牧民复制动态方程的分析，得到博弈系统的 5 个局部均衡点，$Q_1(0, 0,)$、$Q_2(0, 1)$、$Q_3(1, 0)$、$Q_4(1, 1)$、$Q^*(i^*, l^*)$。其中 $Q_1 - Q_4$ 为纯策略均衡点，Q^* 为一个混合策略均衡点。

根据弗里德曼在 1991 年提出的方法，检验动态系统的雅可比矩阵的行列式和迹的符号可以分析该系统均衡点的稳定性，雅克比矩阵是通过对复制者动态方程求偏导数而得出。由式（5-3）和式（5-4）可

得，在政府—牧民博弈模型中，雅可比矩阵 M 及其对应的行列式 $det\ M$ 和迹 $tr\ M$ 分别为：

$$M = \begin{bmatrix} \dfrac{di/dt}{di} & \dfrac{di/dt}{dl} \\[3mm] \dfrac{dl/dt}{di} & \dfrac{dl/dt}{dl} \end{bmatrix}$$

$$= \begin{bmatrix} (1-2i)[l(r-p-f)+f-b-c] & i(1-i)(r-p-f)(1-2li) \\[2mm] l(1-l)(p+f) & i(p+f)+w-c_1 \end{bmatrix}$$

$$det\ M = |M|$$
$$= (1-2i)(1-2l)[l(r-p-f)+f-c-b][i(p+f)+w-c_1]$$
$$- il(1-i)(1-l)(r-b-f)(p+f)$$

$$tr\ M = (1-2i)[l(r-p-f)+f-c-b]+(1-2l)[i(p+f)+w-c_1]$$

将 5 个局部均衡点代入行列式 $det\ M$ 和迹 $tr\ M$，得到结果如表 5−10 所示。

表 5−10　　　政府—牧民博弈局部均衡点对应的雅克比矩阵结果

均衡点	$det\ M$	$tr\ M$
$Q_1(0,\ 0,)$	$(b+c-f)(c_1-w)$	$f-b-c+w-c_1$
$Q_2(0,\ 1)$	$(r-b-c-p)(c_1-w)$	$r-b-c-p+c_1-w$
$Q_3(1,\ 0)$	$(b+c-f)(w+p+f-c_1)$	$b+c+w+p-c_1$
$Q_4(1,\ 1)$	$(r-b-c-p)(w+p+f-c_1)$	$b+c-r+c_1-w-f$
$Q^*(i^*,\ l^*)$	$\dfrac{(f-b-c)(c_1-w)(r-b-c-p)(w+p+f-c_1)}{(p+f)(r-p-f)}$	0

　　草原碳汇协作管理在实施初期，必然会增加一定的成本，包括人力、设备、技术等投入成本，为鼓励牧民和企业参与碳汇协作管理而支付一定的补偿等，短期内可能无法得到令人满意的结果，但从长远看，对政府来说 $r>c+p$ 是可能实现的，为了充分说明政府—牧民博弈的经济含义，假定 $r>c+p$，$w>c_1$，即各博弈主体草原碳汇收益大于碳汇成

本，根据表 5-11，要确定 5 个均衡点 $det\ M$ 和 $tr\ M$ 的符号，需讨论 $b+c-f$、$w+p+f-c_1$ 以及 $r-p-f$ 是否大于 0。若 $b+c>f$，$r>p+f$，则恒有 $r>p+f$；同理，若 $r<p+f$，恒有 $b+c<f$。由此，需对表 5-11 中 4 种不同的参数取值条件下 5 个局部均衡点的演化稳定性进行讨论。

表 5-11　　　　政府—牧民博弈局部均衡点的稳定性分析结果

状态	条件	均衡点	$det\ M$ 符号	$tr\ M$ 符号	结果
I	$b+c>f$ $c_1>w+p+f$	$Q_1(0,0,)$	+	−	稳定
		$Q_2(0,1)$	+	+	不稳定
		$Q_3(1,0)$	−	不确定	鞍点
		$Q_4(1,1)$	−	不确定	鞍点
		$Q^*(i^*,l^*)$		0	鞍点
II	$b+c>f$ $c_1<w+p+f$	$Q_1(0,0,)$	+	−	稳定
		$Q_2(0,1)$	+	+	不稳定
		$Q_3(1,0)$	+	+	不稳定
		$Q_4(1,1)$	+	−	稳定
		$Q^*(i^*,l^*)$	−	0	鞍点
III	$r<p+f$ $c_1>w+p+f$	$Q_1(0,0,)$	−	不确定	鞍点
		$Q_2(0,1)$	+	+	不稳定
		$Q_3(1,0)$	+	−	稳定
		$Q_4(1,1)$	−	不确定	鞍点
		$Q^*(i^*,l^*)$	+	0	鞍点
IV	$r<p+f$ $c_1<w+p+f$	$Q_1(0,0,)$	−	不确定	鞍点
		$Q_2(0,1)$	+	+	不稳定
		$Q_3(1,0)$	−	不确定	鞍点
		$Q_4(1,1)$	+	−	稳定
		$Q^*(i^*,l^*)$	−	0	鞍点

①当状态为 I，即 $b+c>f$ 且 $c_1>w+p+f$ 时，$i^*>1$，$1<l^*<0$，

尽管政府主导了碳汇协作管理策略，但由于采取的各种干预方式的力度不足，政府对不配合政府相关政策的牧民惩罚力度低（f），不足以补偿碳汇协作管理实施成本（c），对牧民的碳汇补贴力度小，而牧民参与碳汇协作管理的成本（c_1）太大，导致碳汇协作管理动力不足，政府、牧民则倾向于（非碳汇协作管理，不配合）策略。系统复制动态如图 5 - 6 所示。

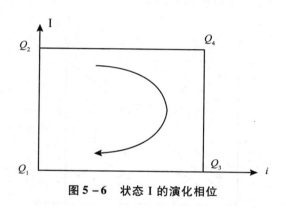

图 5 - 6　状态 I 的演化相位

为了改变这种情况，一是要减少政府草原监督治理成本 b，这就需要加强政府对牧民环境保护意识的引导和相关政策法规的宣传，让草原保护意识深入到每个牧民心中。二是积极探索碳汇低成本高收益的碳汇开发项目。

②当状态为Ⅱ，即 $b + c > f$ 且 $c_1 < w + p + f$ 时，政府对牧民不配合政府政策的罚款相对其监管成本较小，但是对碳汇补贴相对较大，牧民碳汇协作管理参与成本能够在政府的优惠政策下得到补偿，因此在政府实施碳汇协作管理政策时，牧民倾向于选择配合政府。此时系统存在两个演化稳定策略：非碳汇协作管理（不配合）和碳汇协作管理（配合）。系统复制动态如图 5 - 7 所示。

因此，从政府本身的角度看，尽管政府在草原碳汇协作管理中是核心的推动者，但由于政府碳汇成本大、草原碳汇协作管理难度大等一些客观原因的存在，政府可能不会积极推动草原碳汇协作管理机制发展。为了提高政府在碳汇协作管理中的积极性，要建立起以绿色 GDP 为导向的政府绩效评价体系。单一的 GDP 评价指标会使政府缺少碳汇协作管理的动力，降低开拓草原生态治理新思路的主动性，只有将政府绩效与草原生态保护挂钩，增加以生态效益为导向绩效评价指标，把环境保护、资源利用效率等因素引入了政府的绩效考核体系中，才能有利促进政府推动草原碳汇协作管理机制的实施。

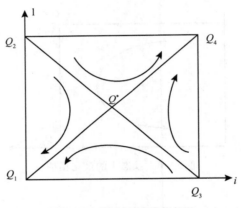

图 5 - 7　状态 Ⅱ 的演化相位

③当状态为Ⅲ时，即 $r < p + f$ 且 $c_1 > w + p + f$ 时，政府对牧民不配合相关政策实施非常大的惩罚，罚款大于政府的草原治理成本，但对参与草原碳汇协作管理的牧民补贴相对较小，不足以弥补牧民参与草原碳汇协作管理时额外投入的成本和较低的经济收益，牧民同样不配合政府，系统最终向（碳汇协作管理，不配合）演化。此时的系统演化相位图如图 5 - 8 所示。

④当状态为Ⅳ时，即 $r < p + f$ 且 $c_1 < w + p + f$ 时，系统有唯一的演化稳定策略（碳汇协作管理，配合），这是最理想的合作博弈的结果。这种情况下，政府的草原治理与监管力度足够大，牧民若不配合政府政策，将会产生更大的利益损失。为使系统更好地向（碳汇协作管理，配

合）演化，从政府的角度看，一方面要加大监管力度，即加大惩罚力度、加大碳汇补贴，另一方面要试图降低牧民参与碳汇协作管理的个人成本和提高牧民个人碳汇收益。这就要积极组织碳汇培训，向牧民提供技术、设备、人才等方面的知识，同时加大宣传力度，吸引更多碳汇项目。

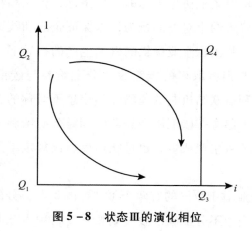

图 5 - 8　状态Ⅲ的演化相位

5.2.3　企业与牧民间的博弈分析

不同企业落户草原导致草原资源消耗过度，草原污染加剧，在一定程度上影响了牧民的生产生活。之前一段时期牧民往往由此要求企业对其损失做出相应补偿，牧民在接受补偿后默认了企业的污染行为，致使草原环境越来越恶化。随着沙尘暴肆虐，PM2.5 指数不断提高，草原牧民越来越意识到自然环境的重要性，开始拒绝"与毒为邻"，或要求企业加大对其进行补偿，或引来媒体对污染企业进行曝光，由此催化了企业与牧民间的矛盾，更加不利于草原环境建设。如引入碳汇协作，企业和牧民都把草原生态治理的视角转向碳汇，企业通过碳汇项目的实施，向牧民提供知识、技术、资金等支持，增强牧民草地管理技能并获得由此带来的报酬，同时企业通过碳汇交易实现利润的增加，由此实现多方共赢，草原生态治理情况将获得较大改观。

1. 模型构建

对于牧业企业与牧民的两方博弈，首先给出以下基础假设：

（1）牧业企业和牧民都追求自身利益最大化，双方都是有限理性，不考虑两者的行动次序，博弈过程是一个反复的动态的长期过程。以牧业企业选择参与草原碳汇协作为总的前提条件，企业和牧民通过签订相关碳排放标准协议来约束对方的行为，以保证企业和牧民按碳汇项目规范进行生产经营。牧民在企业提供的碳汇生产的指导下开展相关碳汇生产活动，牧业企业则将取得的碳汇收益分配给参与碳汇协作经营的牧民。但是，由于利益联结机制的脆弱性和信息不对称的存在，企业可能违反协议规定，不愿意把碳汇协作经营的利益分配给碳汇协作牧民，而牧民为降低碳汇项目生产成本，也可能违反协议规定不按约定条款进行生产。

（2）牧业企业对于牧民的有两个可选择的策略：分配碳汇收益和不分配碳汇收益，企业不分配碳汇收益则意味着将独占该收益；牧民对于牧业企业也有两个可选择的策略：按规范生产和不按规范生产。设初始状态下，企业选择分配收益的概率为 m（$0 \leqslant r \leqslant 1$），选择不分配的概率为 $1-r$；牧民选择按规范生产的概率为 e，选择不按规范生产的概率为 e（$0 \leqslant e \leqslant 1$）。

（3）设牧业企业分配给牧民的收益为 W（不以牧民是否规范生产为前提）；牧民按规范生产会使企业参与碳汇协作的劳动力成本下降，此部分收益记为 S_q；牧民不按规范生产将给企业带来经济损失，记为 L；当牧民按规范生产，而企业不分配碳汇收益给牧民时，牧民可以向地方政府申诉，政府对企业实施罚款 K_q，罚款全部补偿给牧民。

（4）牧民若选择按规范生产，需要付出额外成本 Q_m，包括替换已有高碳技术而引致的产能减少、学习草原碳汇技术的成本、劳动投入的增加等；同时会得到规范生产带来的额外效益 S_m，包括文化技能素质的提高、牧业生产设施条件的改善等。当企业分配碳汇收益给牧民，而牧民不按规范生产时，牧民要向企业支付违约金 K_m。

根据以上假设，得到牧业企业与牧民的博弈收益矩阵如表 5 – 12 所示。

表 5 – 12　　　　　　　　　企业与牧民的博弈收益矩阵

企业	按碳汇协作规范生产	不按碳汇协作规范生产
分配碳汇收益	$S_q - W$, $S_m + W - Q_m$	$-W - L + K_m$, $W - K_m$
不分配碳汇收益	$S_q - K_q$, $S_m + K_q - Q_m$	$-L$, 0

2. 仿真实验

通过对模型求解和雅可比矩阵分析，得到企业—牧民博弈系统局部均衡点对应的雅可比矩阵 $Let\ M$、$tr\ M$ 结果稳定分析结果如表 5 – 13 所示：

表 5 – 13　　　　　　企业—牧民博弈系统局部均衡点对应的雅可比矩阵结果

均衡点	$Let\ M$	$tr\ M$
$Q_1(0, 0,)$	$(K_m - W)(S_m + K_q - Q_m)$	$K_m - W + S_m + K_q - Q_m$
$Q_2(0, 1)$	$(W - K_q)(S_m + K_q - Q_m)$	$Q_m - W - S_m$
$Q_3(1, 0)$	$(W - K_m)(S_m + K_m - Q_m)$	$W + S_m - Q_m$
$Q_4(1, 1)$	$(K_q - W)(S_m + K_m - Q_m)$	$W - K_q - S_m - K_m + Q_m$
$Q^*(i^*, l^*)$	$\dfrac{(W - K_q)(W - K_m)(S_m + K_q - Q_m)(S_m + K_m - Q_m)}{(K_q - K_m)^2}$	0

假设 $K_m < W$ 且 $K_q > W$，即牧民不按规范生产而支付的违约金小于其得到的碳汇收益，企业不分配收益而交的罚款大于要分配的碳汇收益。否则，牧民一般情况下不会愿意与企业签订协议，企业也一定不会把碳汇收益分配给牧民，双方不存在合作的可能性，博弈将失去意义。根据表 5 – 13，可得表 5 – 14 系统局部均衡点的稳定性分析结果。

表 5 – 14 企业—牧民博弈均衡点稳定性分析结果

状态	条件	均衡点	$Let\ M$ 符号	$tr\ M$ 符号	结果
I	$Q_m > S_m + K_q$	$Q_1(0,0,)$	+	−	稳定
		$Q_2(0,1)$	+	+	不稳定
		$Q_3(1,0)$	−	不确定	鞍点
		$Q_4(1,1)$	+	不确定	鞍点
		$Q^*(m^*,n^*)$	+	0	鞍点
II	$Q_m < S_m + K_q$	$Q_1(0,0,)$	−	不确定	鞍点
		$Q_2(0,1)$	−	不确定	鞍点
		$Q_3(1,0)$	+	+	不稳定
		$Q_4(1,1)$	+	−	稳定
		$Q^*(m^*,n^*)$	−	0	鞍点
III	$Q_m > S_m + K_m$	$Q_1(0,0,)$	−	不确定	不稳定
		$Q_2(0,1)$	−	不确定	不稳定
		$Q_3(1,0)$	−	不确定	不稳定
		$Q_4(1,1)$	−	不确定	不稳定
		$Q^*(m^*,n^*)$	+	0	鞍点

根据表 5 – 14 稳定分析结果，进行数值仿真实验。数值仿真是一种基于计算机模拟的实验，通过数值模拟能详细了解某些试验连续动态显示事物的发展过程，并可以避免真实试验的昂贵成本和可能的安全风险。为了更直观地说明企业与牧民碳汇协作管理博弈策略的演化稳定性，应用 MATLABR 2014b 仿真软件来模拟演化过程，对稳定性分析结果进行验证。

①考察 $Q_m > S_m + K_q$ 取值条件下系统演化稳定策略的仿真结果。基于 $K_m < W$ 且 $K_q > W$ 的前提，结合模型的假设条件，并设模型中各个参数均为正整数，对各参数进行初始值赋值，假定如下：$K_m = 3$，$W = 4$，$K_q = 8$，$S_m = 7$，$Q_m = 18$。此时，牧民选择按规范生产的复制动态方程为 $F'(e) = e(1-e)(-5r-3)$，根据这个动态微分方程在 MATLAB 中建立

仿真系统，先后取 $r=0.2$ 与 $r=0.8$（即企业选择分配碳汇收益的概率为 0.2 和 0.8）时，n 的演化结果分别见图 $5-9$ 和图 $5-10$。

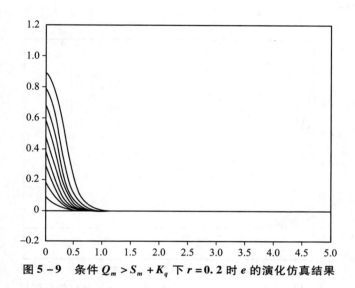

图 5 - 9　条件 $Q_m > S_m + K_q$ 下 $r = 0.2$ 时 e 的演化仿真结果

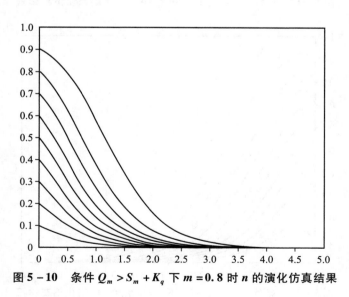

图 5 - 10　条件 $Q_m > S_m + K_q$ 下 $m = 0.8$ 时 n 的演化仿真结果

企业选择分配碳汇收益为动态方程式为 $F'(r) = r(1-r)(5r+12)$

根据此动态微分方程建立仿真系统，先后取 $e=0.2$ 与 $e=0.8$，即农户选择按规范生产的概率为 0.2 和 0.8，此时 r 的演化结果分别见图 5-11 和图 5-12。

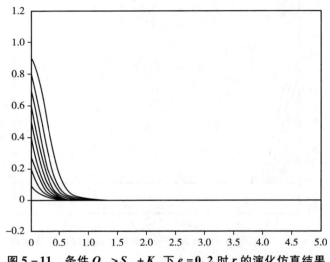

图 5-11　条件 $Q_m > S_m + K_q$ 下 $e=0.2$ 时 r 的演化仿真结果

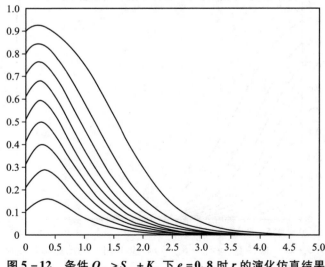

图 5-12　条件 $Q_m > S_m + K_q$ 下 $e=0.8$ 时 r 的演化仿真结果

当 $Q_m > S_m + K_m$ 时，牧民按碳汇协作规范生产带来的额外效益较小（S_m），或者政府对牧业企业不分配收益而实施的罚款较小（K_q），二者之和小于牧民选择碳汇生产所要付出的额外成本（Q_m），即（不分配收益，不按规范生产）这一均衡状态，这是地方政府不愿看到的结果。从自身短期利益考虑，由传统生产方式和习惯转向新型的碳汇付出的成本很大，牧民宁愿支付违约金也不愿按碳汇协作规范生产，但长远来看，这对牧民自身和企业的发展都是不利的。为促使牧民合作推广碳汇协作，政府和企业必须着力降低牧民的碳汇生产成本、增加牧民的碳汇效益。可采取的具体措施包括引导牧民改变生产观念、增加对牧民的收益分配、对牧民免费进行低碳种植生产技术培训、提供或改善碳汇生产设施等。

②接下来考察 $Q_m < S_m + K_m$ 条件下企业－牧民系统演化稳定的仿真结果。假设各参数的初始值如下：$K_m = 3$，$W = 4$，$K_q = 9$，$S_m = 7$，$Q_m = 12$。此时，牧民选择按规范生产的复制动态方程为 $F'(e) = e(1-e)(-6r+4)$，根据这个动态微分方程建立仿真系统，先后取 $r = 0.1$ 与 $r = 0.9$（即企业选择分配碳汇收益的概率为 0.1 和 0.9 时），e 的演化结果分别见图 5－13 和图 5－14。

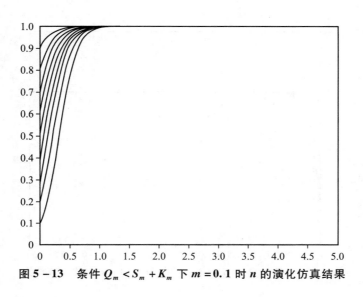

图 5－13 条件 $Q_m < S_m + K_m$ 下 $m = 0.1$ 时 n 的演化仿真结果

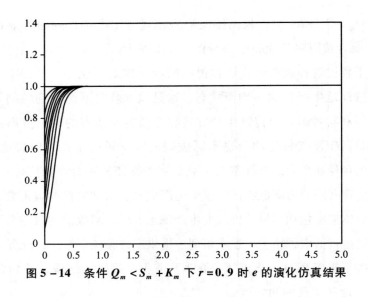

图 5 – 14　条件 $Q_m < S_m + K_m$ 下 $r = 0.9$ 时 e 的演化仿真结果

在上面假定的参数取值条件下，企业选择分配碳汇收益的复制动态方程为 $F'(r) = r(1 - r)(6e + 5)$ 根据这个微分方程建立仿真系统，先后取 $e = 0.3$ 和 $e = 0.7$，即牧民选择按规范生产的概率为 0.3 和 0.7，r 的演化结果见图 5 – 15 和图 5 – 16。

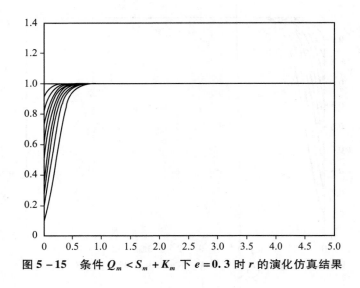

图 5 – 15　条件 $Q_m < S_m + K_m$ 下 $e = 0.3$ 时 r 的演化仿真结果

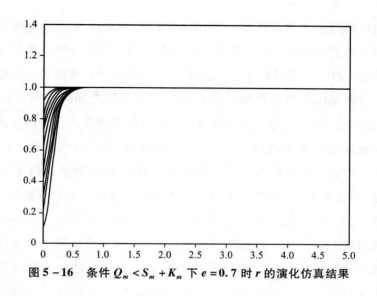

图 5 – 16 条件 $Q_m < S_m + K_m$ 下 $e = 0.7$ 时 r 的演化仿真结果

当 $Q_m < S_m + K_m$ 时，牧民因不按碳汇协作规范生产所要支付的违约金比较大（K_m），或者碳汇生产带来的额外效益较大，二者之和可以弥补碳汇生产成本，此时牧民会自主选择按碳汇协作规范生产，即（分配收益，按规范生产）这一策略演化，这是理想的均衡结果。

③当 $Q_m > S_m + K_m$ 且 $Q_m < S_m + K_q$ 时，企业和牧民的策略选择处于震荡变化状态，两个群体的博弈行为表现出周期模式，除非至少有一种影响双方行为选择的因素发生足够大的变化，可以使双方的博弈行为趋向于某一种稳定状态。要是系统向（分配收益，按规范生产）发展，政府可以采取加大对企业的罚款，降低牧民碳汇生产的成本等方式。

5.3 草原碳汇协作管理的社会网络分析

5.3.1 方法选择

主要是对参与草原碳汇协作管理活动的协作方之间合作关系进行研

究，而社会网络分析方法是一套用来分析多个个体通过相互联系构成的，由一个或多个行动者有限集和他们之间的一种或多种关系组成，网络的结构、性质以及其他用于描述这个网络的分析方法的集合，它强调从关系或者结构的角度把握研究对象，注重个体之间的关系。20 世纪 90 年代以来，随着动态复杂环境对管理提出的新挑战，社会网络理论与方法开始进入管理学视角[119]。通过中国知网（CNKI）检索，从 1985 年开始，社会网络分析方法使用频率呈逐渐增加的趋势，截止到 2017 年 4 月 17 日共 7 569 篇期刊文献，其中论文数量占前五的分别为：经济学领域占 27.3%，管理学领域占 21.3%，情报学领域占 16.7%，计算机网络领域占 10.3%，社会学领域占 9.5%。可见社会网络分析在管理学领域的研究较为广泛，应用于社会管理、公共管理、公共政策制定等各个领域，利用定量分析和定性分析相结合的方法分析网络中的结点位置及相关关系，进而为改善和解决管理领域中的现存问题提供思路。

因此，选用社会网络分析对网络中行动者间的关系进行量化研究，从一个结构性的研究视角出发，利用一套描述网络结构特征的具体测量方法和指标。通过分析该社会网络的联结特性和结构形态，探讨如何在草原碳汇协作管理的过程产生促进作用。

5.3.2　数据来源

由于内蒙古地处祖国的北部边疆，草原面积 13.2 亿亩（约 0.88 亿 hm^2），占自治区土地面积的 74%，占全国草原面积的 22%。同时，33 个牧业旗县和 21 个半农半牧业旗县天然草原面积 10.87 亿亩（约 0.72 亿 hm^2），约占全区草原总面积的 82.3%，巨大的草原面积形成草原碳汇的天然优势。因此，本章选取内蒙古地区为调查对象，对其草原碳汇协作管理进行研究。不仅对发展内蒙古草原碳汇活动和项目以及发挥内蒙古草原碳汇优势有重要意义，同时也为中国其他草原大省进行草原碳汇协作管理活动提供参考。

为明确内蒙古地区草原碳汇协作管理活动参与主体之间的联系或合作关系，结合草原碳汇协作管理的定义，将涉及草原碳汇协作管理活动的主体分为七大类：政府部门、生态企业、污染企业、非营利组织、大学、科研机构、牧民，通过分别对各个类别进行调查获取研究所需数据。

第一，内蒙古地区政府部门中农牧业区的管理工作主要由内蒙古农牧业厅负责，因此，走访内蒙古农牧业厅并主要对其草原处、草原工作站、草原勘察规划院的草原碳汇相关管理工作进行了详细的调研。

第二，对内蒙古地区的草原生态修复产业技术创新的战略联盟"草原生态企业联盟"中的30多家生态企业进行筛选，开展草原碳汇、推动草原恢复项目的企业有3家，分别为蒙草抗旱股份有限公司、和盛生态育林有限公司、内蒙古草都牧业有限公司，其中参与并完成生态项目最多的为蒙草抗旱股份有限公司，因此，参观蒙草抗旱股份有限公司并对该企业的合作企业与合作项目情况进行整理。

第三，通过对内蒙古地区的33个纯牧业旗县的各环境保护局的不完全统计，有513个污染程度较深的企业，污染治理关乎企业利益，大部分污染企业并未进行治污，企业的运行对草原碳汇的发展以及牧民均造成了负面影响。

第四，百度查询到内蒙古地区与草原及生态保护相关的非营利组织检索到7个，分别为：内蒙古草原文化保护发展基金会、大自然保护协会TNC、草原之友、阿拉善SEE生态协会、阿拉善生态基金会、老牛基金会、内蒙古地区草原学会，通过各个组织官网来查询其草原碳汇相关项目以及活动的参与情况。

第五，内蒙古地区13所本科院校中有10所包括：内蒙古农业大学、内蒙古大学、内蒙古科技大学、内蒙古师范大学、内蒙古民族大学、内蒙古财经大学、内蒙古工业大学、赤峰学院、河套学院、呼和浩特民族学院，拥有草原碳汇相关的课题、基金，运用知网检索"草原碳汇"相关文章从2000年到2017年4月17日共计222篇，并对大学教师之间的项目以及论文合作情况进行统计。

第六，百度检索到内蒙古地区的草原科研机构有9个，并对机构官网中具体草原碳汇相关活动进行整理，主要包括：中国农业科学院草原研究所、内蒙古农牧业科学院、内蒙古锡林郭勒草原生态系统国家野外科学观测研究站、内蒙古呼伦贝尔草原生态系统国家野外科学观测研究站、内蒙古草地生态学重点实验室、内蒙古碳汇评估研究院、内蒙古民盟北方生态研究基金会、草原生态系统研究院、中国科学院内蒙古草业研究中心。

第七，鉴于锡林郭勒草原治理的成功范例，针对锡林郭勒草原牧区的草原碳汇活动参与情况进行了实地调研。

通过对以上七类主体的走访以及调研，获得草原碳汇协作管理网络构建所需数据，以便于进一步进行分析。

5.3.3　数据处理

1. 网络结点的选择

首先，对32个草原碳汇协作管理活动的参与协作方进行命名，A（内蒙古农牧业厅）、B_1（蒙草抗旱股份有限公司）、B_2（和盛生态育林有限公司）、B_3（内蒙古草都牧业有限公司）、C_1（老牛基金会）、C_2（内蒙古草原文化保护发展基金会）、C_3（大自然保护协会TNC）、C_4（内蒙古自治区草原协会）、C_5（阿拉善SEE生态协会）、C_6（塔林汗（草原之友））、C_7（阿拉善生态基金会）、D_1（内蒙古碳汇评估研究院）、D_2（内蒙古民盟北方生态研究基金会）、D_3（中国农业科学院草原研究所）、D_4（内蒙古农牧业科学院）、D_5（内蒙古呼伦贝尔草原生态系统国家野外科学观测研究站）、D_6（内蒙古草地生态学重点实验室）、D_7（中国科学院内蒙古草业研究中心）、D_8（内蒙古锡林郭勒草原生态系统国家野外科学观测研究站）、D_9（草原生态系统研究院）、

E_1（内蒙古农业大学）、E_2（内蒙古大学）、E_3（内蒙古师范大学）、E_4（内蒙古财经大学）、E_5（内蒙古工业大学）、E_6（赤峰学院）、E_7（河套学院）、E_8（呼和浩特民族学院）、E_9（内蒙古民族大学）、E_{10}（内蒙古科技大学）、F（污染企业）、G（牧民），得到一组行动者 $N = \{A，B_1，B_2，B_3，C_1，C_2，C_3，C_4，C_5，C_6，C_7，D_1，D_2，D_3，D_4，D_5，D_6，D_7，D_8，D_9，E_1，E_2，E_3，E_4，E_5，E_6，E_7，E_8，E_9，E_{10}，F，G\}$。

其次，将草原碳汇协作管理的四个内容视为四个事件，包括：事件1（对研究制定相关政策，资金拨付和使用的管理）、事件2（对与草原碳汇相关技术规范和标准制定，科学研究和成果推广等活动的管理）、事件3（对草原碳汇相关知识与技术培训和宣传等活动的管理）、事件4（对以吸收固定二氧化碳等为主要目的的草原碳汇生态保护活动的管理），得到一组事件 $M = \{m_1，m_2，m_3，m_4\}$。

2. 网络关系的确定

通过对参与协作方的调查，得到如表5-15所示的内蒙古草原碳汇协作管理事件与行动者之间的联系情况，以及表5-16所示的内蒙古草原碳汇协作管理协作方之间的合作关系情况。

表5-15　　内蒙古草原碳汇协作管理事件与行动者之间的联系情况

事件	行动者
m_1	A
m_2	$D_1，D_2，D_3，D_4，D_5，D_6，D_7，D_8，D_9，E_1，E_2，E_3，E_4，E_5，E_6，E_7，E_8，E_9，E_{10}，G$
m_3	$C_1，C_2，C_3，C_4，C_5，C_6，C_7，E_1，E_2，E_3，E_4，E_5，E_6，E_7，E_8，E_9，E_{10}$
m_4	$A，B_1，B_2，B_3，F，G$

表 5 – 16　　　　内蒙古草原碳汇协作管理行动者之间的关系情况数据

关系		关系		关系		关系		关系		关系
A	B_1	B_1	B_2	G	F	C_1	C_3	D_1	D_2	C_6
A	C_2	B_1	B_3	G	C_1	C_2	E_2	D_3	D_4	E_4
A	C_4	B_1	D_2	G	C_5	C_2	E_3	D_3	D_5	E_6
A	D_2	B_1	D_1	G	C_7	E_1	E_2	D_4	D_7	E_7
A	E_1	B_1	D_9	G	D_5	E_1	E_5			E_8
A	E_9	B_1	E_1	G	D_8	E_2	D_6			E_{10}
A	G	B_1	C_4							
		B_1	G							

5.3.4　数据分析

对内蒙古草原碳汇协作管理的分析主要是通过建立从属网络模型和社会网络模型，对内蒙古草原碳汇协作管理运行过程中协作网络的协作方以及行动者之间的协作关系进行分析。基于政府部门、生态企业、污染企业、非营利组织、大学、科研机构、牧民七个协作方，建立从属网络模型，分析出在草原碳汇协作管理事件中各个协作方的参与率以及在该协作网络中所处的地位；建立社会网络模型，主要是分析各个协作方中的具体行动者之间的协作关系，得出整个协作网络在目前的运行中存在的问题。

1. 从属网络模型建立

第一，根据编码与关系情况建立内蒙古草原碳汇从属网络矩阵，是一个行代表行动者、列代表事件的双模社会关系矩阵（见表 5 – 17），该矩阵记录了内蒙古草原碳汇协作管理中 32 个行动者和 4 个事件之间的联系。命名表 11 中 32×4 的矩阵为 X，如果行动者 i 和事件 j 有关联，那么就在第 (i, j) 个单元格内填 1，反之填 0。从事件角度看，如果事件包括行动者就填 1，反之填 0。

第二，根据表 5 – 17 所示的从属网络矩阵，画出内蒙古草原碳汇协作管理的从属网络二分图，如图 5 – 17 所示。在图 5 – 17 所示的二分图中，有 32 + 4 个结点，图中代表行动者的结点与代表事件的结点之间的线表示"从属于"（从行动者的角度看）或"有一个成员"（从事件的角度看）的关系。

表 5-17　　　　　　　内蒙古草原碳汇协作管理的从属网络矩阵

	m_1	m_2	m_3	m_4
A	1	0	0	1
B_1	0	0	0	1
B_2	0	0	0	1
B_3	0	0	0	1
C_1	0	0	1	0
C_2	0	0	1	0
C_3	0	0	1	0
C_4	0	0	1	0
C_5	0	0	1	0
C_6	0	0	1	0
C_7	0	0	1	0
D_1	0	1	0	0
D_2	0	1	0	0
D_3	0	1	0	0
D_4	0	1	0	0
D_5	0	1	0	0
D_6	0	1	0	0
D_7	0	1	0	0
D_8	0	1	0	0
D_9	0	1	0	0
E_1	0	1	1	0
E_2	0	1	1	0
E_3	0	1	1	0
E_4	0	1	1	0
E_5	0	1	1	0
E_6	0	1	1	0
E_7	0	1	1	0
E_8	0	1	1	0
E_9	0	1	1	0
E_{10}	0	1	1	0

续表

	m_1	m_2	m_3	m_4
F	0	0	0	1
G	0	1	0	1

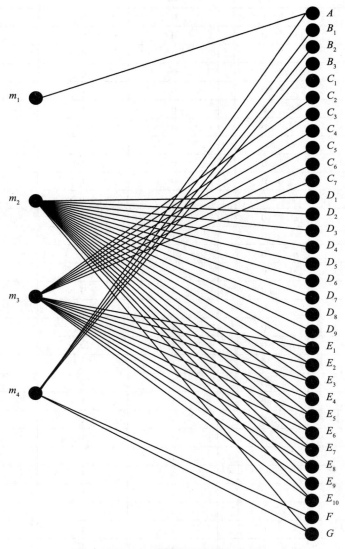

图 5 - 17　内蒙古草原碳汇协作管理从属网络的二分图

2. 社会网络模型建立

第一，根据编码对数据进行进一步整理，使用 0－1 二分法将数据录入 Excel 中形成矩阵 $A[32 \times 32]$，如表 5－18 所示的内蒙古草原碳汇协作管理关系矩阵，受篇幅限制本章将部分矩阵进行展示。

表 5－18　　　　　　　内蒙古草原碳汇协作管理关系矩阵 A

	A	B_1	B_2	B_3	C_1	C_2	C_3	C_4	C_5	C_6	C_7	……
A	0	1	0	0	0	1	0	1	0	0	0	
B_1	1	0	1	1	0	0	0	1	0	0	0	
B_2	0	1	0	0	0	0	0	0	0	0	0	
B_3	0	1	0	0	0	0	0	0	0	0	0	
C_1	0	0	0	0	0	0	1	0	0	0	0	
C_2	1	0	0	0	0	0	0	0	0	0	0	
C_3	0	0	0	0	1	0	0	0	0	0	0	
C_4	1	1	0	0	0	0	0	0	0	0	0	
C_5	0	0	0	0	0	0	0	0	0	0	0	
C_6	0	0	0	0	0	0	0	0	0	0	0	
C_7	0	0	0	0	0	0	0	0	0	0	0	
……												

第二，将内蒙古草原碳汇协作管理关系矩阵 A 输入 UCINET 软件中，得出草原碳汇协作管理行动者之间的社会网络可视化图，其中行动者之间的边界代表是否相关，无强度区分，如图 5－18 所示。

根据各个结点之间联系的亲密程度以及各行动协作方在网络中地位的重要程度，对图 5－18 中的社会网络图进行重新布局，并将各个结点在网络中的特点通过其大小以及远近的变化进行显示，如图 5－19 所示。

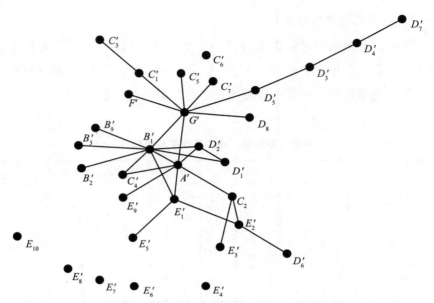

图 5－18　内蒙古草原碳汇协作管理行动者关系网络图（a）

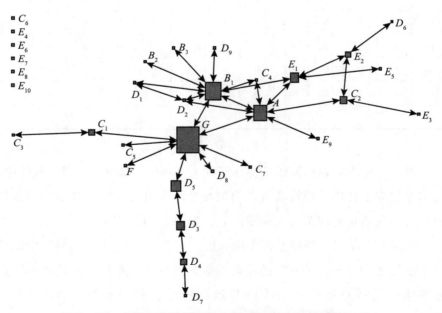

图 5－19　内蒙古草原碳汇协作管理行动者关系网络图（b）

5.3.5 分析过程

1. 从属网络模型分析

（1）结点度。

由表 5 - 19 所示的从属网络矩阵并根据式（5 - 5）计算出行动者所属的事件数，根据式（5 - 6）计算出事件相关的行动者数，得到表 5 - 19 所示的，即图 5 - 19 中所有结点的结点度。

$$X_{i+} = \sum_{j=1}^{4} X_{ij} \qquad (5-5)$$

$$X_{+j} = \sum_{i=1}^{25} X_{ij} \qquad (5-6)$$

表 5 - 19　　　　　　　　从属网络结点度

结点	A	B_1	B_2	B_3	C_1	C_2
度数	2	1	1	1	1	1
结点	C_3	C_4	C_5	C_6	C_7	D_1
度数	1	1	1	1	1	1
结点	D_2	D_3	D_4	D_5	D_6	D_7
度数	1	1	1	1	1	1
结点	D_8	D_9	E_1	E_2	E_3	E_4
度数	1	1	2	2	2	2
结点	E_5	E_6	E_7	E_8	E_9	E_{10}
度数	2	2	2	2	2	2
结点	F	G	m_1	m_2	m_3	m_4
度数	1	2	1	20	17	6

从事件的角度可以看出，目前关于草原碳汇协作管理活动主要集中在 m_2 和 m_3 上，即前面提到的事件 2（对与草原碳汇相关技术规范和标准制定，科学研究和成果推广等活动的管理）和事件 3（对草原碳汇相

关知识与技术培训和宣传等活动的管理）。说明内蒙古地区草原碳汇协作管理活动主要停留在理论技术探索及宣传推广方面，缺乏对草原生态环境的保护治理以及对相关法律政策的完善。

（2）参与率。

行动者所属的事件等于行动者的结点度。本章将所有的行动者，包括政府、生态企业、污染企业、非营利组织、大学、科研机构、牧民七类，通过公式（5－7）计算各个类别针对草原碳汇协作管理活动中的参与率，得出如表5－20所示的各个行动者的参与率。

$$\bar{X}_{i+} = \frac{\sum\limits_{i=1}^{25}\sum\limits_{j=1}^{4}X_{ij}}{25} \qquad (5-7)$$

表5－20　　　　　　　　　　　行动者参与率

大学	科研机构	非营利组织	生态企业	政府	牧民	污染企业
0.625	0.281	0.218	0.093	0.062	0.062	0.031

从参与率可以看出，内蒙古地区草原碳汇协作管理活动参与率从高到低分别是大学、科研机构、非营利组织、生态企业、政府、牧民、污染企业，且各个草原碳汇协作管理利益相关群体在其过程中参与率的分布存在差异较大。结合对内蒙古农牧业厅相关部门的调研和内蒙古地区草原碳汇协作管理的研究现状的整理，发现目前内蒙古地区草原碳汇协作管理相关活动大多停留在理论方面，而这些研究大多集中在大学和科研机构的相关科研基金项目中。

2. 社会网络模型分析

分别对草原碳汇协作管理网络的个体属性和整体属性进行分析，通过网络的个体属性分析，找到网络中具有重要作用的或者处于网络中重要位置的核心元素，选取度（Degree）和中介度（Betweenness）两个指标对内蒙古草原碳汇协作管理网络进行分析。同时，对网络的整体属性进行分析明确网络的凝聚性和连通性，通过 K – 核（K – core）以及接近度（Closeness）两个指标对内蒙古草原碳汇协作管理网络的整体属性进行说明。

（1）网络个体属性分析。

从表 5 – 21 中度值（Degree）来看，其取值范围在 $0 \leq d \leq 31$，根据公式（5 – 8）算 $\max \overline{d} = 31$，根据计算结果，$\max d(B_1) = 9$，$\overline{d} = 1.94$，$S_D^2 = 2.23$，除 B_1、G、A 以外所有结点度都小于等于4。通过对比来看，结点度和平均结点度偏小，同时方差偏大密度过小都说明该组数据的分布过于离散，也就是说网络中结点之间的协作关系过少。从中介度（Betweenness）来看，其中67%的结点中介度为0，说明该社会网络中大部分结点在结点之间的信息沟通和交流方面并没有发挥作用。网络信息的流动过于依靠 B_1、G、A 这三个结点，倘若三个中的某一个在网络中缺失，会造成网络大部分的瘫痪。

表 5 – 21　　　　　　　　　网络个体属性分析

Node	Degree	Between	Node	Degree	Between
A	7	103.833	D_6	1	0.000
B_1	9	120.167	D_7	1	0.000
B_2	1	0.000	D_8	1	0.000
B_3	1	0.000	D_9	1	0.000
C_1	2	24.000	E_1	4	53.333
C_2	3	34.667	E_2	3	26.000
C_3	1	0.000	E_3	1	0.000
C_4	2	0.000	E_4	0	0.000
C_5	1	0.000	E_5	1	0.000
C_6	0	0.000	E_6	0	0.000
C_7	1	0.000	E_7	0	0.000
D_1	2	0.000	E_8	0	0.000

Node	Degree	Between	Node	Degree	Between
D_2	3	2.000	E_9	1	0.000
D_3	2	46.000	E_{10}	0	0.000
D_4	2	24.000	F	1	0.000
D_5	2	66.000	G	8	188.000

$$\overline{d} = \frac{2\left[\dfrac{g(g-1)}{2}\right]}{g} \tag{5-8}$$

（2）网络整体属性分析。

从表 5 - 22 看，接近度（Closeness）的值计算的是网络中结点到其他结点的最短路之和，离散结点的接近度值为无穷大，本章运用 UCI-NET 软件得出的离散点的接近度为 1 024。度值越小说明该结点与其他结点之间的协作关系越紧密，该网络中存在 19% 的离散点，剩余结点的接近度偏大，说明整个网络信息交流不通畅协作关系疏松。从 K - 核（K - core）来看，该网络将近 72% 结点处于网络的外围，整个草原碳汇协作管理网络的协作合作关系分布不恰当，信息、资源、时间、空间无法实现最佳配置，对管理活动的进行产生不利影响。

表 5 - 22　　　　　　　　　网络整体属性分析

Node	K - core	Closeness	Node	K - core	Closeness
A	2	275.000	D_6	1	330.000
B_1	2	274.000	D_7	1	358.000
B_2	1	298.000	D_8	1	298.000
B_3	1	298.000	D_9	1	298.000
C_1	1	296.000	E_1	2	288.000
C_2	2	293.000	E_2	2	306.000
C_3	1	320.000	E_3	1	317.000

续表

Node	K – core	Closeness	Node	K – core	Closeness
C_4	2	294.000	E_4	0	1 024.000
C_5	1	298.000	E_5	1	312.000
C_6	0	1 024.002	E_6	0	1 024.000
C_7	1	98.000	E_7	0	1 024.000
D_1	2	295.000	E_8	0	1 024.000
D_2	2	293.000	E_9	1	299.000
D_3	1	312.000	E_{10}	0	1 024.000
D_4	1	334.000	F	1	298.000
D_5	1	292.000	G	2	188.000

5.3.6 分析结论

1. 基于草原碳汇协作管理从属网络的分析结论

（1）参与草原碳汇协作管理的协作方参与率低。

通过对内蒙古草原碳汇协作管理从属网络的构建以及对网络中结点度和参与度的计算分析，得出数据显示，各个协作方的草原碳汇协作管理参与率的从大到小排列为：大学、科研机构、非营利组织、生态企业、政府、牧民、污染企业。首先从整体来看：各类协作方的参与率普遍较小，协作方参与草原碳汇协作管理的态度消极，造成管理活动过程中资源的缺失，不仅不利于草原碳汇协作管理的进行也阻碍的协作管理活动的进一步发展。其次从个体来看，大学是内蒙古地区草原碳汇协作管理活动的主要参与者，其他参与者的参与率远远落后于大学。政府作为管理活动中的主导者，不仅缺乏专业的草原碳汇协作管理部门而且没有草原碳汇协作管理相关法律规范，同时，政府的参与率偏低且参与的管理活动较少，导致政府的权力和职能在草原碳汇协作管理活动中没有发挥出应有的效果。

（2）参与草原碳汇协作管理的协作方之间权责分配不清。

基于从属网络的分析可以看出，在对草原碳汇进行协作管理的过程中，各个协作方都是独立的部分，相互之间没有组织层级之间的关系，因此不存在谁对谁负责的情况。同时，由于相关法律的不完善，各参与协作方参与率相对偏低。导致各个协作方之间协作关系不牢固，相互不协调、不配合，以及参与协作方之间的权责分配不明确的问题。最终提高协作关系的破裂的机会，转换成本增加的概率也随之提高。在这种情况下，容易使得参与协作方之间的资源利用分配的不合理造成资源的浪费，不仅降低了参与协作方自身的工作效率，而且对其之间的相互合作造成了限制[82]。

2. 基于草原碳汇协作管理社会网络的分析结论

（1）草原碳汇协作管理协作网络的连通性较弱。

整个内蒙古草原碳汇协作管理社会网络中个体度值比较大的是 $d(B_1) > d(G) > d(A)$，说明这几个行动者在该关系网络中作为控制信息、资源流动的中介协作方，与其他行动者有较多的联系或合作。网络中各类 K – 核的频率分别为 $Freq(K-2) = 28.125\%$，$Freq(K-1) = 53.125\%$，$Freq(K-0) = 18.75\%$，$\bar{d} = 1.94$，$S_D^2 = 2.23$，$\Delta = 0.125$，同时，各个结点的接近度偏大说明结点之间的协作关系稀疏，整个网络的连通性较弱。

（2）草原碳汇协作管理协作网络的凝聚度弱。

在内蒙古草原碳汇协作管理社会网络的分析中，中介度排在前面的分别是 $b(G) > b(B_1) > b(A)$，说明三者在网络中处于比较重要的位置，其他行动者之间的信息传递交流以及合作对三者的依赖性比较强。因此，可以说 A、B_1、G 属于内蒙古草原碳汇协作管理行动者关系网络中的核心结点，同时，该网络将近72%结点处于网络的外围。该网络中，核心结点过少，整个网络的凝聚度较弱，不利于信息的沟通资源的传递以及管理活动的进行[81]。

5.4　草原碳汇协作管理建议

5.4.1　构建草原碳汇协作管理一体化模式

通过对内蒙古草原碳汇协作管理网络的分析发现，由于缺乏协作，草原碳汇的大部分资源不能共享互通，科研技术成果无法转化成生产力，牧民收入单一且过低等问题的出现。为实现资源的共享互通，提高内蒙古草原碳汇协作管理的效率、效果、效益，将其协作的网络关系设定为所有协作方两两相互协作，构建内蒙古草原碳汇协作管理"政企学研民非"一体化模式。即实现共享数据库等基础设施的建设，提高信息资源的共享水平，加强协作管理系统中协作方的参与度，更重要的是有利于创造良好的系统内部环境，加强政企学研民非之间的紧密合作。除此之外，还加强政府部门、企业、大学、科研机构、牧民、非营利组织等各协作方之间的协调，打破各协作方之间的封闭格局，制定行之有效的系统内部管理办法，鼓励支持企业和牧民等各协作方的税收优惠政策，以及各种人才教育培养方案[120]。

1. 协作管理一体化模式构建原则

（1）资源互补原则。

草原碳汇协作管理"政企学研民非"一体化模式是内蒙古政府整合优化资源，推动内蒙古草原碳汇协作管理发展的重要措施。草原碳汇协作管理"政企学研民非"一体化模式主要是把内蒙古草原碳汇协作管理中的各协作方组织起来，根据政府部门、生态企业和污染企业、大学、科研机构、牧民和非营利组织的各自优势，在整体系统中发挥不同作用，结成相互协作和资源整合的合作模式，形成合理的协作分工体系。在一体化模式中，不但要明确各协作方的资源优势，更要将各自的资源优势结合起来，形成整个系统的资源优势，提高系统的协作管理能力。

（2）"三效"原则。

"三效"原则即效率、效果、效益。首先，草原碳汇协作管理协作方需要明确自己在协作管理中的定位，提高整个网络的管理效率，实现资源的优化配置；其次，为吸引更多的草原碳汇协作管理参与者，即更多的大学、企业、科研机构等，一体化模式应在协作方参与后给予其更有效的服务以及帮助；最后，草原碳汇协作管理"政企学研民非"一体化模式是个统一的整体，不仅追求经济效益，更在于实现草原资源的保护，草原生态的平衡，最终实现社会效益最大化。

2. 协作管理一体化模式构建

（1）协作管理模式架构图。

协作管理的模式如图 5 - 20 所示。

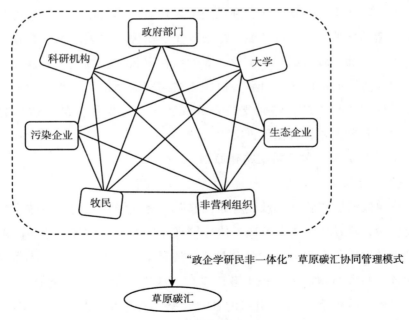

图 5 - 20　政企学研民非一体化结构

（2）协作管理理念。

草原碳汇协作管理的理念还未建立，结合中国碳汇基金会的碳汇理念。本章界定内蒙古草原碳汇协作管理理念为：促进内蒙古地区草原碳汇增加、传播绿色低碳理念，加强能力建设，倡导企业自愿减排，树立共同的草原碳汇生态意识，传播应对气候变化的先进理念和绿色碳汇知识，倡导低碳生产与生活。

3. 协作关系说明

（1）政府部门。

在图5-20新的协作管理模式中，内蒙古农牧业厅作为内蒙古地区主要负责草原碳汇相关工作的政府部门不再处于主导地位起绝对领导作用，而是在与其他协作方的相互协作中主要充当三种角色：引导者角色：通过宣传、引导，利用经济手段、法律手段、行政手段等方式促进企业、大学、科研机构和非营利组织的科研合作；引导牧民提高自觉保护草原资源和生态环境的意识；推动者角色：主要是制定政策，利用相关法律法规，财政投入，设立专门草原碳汇科研基金，资助有利于草原碳汇发展的科研项目；为牧民提供生态补偿，保证牧民的生活水平；协调者角色：提供政策服务，做好协调作用，规划"政企学研民非"一体化模式的主要发展方式，时刻明确大学、企业，科研机构和非营利组织的协调管理情况，并对相关政策进行进一步的修正和改进。要充分发挥自身职能优势的同时尽量简政放权，提供政策支持，创建优化协作管理的内部环境，建立公平良好的协作管理秩序，提高其他协作方的主动性，积极性和创造性。最终，通过积极引导、推动、协调来提高对草原碳汇协作管理的效率。

（2）科研机构。

科技的研发直接影响草原碳汇的进程，因此，在新协作管理系统中加大了科研机构与其他六个协作方的联系与协作。第一，为政府部门的管理机构提供专业的技术人才，从更加专业的视角去保证草原碳汇协作管理的实现。第二，生态企业在草原碳汇的发展中起着积极的影响作用，加强科研机构和生态企业的协作合作，实现双方科技的共同促进，推动草原碳汇技术的快速发展。第三，科研机构应对污染企业的转型进行积极的配合，研发技术使得污染企业向绿色低碳企业转型，以降低污染企业对草原生态环境的破坏程度。第四，与大学建立人才联动机制，为大学输送高级专业人才，促进大学对人才的培养力度。第五，非营利组织主要通过对草原碳汇知识的义务宣传提高公众对草原碳汇的了解程度，因此需要科研机构提供专业的碳汇人员，进行正确的知识宣传。第六，为牧民提供专业指导，增加牧民的碳汇收益，提高牧民的收入水平。

（3）大学。

大学在整个协作管理体系中拥有相对知识层次高、专业水平稳定的人才队伍，承担着为政府部门、企业和非营利机构输送人才的重要任务，这是"政企学研民非"一体化草原碳汇协作管理模式运行的首要条件。大学对人才的培养要以政府部门、污染企业、生态企业以及其他协作方的需求为导向，不仅要进行草原碳汇专门技术人员的培训，还需要专业的协作管理人员，以实现对整个政企学研民非的人才输送。同时由学校分别和其他协作方共同组成，建立一种学校和其他组织机构联合培养的类似"校企联合"的人才培养机构，实现彼此之间的信息交流与资源共享。通过大学的人才培养，满足政府部门、非营利组织对管理人员以及技术人员的需求；生态企业、污染企业、牧民、科研机构对草原碳汇技术研发人员的需求。

（4）生态企业。

生态企业是通过对生态环境的修复以及对生态植物的研发而进行收益的营利性组织，生态企业的发展对促进草原碳汇有重要的作用。在草原碳汇协作管理框架中，生态企业需要同政府部门进行草原碳汇项目的协作，获得政府部门的资金支持和政策支持；通过科研机构以及大学对专业技术人才的输送，缩短技术研发周期；与牧民建立长期合作伙伴关系，有利于牧民收入提高的同时，通过近距离的实践获得企业发展所需数据与资料；同时与污染企业建立长期的碳交易机制，促进双方经济的发展。实现整体的草原碳汇协作管理，提高协作管理效率。

（5）污染企业。

污染企业在新的草原碳汇协作管理框架中首先面临的就是企业转型的问题，需要减少污染企业对草原环境的破坏，通过绿色科技的实施促进企业的顺利转型。因此污染企业不仅需要政府的大力支持，更重要的是科研机构以及大学对其专业技术人才的输送，实现绿色科技的研发。同时，污染企业的发展对牧民造成的影响需要通过企业与牧民之间的合作来解决，企业对牧民进行相应的生态补偿，牧民对企业的发展进行支持，再通过与生态企业建立的碳交易机制实现多方共赢。

（6）牧民。

牧民以畜牧业作为自己经济的主要来源，且由于地理信息等发展因素，限制了牧民对草原碳汇的参与，通过与各协作方的合作与联系，满足牧民各个方面的不足。农牧业厅需要对牧民进行生态补偿以实现牧民对草原环境保护的自愿性和主动性；科研机构和大学需要实现对牧民的专业技术人才的提供，改善牧民的经济发展状况；非营利组织需要对牧民进行相关草原碳汇知识的宣传，提高其了解程度；生态企业以及污染企业与牧民形成互利的合作关系，改善牧民的经济收入。其他协作方从各个方面、各个角度实现对牧民的支持，促进牧民的参与，实现多方协作。

（7）非营利组织。

非营利组织中成员的共同目标是为了草原碳汇的发展，更准确地说是为了保护内蒙古地区的草原植被资源，维持草原生态平衡，非营利组织的发展直接影响公众对草原碳汇相关知识的认知程度。因此在新的协作管理框架中，让非营利组织与其他六个协作方分别一一对应，实现其对所有协作方的宣传，提高所有草原碳汇协作管理协作方的积极性，实现协作的高效管理。

4. 协作管理运行机制

在内蒙古草原碳汇协作管理"政企学研民非"一体化模式中，每个协作方都有其职能，但是一体化强调的是在整个协作管理模式中，每个协作方对其他协作方的作用力。当协作管理模式建立时，需要一定的运行机制对协作方的行为及活动的过程加以控制和约束。"政企学研民非"一体化模式的运行机制就是各协作方利用各自的优势，在协作管理系统中，发挥各自的作用，来影响其他协作方的行为，从而推动草原碳汇发展的进程。因此，运行机制关注的主要是如何通过协作方的相互作用来实现协作管理。

（1）信任机制。

在草原碳汇协作管理"政企学研民非"一体化模式中，协作方不再局限于相互合作，而是两两协作合作，所以会出现网络化、多元化的特点，更容易滋生机会主义行为，在这样的协作管理环境中，信任机制显得非常重要。污染企业和牧民之间、政府部门和企业之间、非营利组织和企业之间、政府部门和非营利组织之间等因为组织目标，价值取向和知识构成方面都存在很大差异，通常会出现一些问题，这时如果没有行之有效的信任机制，那么各协作方的沟通就会受到阻碍，对草原碳汇的协作管理也就无法进行，分散管理只会增加草原碳汇的管理成本，同时也降低了管理的效率。

因此，建立信任机制是十分必要的，信任机制能巩固协作管理中各协作方的相互关系，改善协作管理各协作方的参与状态，每个协作方都无保留的完全作为，及时进行沟通、协调等，良好的信任机制可以在草原碳汇协作管理上很大程度提高管理效率。

牧民对生态企业的文化理念认同度越高，企业对大学和科研机构的研究成本和技术开发投入越大，政府部门对非营利组织的政策支持越强大，那么在内蒙古草原碳汇协作管理"政企学研民非"一体化模式中，协作方对彼此的信任程度越高，协作关系越牢固。

（2）知识转移机制。

知识的转移主要是在企业、牧民、大学、科研机构、牧民和非营利组织中进行的。大学和科研机构是知识和技术的发源地，大学和科研机构又可以彼此转移知识与技术。而大学和科研机构的知识和技术又可以转移到企业和非营利组织，同时非营利组织又可以转移到牧民身上。实现知识和技术在协作方之间循环转移，是发展内蒙古草原碳汇协作管理的重要因素。

以大学和企业为例，毕业生到企业工作，大学生把草原碳汇科技成果转让给企业。技术转移对于企业的技术革新和大学生的创新能力的提高都起了积极作用，但更重要的是，在知识转移的过程中实现了大学和企业的协作。但是需要注意的是，大学是学术研究的场所，企业是追求经济利益的"经纪人"，二者的目标具有一定差异性。这种差异因为大学和企业的属性无法消除，但是可以通过科研成果共享，共同获取知识，缩小这种差异，在大学和企业间树立理性精神，尊重彼此的文化，求同存异。

（3）利益分配机制。

政府部门可以通过企业经济效益的增加来提高绩效，牧民希望获取更多的收益，企业追求经济利益，科研机构需要资金进行更多技术开发，大学和非营利组织虽然无须盈利，但是要维持正常运转。所以内蒙古草原碳汇协作管理"政企学研民非"一体化模式形成的利益分配是影响整个系统的关键，利益分配是否合理也会影响一体化模式的稳定性。

这时需要政府部门制定具体可行的政策，对内蒙古草原碳汇协作管理的成本和收益进行合理分配，合理的分配机制能够调动各协作方及积极性和主动性。如果协作方对利益分配不满，可能出现消极参与或者干脆退出的行为，这样一来，牵一发而动全身，必然会影响到其他协作方参与协作管理的积极性，最终必然会对整个"政企学研民非"一体化协作管理系统产生不利后果，草原碳汇协作管理也无法进行。

5.4.2　推动协作管理一体化模式发展的建议

1. 促进协作方参与草原碳汇协作管理

（1）加强草原碳汇的宣传工作。

建立协作管理组织的最基本的条件就是参与者目标一致，而社会是最容易营统一协作方目标的场所。在气候变化等严峻问题的出现下，保护环境只依赖政府是不够的，维护我们赖以生存的环境需要我们每个人共同努力，然而这些并没有引起以营利为目的的企业等组织的重视。因此，提高公众草原碳汇相关知识的普及刻不容缓，政府应带头展开培训和讲座来促进草原碳汇相关知识的宣传，提高公众的草原碳汇相关知识水平以及生态保护意识。同时让以营利为目的的组织机构进一步对草原碳汇有新的认识，明确自身正确的价值取向增强社会责任感，营造全民碳汇的意识与氛围。企业组织员工进行培训，并将固碳作为自己的企业文化，让草原碳汇从点点滴滴渗入公民的学习、工作以及生活环境中。实现公众对草原碳汇协作管理积极配合的双向反应，提高草原碳汇协作管理效率。

（2）采用奖惩措施积极引导协作方。

对于内蒙古草原碳汇协作管理的协作方进行奖惩，通过正面激励、负面惩戒的形式，激励内蒙古草原碳汇协作管理协作方参与到协作管理中，从而达到调节和控制协作方的行为促进协作方的参与率。将草原碳汇协作管理工作加入到对政府部门的业绩考核中，并对于参与到草原生态协作管理中的生态企业、污染企业、大学、科研机构、牧民和非营利组织在进行草原碳汇协作管理相关工作、项目以及活动申请等方面，给予一定的优惠和方便，对其进行扶持奖励，建立长效保护和激励机制。相反地，处罚或警告那些对草原碳汇协作管理的发展产生负面影响的协作方。

2. 优化草原碳汇协作管理的权责体系

（1）政府内部的权责划分与制约。

政府内部的权责划分与制约。政府内部的高效运转，需通过对内部资源的整合以及对权力和责任的明确和划分来实现。首先，建立专业、权威的草原碳汇协作管理事务处理机构，需赋予其最高决策和管理的权力，该机构的建立是实现草原碳汇协作管理的必要条件，不仅需要其进行资源的统筹和规划还需要其处理协作管理过程中的各种分歧。其次，明确政府各个草原碳汇协作管理相关部门的具体权力和责任，防止权责不清引起的寻租和越位等问题的出现，实现政府内部之间的高效交流与合作，更好地发挥政府的作用。

（2）政府外部的分权与制约。

政府外部的分权与制约。随着经济的发展，草原碳汇协作管理协作方将会逐渐走向多样化，除了政府之外，协作管理的协作方还有生态企业、污染企业、非政府组织、大学、科研机构、牧民等。政府外部的群里分配应遵守以下三点：第一，针对生态企业和污染企业不宜直接授权，对其予以鼓励和支持即可。对于参与到协作管理活动中的企业颁发有利于企业形象的奖杯等，但是由于企业本质就是自私的盈利者，因此在此同时还要制定企业的日常规范等。第二，针对包括非营利组织、大学、科研机构等在内的非政府组织授予其一定权力，授权其组织草原碳汇协作管理活动的权力。施行正向激励措施满足其适当的盈利诉求，同时为避免其在管理过程中犯错也要对其进行一定的监管。第三，针对牧民不存在政府授权问题。牧民参与草原碳汇协作管理是由于影响到自身的生产经营活动，政府需要做的是通过法律的制定与实施来规范牧民在协作管理活动中的行为。

3. 加强草原碳汇协作管理过程中协作方之间的协作

（1）建立草原碳汇信息交流平台。

一个系统的性质主要是由其协作信息所反映的，而协作信息会对系统的发展过程产生较为深刻的影响，因此实现草原碳汇协作管理的前提就是建立智能的科学的信息平台。该信息平台的运作主要由计算机网络技术作为支持，来进一步依靠现代化技术实现参与草原碳汇协作管理的协作方之间资源以及信息的交流和共享。此外，为实现草原碳汇协作管理参与协作方之间彼此的依存，将所有相关参与者拥有的资源进行处理和归纳，通过联动系统依靠网络技术支持形成一个高效的协作方交流平台，最终实现协作管理相关信息和资源的动态传递与分享。

（2）培育草原碳汇社会资本。

社会资本的形成不仅有利于草原碳汇协作管理实现，同时也是对其参与到草原碳汇协作管理活动中的协作方彼此能否实现信息资源的共享也具有重要意义。要想培育草原碳汇社会资本首先就要建立协作方之间的信任，信任是社会资本形成的首要条件。政府和社会的信任程度决定着双方之间合作成功的概率，二者之间呈正相关的关系。同时，社会资本对参与合作的社会组织和公众的参与意识有着较高的要求，在草原碳汇协作管理过程中，参与到其中的主体的参与意识的高低直接影响着其参与的能力以及水平，较高的参与意识有助于实现较好的草原碳汇协作管理的效果[121]。

第 *6* 章

CDM 草原碳汇项目

6.1　CDM 草原碳汇项目发展现状分析

6.1.1　CDM 草原碳汇项目发展现状

1. 国外发展现状

2005 年随着《京都议定书》签署成功，CDM 应运而生。随后欧盟宣布，只要项目满足欧盟减排标准，都允许参与欧盟排放交易。

2005 年巴西 NovaGerar 垃圾填埋能源项目，这是 CDM 产生后的第一个项目，东道国为巴西，合作国为荷兰。年平均温室气体减排量为 210 812t CO_2e。项目活动涉及 NovaGerar 垃圾填埋发电厂中的天然气采集系统和渗滤液排水系统。该项目改善当地的卫生和环境，改善现有的垃圾场对地面和地表水质的影响。随着 NovaGerar 垃圾填埋场的运行，环保健康风险和爆炸的可能性大大降低。

印度为了响应《京都议定书》，专门建立 CDM 项目研发部门，颁布多项支持 CDM 项目发展的法律政策。2005～2008 年，印度是温室气体交易排放权最多的国家。HFC‐23 热氧化减排项目，东道国为印度，合作国为日本和荷兰。项目活动包括开发、设计、工程、采购、财务，HFC‐23 热氧化系统的建造、运行和维护。通过限制温室气体排放，给本国经济带来帮助并通过直接和间接的就业和转移的技术利益，将热氧化技术转移到印度，从而有助于可持续发展。

2006～2007 年，日本颁布"低碳社会行动计划"、《绿色经济与社会变革》草案等促进可持续发展的有效政策。2005 年 3 月 24 日，日本作为合作过参与韩国蔚山 HFC 分解项目，年平均温室气体减排量为 422 912t CO_2e。日本将 HFC‐23 收集和分解设备安装到正在运行的 HFC‐22 制造厂。该技术属于日本，韩国首次应用于 HFC‐23 分解。这种技术的转让有助于从环境中实现可持续发展，也有利于通过提供经济利益和技术利益使韩国得到发展。

越南在 2009 年制订的计划，主要开发发电和新能源领域，是第一承诺期参与项目最多的国家之一。兰东油田天然气回收采集利用项目，东道国为越南，合作国为英国、日本和瑞典。年平均温室气体减排量为 675 858t CO_2e。该项目提供清洁天然气来源，以支持越南发展需要，有助于减少越南对石油产品的进口依赖，降低发电厂发电成本，减少因燃烧石油发电产生的大气污染。

欧盟委员会积极应对全球气温升高问题，大力加强国际项目合作，开发新能源，向"低碳经济体"方向转型。

2010 年 RIO BLANCO 小水电项目，东道国为洪都拉斯，合作国为芬兰。年平均温室气体减排量为 28 817t CO_2e。该项目作为小规模可再生能用项目引进技术，为洪都拉斯提供优质电力的生产，减少进口石油成本，加强能源自给自足；减少温室气体排放，特别是二氧化碳排放量；加强农村电气化覆盖，减轻贫困程度。

2011 年阿里巴巴沼气建设工程项目，东道国为塞尔维亚，合作国为英国。阿里巴巴甲烷回收和发电项目，通过甲烷回收排放，减少有害的温室气体。该项目的实施吸引当地银行的外部资金来源，积极参与协助开发塞尔维亚共和国可再生能源项目。该项目将在不发达地区实施，促进该地区经济活动的活跃程度，电力供应稳定性以及当地就业率，有助于转让知识和经验，操作和维护新设备。可再生能源的利用减少对化石的依赖，减少温室气体排放量。

2012 年天祥油田沼气工程，东道国为马来西亚，合作国为瑞典。年平均温室气体减排量为 45 334t CO_2e。项目的目的是实施高级和系统管理的技术。通过收集和利用沼气，项目活动消除现有开放甲烷排放。项目活动也将取代马来西亚半岛电网的碳排放，减少生物加工厂进口电力的需要。

2013 年 S. K. 电力污水项目，东道国为泰国，合作国为英国。利用收集的沼气燃烧发电，出口到泰国国家电网，从而减少温室气体排放。年平均温室气体减排量为 48 799t CO_2e。通过避免现有开放的甲烷排放，减少温室气体排放；通过减少温室气体排放量来减少泰国国家电网的碳排放；提高排放到棕榈种植园的废水质量；节省不可再生的自然资源；提高本地电力供应的稳定性和安全性，改善生活水平；创造就业机会；提高工厂经营者的技术知识和技能。

2014 年 La Vuelta 和 La Herradura 水电项目，东道国为哥伦比亚，合作国为瑞士和日本。年平均温室气体减排量为 77 149t CO_2e。该项目改善了电力服务，为区域发展作出贡献。同时，项目提供清洁能源，减少二氧化碳排放。该项目已将可再生能源提供给相互连接的国家电网，并减少了在并网化石燃料电厂中产生的温室气体排放。该项目为城市的经济发展带来收入，这些资源可供市政府使用，实施城市发展规划，特别是基础卫生和环保方案。目前国际上还没有 CDM 草原碳汇项目[122]。

2. 中国发展现状

2005 年 6 月 27 日，中国第一个 CDM 项目在内蒙古产生，由联合国 CDM 执行理事会（EB）注册成功。之后，中国的 CDM 项目在多个行业多个领域共同发展，在节能和能效提高、新能源和可再生能源、燃料替代、甲烷回收、造林与再造林等项目中，与其他国家积极合作，以达到控制全球气温的目标。

中国广西珠江流域的再造林项目成为全球第一个碳汇造林项目，通过对广西地区自然环境和社会发展的研究，最终决定种植荷木、桉树、杉木、马尾松等适应在广西地区生长的植被，到2010年，广西地区共完成造林3 257.33公顷，其中苍梧县完成1 702公顷，环江县完成1 555.33公顷。预计到2035年，碳交易收入可达到约335万美元。将这些所得收入按照一定比例分配给参与项目的农户，不但给当地农户带来经济效益，提高农户收入，同时提供大量工作岗位，解决当地居民就业问题[123]。

川西北CDM草原碳汇项目于2011年实施，是中国第一个CDM草原碳汇项目。通过对川西北地区自然及社会多方面的考察，以5 000亩（约333.3公顷）为单元，农民合作组织为贸易主体。

6.1.2 CDM草原碳汇项目发展存在问题

1. 申请周期长

CDM草原碳汇项目申请过程复杂，规则严苛，程序冗长，一般项目的申请周期为3~6个月，大型或复杂项目周期更长。一般分为五个步骤：（1）向审核机构（DOE）提交项目设计文件（PDD），PDD包括项目类型、参与方、地点、技术方法等重要内容，由DOE判别该项目是否合格。（2）DOE将合格的项目申请交给联合国执行理事会（EB），申请成功就可以实施。（3）在实施过程中对项目的减排量进行严格检测，并且保证数据的准确性和透明性。（4）DOE定期审查项目，向BE提交审查报告，最后由BE签发CERs。由于CDM草原碳汇项目申请周期长导致前期投入费用也相对较高（约10万美元），导致CDM草原碳汇项目交易成本高、风险较大。

2. 技术转让壁垒

《公约》和《议定书》规定，发达国家和发展中国家进行碳交易，要向发展中国家提供相应的技术和资金支持，共同缓解全球气候压力。由于发展中国家没有明确的减排任务，所以发展中国家履行《公约》的很大程度上依靠发达国家向发展中国家提供的资金技术的程度。《公约》中只有对资金技术的规则性规定，但并无具体提供方式、程序、内容等操作性规定。

发展中国家主要是为了实现本国的可持续发展目标，核心技术落后，创新能力不足，配套设施不完善等阻碍因素导致发展中国家需要借助发达国家的支持。资金和技术能够很大程度上改善现状，技术又是作为第一动力备受关注。

发达国家的技术支持不仅能完成本国的减排任务，还能提高发展中国家的技术水平，降低技术成本。但从自身利益出发，必然不会提供核心技术，而是层次低，质量差的技术。实际上，目前技术转移仅是发展中国家从发达国家获取了一些设备，以及设备的使用技巧和维护方式，并没有触及真正的核心技术，与国际上的减排技术无法接轨。

发达国家也会阻止技术在发展中国家转移。发展中国家缺乏核心技术，把大量资金投入到减排技术开发中，但往往效果不好，又要投入资金研发技术，形成恶性循环。

3. 额外性证明不足

额外性是 CDM 草原碳汇项目中需要明确界定的核心问题，合理的额外性既能检验项目的减排效果，同时还能保证发达国家和发展中国家的利益，以及全世界范围内的环境效益。目前针对额外性的争议很大，问题的焦点在于如何使额外性既有利于发达国家又不损害到发展中国家的利益。不同国家根据自身发展需求，提出有利于本国的评判标准。发展中国家希望拥有先进的技术和充足的资金，提出的标准比较高；发达国家需要利用较少的资金和技术输出达到自己减排任务的目的，提出的标准比较低。对发达国家而言，CDM 草原碳汇项目只是为了降低环保成本，将本国的减排任务转移到发展中国家。相反，发展中国家本身就在减排，与项目无关，加上发达国家转移的减排任务，只有明确发达国家的减排任务相对于东道国是额外的，才能抵销发达国家的减排任务。

CDM 草原碳汇项目的基准线界定模糊，从而不能准确证明额外性。基准线过高，碳排放量达不到基准线，达不到生态效益的同时又影响经济收益，使 CDM 草原碳汇项目的 CERs（经核证的减排量）签发率比较低；如果基准线过低，碳排放量远远超过基准线，会导致碳市场交易价格过低，从而影响碳交易市场的秩序。

4. 国际规则限制

由于市场交易，技术资金等因素使得发达国家拥有主导地位和发言权。美国作为全球第二大碳排放量国家没有签署《京都议定书》，2011年12月加拿大退出，理由是第一大碳排放量中国和第二大碳排放量美国的减排行为没有受到限制。到2012年第一承诺期已经结束，加拿大、日本、新西兰和俄罗斯等国表示不参与第二承诺期，目前第二承诺期没有达成，CDM 草原碳汇项目失去法律支撑，国际合作势必面临巨大挑战。

5. 交易价格低

目前 CDM 草原碳汇项目是买方市场，发达国家作为买方聚集了国际上较大的碳排放交易平台，比如美国芝加哥气候交易所（CCX）、欧洲排放贸易体系（EU ETS）、CCX 和加拿大蒙特利尔交易所（MX）联合成立的蒙特利尔气候交易所（MCeX）、英国排放配额交易团体（ETG）和英国排放配额交易安排（ETS）等。发展中国家作为卖方议价能力弱，信息不对称，不能及时了解国际市场价格，等因素使发展中国家在交易中整体呈现劣势地位。发达国家利用其主导地位的优势，掌握交易市场中很多因素，尤其是在市场交易中作为核心因素的价格因素，实际上控制了碳交易的定价权，一旦碳交易的价格发生波动，发展中国家比发达国家更容易受到影响，这是对发展中国极不平等的现象。

6. 环境影响评价缺失

由于草原碳汇起步较晚，所以目前还无法对 CDM 草原碳汇项目的环境影响进行综合全面的评价。而完整全面的环境影响评价指标体系不仅能评价 CDM 草原碳汇项目实施后对周边环境的影响，还能通过综合评价，改进修正项目的不足，或者通过改善其他条件，优化草原碳汇项目本身，从而使草原碳汇项目达到正外部性的目的[124]。

6.2 中国森林碳汇项目管理经验借鉴及启示

6.2.1 森林碳汇项目管理经验借鉴

1. 广西碳汇项目的实施情况及成功经验

广西碳汇项目是全球首例清洁发展机制下的再造林项目。项目的实施分为建设期和运行管理期。项目的实施主体有苍梧县的康源林场和富源林场、环江县的绿环林业开发有限公司和兴环林业开发有限公司以及18 个农户小组、12 个农户。其资金来源主要有地方商业银行长期贷款；广西壮族自治区的政府提供配套资金；地农户、林场及公司的股本和当地银行的短期贷款四部分。其经营形式主要有三种：一是农民或村集体与林场或公司股份合作造林；二是农户小组造林；三是单个农户造林。

项目建设内容包括五个方面：一是在苍梧县和环江县共营造 4 000公顷的多功能防护林，每个县各 2 000 公顷；二是碳汇交易，积累清洁发展机制造林、再造林项目活动的管理实践和技术经验；三是监测评价项目的环境、经济和社会影响；四是开发、实验流域治理和退化土地恢复的融资机制；五是通过培训和技术援助，提高当地碳汇项目建设的能力。

该项目设计造林树种 6 个，造林模式 5 个，造林模式主要是：荷木与马尾松混交林 600hm²；大叶栋与马尾松混交林 900hm²；杉木与枫香混交林 450hm²；马尾松与枫香混交林 1 050hm²；按树纯林 1 000hm²。

项目目标是通过再造林活动计量碳汇，研究和探索清洁发展机制林业碳汇项目相关的管理、技术和方法学等相笑经验，为中国开展 CDM 造林再造林碳汇项目摸索经验并促进当地农民增收和保护生物多样性。

广西碳汇项目做法的成功经验如下。

（1）多元化参与主体。

广西项目的实施主体有苍梧县和康源林场和富源林场、环江县绿环林业开发有限公司和兴环林业开发有限公司及 18 个农户小组、12 个农户。该项目的实施主体是由多个层次的参与主体构成，他们各自从自己的地位、职能和要求出发，在实施碳汇试点项目的过程中发挥自己的功能和作用，另外，各种参与主体之间进行着经常的沟通与互动，政府和林业局是碳汇项目重大政策决议的核心和源头，管理实施的过程则由几个林场、公司和农户小组共同参与。这样多个主体的共同参与，不仅可以使得项目政策实施、政策修正和完善方面与政府组织积极配合，充分发挥各个层次参与主体的优势，提高参与主体特别是农户小组及农户参与的主动性和积极性；此外，还可以形成一个良好的监督体系，不同的实施主体都可以对项目实施过程进行监督，对出现的问题及时发现并进行纠正，避免权力过于集中、政策偏离目标、资金使用不当以及管理不当等问题的出现。

（2）筹资结构多渠道。

由于林业碳汇项目的实施周期比较长，所需的资金要有保障，否则可能会出现资金链断裂影响碳汇项目继续实施，造成较大的损失。广西项目的筹资特点是以政府的配套资金为导向，以地方商业银行的长期贷款及其他地方银行的短期贷款为补充，以招商引资和社会投入作为重要渠道。这种多样化的筹资方式既缓解了资金筹措难，单一机构投资风险大的问题，同时也拓宽了引资的领域，创造了良好的投资环境，有利于保障项目顺利实施。

（3）经营形式多样化。

广西项目的经营形式呈现多样化的局面，主要表现在三个方面：一是造林树种的多样化。在广西项目中，根据试点区域的地理环境及气候条件等因素，树种的选择主要包括马尾松、大叶栋、荷木、枫香、杉森、按树等多个树种。二是造林模式的多样化。在项目中，造林模式包括大叶栋和马尾松混交林、荷木和马尾松混交林、马尾松和枫香混交林、杉木和枫香混交林、按树纯林在内的五种造林模式。三是经营形式的多样化。主要包括单个农户造林形式，农户小组造林形式，农民、村集体与林场合作造林的三种形式。这种多样化的经营形式，有利于项目更好地实施。

（4）项目的科学管理。

在广西碳汇项目申报初期，生物碳基金造林子项目成立了专家组深入项目所在地开展调查，调查内容包括：收集有关项目区的土地、气候、植被、生物资源、林业和社会经济信息等资料和数据；选择项目造林树种、造林模式及初步的经营形式；对项目区的社会经济发展状况和规划、项目地生物群落和种类的历史和现状以及项目活动对生物物种和群落以及环境的影响等。在项目实施的过程中，得到了中国林业科学院提供技术咨询和指导，包括培训、质量控制以及被 CDM 执行理事会批准的小规模造林、再造林活动简化基线方法学和监测方法学的科学应用，按照规范标准程序运作，对项目进行科学的管理，为项目的成功实施提供了保障。

（5）各单位的密切配合。

广西碳汇试点项目自身采用的经营方式较符合碳汇实施的现状，有利于该碳汇项目的实施。该项目的经营方式主要包括三种：单个农户造林、农户小组造林、农民或村集体与林场或公司多元合作的造林方式。采用这样的经营方式，个人、社区、林场、当地政府之间形成紧密互动关系，有利于政府、公司、村集体和农民个体在碳汇造林建设过程中相互协作，及时沟通反馈，取得更好的配合，从而保障造林的成功实施。

2. 北京林业碳汇项目的实施情况及成功经验

北京房山项目及八达岭造林项目实施期限均为 2008～2027 年，规划造林总面积达 9 000 余亩（约合 600hm²）。北京市房山区碳汇项目是由国家林业局和中国石油天然气集团公司共同发起的中国绿色碳基金支持的首批以积累碳汇为目的的造林项目。

八达岭碳汇造林项目的资金来源于民间公众捐资开展的碳汇造林项目。该项目内容主要包含造林和营林增汇技术示范区、科学研究展示区和碳汇知识宣传教育区三个部分，是一个集林业碳汇生产实践、科学研究和示范教育为一体的综合性示范基地。

北京林业碳汇项目管理的成功经验如下。

（1）政府对林业碳汇的高度重视。

北京市委市政府高度重视林业碳汇工作，并以自身行动积极推进其发展。市政府及相关领导的广泛关注和大力支持，为北京市林业碳汇的全面发展开创了良好局面。在调研城市生态环境建设时强调，要认真总结林业建设经验，加快林业碳汇工作步伐。相关领导亲自参与八达岭碳汇造林项目启动暨中国绿色碳基金北京专项成立仪式，为北京市公众参与林业碳汇和生态环境建设做出了良好的示范。

（2）参与主体专业化。

为确保项目建设的顺利进行，相关的北京各级政府及主管部门精心筹备项目的实施工作，国家林业局、北京市园林绿化局以及房山区林业局通过联合协商，专门成立项目领导小组，由市、区林业主管部门组织协调，青龙湖镇建立相应的组织管理机构，成立镇级的专业队伍进行建设和管护，严格按工程进行管理，按设计进行施工，严把整地、苗木、栽植、浇水等各个环节，确保工程建设质量。工程完成后，安排专人负责造林后的浇水、防火、病虫害防治等后期的养护工作，确保项目成果。

（3）融资渠道民间化。

北京市房山区碳汇造林项目及八达岭林场碳汇造林项目的资金筹集

渠道采用的是企业出资及个人捐赠等这样的民间筹资渠道。中国绿色碳基金中国石油北京市房山区碳汇项目是由国家林业局和中国石油天然气集团公司共同发起的中国绿色碳基金支持的首批以积累碳汇为目的的造林项目。北京市八达岭林场碳汇造林项目是全国第一个民间公众捐资开展的碳汇造林项目，中国绿色碳基金收集各地社会公众购买林业碳汇的资金用于北京市八达岭林场开展造林碳汇项目。

（4）参与方式多样化。

林业碳汇对于大部分人来说，都是较新较陌生的词汇，为了让更多的人了解林业碳汇，更好地开展林业碳汇工作，北京市政府及碳汇管理办公室通过编制分发林业应对全球气候变化相关的宣传折页和手册，制作科普展板和漫画书，播放公益广告宣传短片，组织媒体采访报道，搭建网络参与平台，召开零碳会议，开展大型宣传活动，为公众提供了多种碳汇参与方式。

6.2.2 林业碳汇项目管理对中国草原碳汇项目管理的启示

1. 加强协调与合作是碳汇项目管理成功的关键

目前中国的林业碳汇试点项目之所以获得成功，是各有关单位密切合作的结果，其中的合作主要包括以下几个层面：一是作为项目的主管单位与资助单位，国家林业局碳汇管理办公室和出资单位进行了充分研究和协商，先期共同讨论并确定了项目开展的基本思路和原则；二是国家林业局碳汇管理办公室和实施林业碳汇试点项目的各地方林业部门进行充分沟通，就项目开展的有关事项进行了充分交流；三是林业碳汇试点地区林业部门与当地市、县林业局以及相关农户联合体进行充分协调，确定项目实施地块和管理模式。草原碳汇项目同样如此，它也涉及多单位多个部门，只有各个单位各部门密切合作、齐心协力，才能取得项目的最终成功。

2. 鼓励各种社会力量的参与是碳汇项目管理成功的保障

中国森林碳汇试点项目的成功还离不开多主体的共同参与，多主体共同参与体现在，一是政府充分发挥引导和扶持作用。政府对林业碳汇项目的引导和扶持，是造林再造林碳汇项目之所以成功的关键所在，中国政府对气候变化、林业生态建设给予高度重视，并制定政策给予支持；对于林业碳汇项目试点来说，人们由于缺乏了解，参与意识较弱，政府及林业相关部门通过报纸、网络等各种媒体加以宣传，培养人们的环保意识，提高人们对其的认知度和参与度；此外，开展林业碳汇相关的专业人才比较缺乏，从中央政府到地方政府都非常重视碳汇专业人才的输送和培养，政府通过一定程度的参与，给予一定的技术支持，通过研讨班、座谈会、培训班等各种方式培养了一批碳汇专业人才，为林业碳汇政策试点项目的成功实施奠定科技基础。二是碳汇可持续经营管理需要多方力量参与。如，广西碳汇试点项目采取农民或村集体与林场或公司多元合作的造林方式。采用这样的经营方式，个人、社区、林场、当地政府之间形成紧密互动关系，有利于政府、公司、村集体和农民个体在碳汇造林建设过程中相互协作，及时沟通反馈，取得更好的配合，从而保障造林的成功实施。三是各个主体可以为碳汇发展提供资金支持。如，北京市房山区碳汇造林项目及八达岭林场碳汇造林项目的资金筹集渠道采用的是企业出资及个人捐赠等这样的民间筹资渠道。

所以说，发展林业碳汇，既不是完全的政府行为，也不是简单的市场行为，而是政府与社会公众相互影响、相互作用的推进过程；其发展不仅需要政府同企业和公众三方通力合作，还需要涉及的多个部门共同参与，共同推进。中国草原碳也要适当利用利益驱动机制，积极鼓励各种社会力量参与草原碳汇管理，鼓励不同性质的单位和组织、个人共同参与[125]。

6.3　CDM 草原碳汇项目对环境
影响的评价指标体系构建

6.3.1　指标选取原则

评价体系中指标选取的科学性和合理性是 CDM 草原碳汇项目对环境影响体系构建的最大前提，是评价有效准确进行的基本保障。指标体系的构建并不是指标随意堆砌相加，而是有层次、有取舍地排列组合。目前由于受到地域差异，研究领域等多种因素影响，CDM 草原碳汇项目对环境影响评价指标选取原则尚且缺乏一直观点。基于指标的多样性与复杂性，综合不同观点，进行分析研究，CDM 草原碳汇项目对环境影响的评价指标体系的构建应遵循以下原则。

1. 科学性与客观性

首先要对项目充分调查研究，对项目足够了解，才能对指标进行选取和构架。每个指标，不同层次的设置也要有所依据，不同指标反应项目不同影响方面，尽可能完整反映项目对环境的影响程度。只有确保科学性和客观性，才能真实反映项目，得到的评价结果才有意义。

2. 系统性和可操作性

CDM 草原碳汇项目的环境影响评价指标体系中的每个指标都不能在体系之外，孤立存在，而是根据项目相互联系又相互区别，互为补充的整体。CDM 草原碳汇项目的环境影响评价体系中指标的系统性，主要通过将指标分成不同的子系统来实现，并且进一步划分子系统中的层次，使得指标体系的结构更加清楚。选择的指标要有可操作性，要选择数据可获得的影响指标。

3. 典型性与导向性

CDM 草原碳汇项目评价指标应要具有典型性,确保指标包含信息较全面,反映项目,但又简洁,避免冗杂。指标过多会增加数据收集和整理得难度,同时也会提高数据分析运算中的错误及误差。最终的评价结果不仅仅为了说明项目的优劣,更重要的是根据评价结果,发现项目中存在的问题,从而寻找对症方法,加以修正,有效引导项目向好的方向发展[126]。

6.3.2 指标确定

1. 指标粗选

CDM 草原碳汇项目其目的是缓解温室气体带来的压力,增加企业收益,提高牧民收入,乃至维护整个生态系统的平衡。但是机遇和挑战总是相生相伴,对经济、社会和生态也会造成不同程度的负面影响。对项目的评价不能只看某一单方面的指标影响,要从经济、社会和生态中挑选不同指标,对这些指标进行描述和分析,权衡利弊,得出综合评价。这样的评价才能合理、全面、系统、有效地反映项目的真实情况。

以国际经济合作与发展组织(Organization for Economic Co-operation and Development,OECD)针对环境问题提出的指标体系为借鉴,分成社会影响类指标、环境影响类指标和经济影响类三类指标,再以《中华人民共和国环境影响评价法》为基础,结合《中华人民共和国大气污染防治法》《建设项目环境保护管理条例》《建设项目环境保护分类管理名录》(B 类项目)和《国务院关于促进牧区又好又快发展的若干意见》(国发〔2011〕17 号),以及"大气污染防治行动计划""环境影响评价技术导则",构建出评价指标体系中的三个层次,包括目标层、准则层、指标层。目标层是 CDM 草原碳汇项目对环境影响的评价,准则层分为经济、社会和生态,指标层包括33 项单项指标[127]。见表 6 - 1。

表6-1　　　　　　　CDM草原碳汇项目对环境影响的评价指标粗选

CDM 草原碳汇项目对环境影响的评价指标		
生态指标	经济指标	社会指标
煤炭消耗占能源比重	环保投资占 GDP	脱贫率
人均碳排放量	退耕还草资金	生态补偿
草原可利用率	畜牧业比重	相关政策法规执行力度
空气质量达标率	农牧民年人均纯收入	草原碳汇普及度
草原三化面积	地区经济影响	就业变化率
植被覆盖率	GDP 碳排放量	草原保护意识
碳逆转风险管理	碳排放技术 R&D 经费支出	牧民参与程度
牲畜超载率	碳交易收益	牧区劳动力转移比例
固碳能力	项目技术转移	牧民恩格尔系数
水土流失治理率	GDP 增长	草业科技贡献率
草原三化治理率	项目相关建设建设投资	—
退耕还草率	—	—

2. 指标优化

（1）设置调查问卷。

本章调查问卷中指标重要程度分为很不重要、不重要、一般、重要和很重要，相应的分值为 1、2、3、4 和 5，见表6-2。

表6-2　　　　　　　　　　　　指标筛选

准则层	指标层	很不重要	不重要	一般	重要	很重要
		1	2	3	4	5
生态指标	煤炭消耗占能源比重					
	人均碳排放量					
	草原可利用率					
	空气质量达标率					
	草原三化面积					

准则层	指标层	很不重要	不重要	一般	重要	很重要
		1	2	3	4	5
生态指标	植被覆盖率					
	碳逆转风险管理					
	牲畜超载率					
	固碳能力					
	清洁能源结构优化					
	草原三化治理率					
	退耕还草率					
经济指标	环保投资占 GDP					
	退耕还草资金					
	畜牧业比重					
	农牧民年人均纯收入					
	地区经济影响					
	GDP 碳排放量					
	碳排放技术 R&D 经费支出					
	碳交易收益					
	项目技术转移					
	GDP 增长					
	项目相关建设建设投资					
	环保投资占 GDP					
社会指标	脱贫率					
	生态补偿					
	相关政策法规执行力度					
	草原碳汇普及度					
	就业变化率					
	草原保护意识					
	牧民参与程度					
	牧区劳动力转移比例					

续表

准则层	指标层	很不重要	不重要	一般	重要	很重要
		1	2	3	4	5
社会指标	牧民恩格尔系数					
	草业科技贡献率					
	脱贫率					
	生态补偿					
	相关政策法规执行力度					
	草原碳汇普及度					
	就业变化率					

（2）发放调查问卷。

利用调查问卷将粗选的指标进一步筛选、优化，选取和项目贴合度最高的指标，更能体现指标体系的科学合理性。

发放调查问卷的目的是对粗选的指标进行进一步优化，筛选与 CDM 草原碳汇项目相关度较高的指标，进而形成指标体系。本次调查问卷的调查对象是具有专业知识的相关专家学者，旨在提高指标的可信度和专业性。问卷共发放 25 分，回收 20 份，包括内蒙古地区 4 份，新疆地区 2 份，甘肃地区 3 份，青海地区 1 份，四川地区 3 份，天津大学 2 份，南京大学 2 份，中国科学院、中国农业科学院、遵义师范学院各 1 份。

（3）信度检验。

采用 Cronbach'α 信度系数法，对调查问卷进行信度检验，检验调查问卷内部一致性。见公式（6-1）。

$$\alpha = \frac{n}{n-1}\left(1 - \frac{\sum\limits_{i=1}^{n} S_i^2}{S_{x^2}}\right) \quad (6-1)$$

式中，n——问卷包含的题目数；

S_i^2——答卷者在第 i 题得分的方差；

S_x^2——答卷者问卷测验总得分的方差。

信度分析结果：如表6-3所示，每个层次的信度系数都大于0.8，总量的信度系数 $\alpha = 0.832$，表明其内在信度很好。

表6-3   信度系数

α 信度系数	生态指标	经济指标	社会指标
	0.869	0.824	0.851

本次问卷经过信度分析得知，问卷的结果有效，可以作为CDM草原碳汇项目的环境影响评价指标体系的构建的依据。

（4）指标筛选。

计算每一项指标重要程度的算术平均分，并以"1"分为满分将各指标的算术平均分统一化。公式为：

$$G_{ij} = \frac{1}{n} \sum_{m=1}^{n} B_{ij} \quad m = 1, 2, \cdots, n \qquad (6-2)$$

式中，n——问卷包含的题目数；

B_{ij}——第 i 个评估对象对第 j 个指标的问卷评分。

详细结果见表6-4。

表6-4   CDM草原碳汇项目的环境影响评价指标得分

CDM草原碳汇项目对环境影响的评价指标					
生态指标	得分	经济指标	得分	社会指标	得分
煤炭消耗占能源比重	0.8100	环保投资占GDP	0.7000	脱贫率	0.7100
人均碳排放量	0.8300	退耕还草资金	0.8600	生态补偿	0.8500
草原可利用率	0.8600	畜牧业比重	0.8700	相关政策法规执行力度	0.8100
植被覆盖率	0.7300	农牧民年人均纯收入	0.8600	草原碳汇普及度	0.8000
草原三化面积	0.7400	地区经济影响	0.8000	就业变化率	0.8000
空气质量	0.8100	GDP碳排放量	0.8300	草原保护意识	0.8500
碳逆转风险管理	0.8600	碳排放技术R&D经费支出	0.8900	牧民参与程度	0.8200

续表

CDM 草原碳汇项目对环境影响的评价指标

生态指标	得分	经济指标	得分	社会指标	得分
牲畜超载率	0.7400	碳交易收益	0.8700	牧区劳动力转移比例	0.8100
固碳能力	0.8300	项目技术转移	0.8800	牧民恩格尔系数	0.8200
清洁能源结构优化	0.8000	GDP 增长	0.8400	草业科技贡献率	0.8600
草原三化治理率	0.8300	项目相关建设建设投资	0.7700	—	
退耕还草率	0.8100	—		—	

（5）指标确定。

根据表 6－4 统计结果，保留重要性平均值大于等于 0.8 的指标，剔除掉植被覆盖率、草原三化面积、牲畜超载率、环保投资占 GDP、项目相关建设建设投资、脱贫率这几个重要性平均值低于 0.8 的指标，最终选取的 27 个单项指标构成了 CDM 草原碳汇项目的环境影响评价指标体系，见表 6－5。

表 6－5　　　　CDM 草原碳汇项目对环境影响的评价指标

CDM 草原碳汇项目对环境影响的评价指标

生态	经济	社会
煤炭消耗占能源比重	退耕还草资金	生态补偿
人均碳排放量	畜牧业比重	相关政策法规执行力度
草原可利用率	农牧民年人均纯收入	草原碳汇普及度
固碳能力	地区经济影响	就业变化率
清洁能源结构优化	GDP 碳排放量	草原保护意识
空气质量	碳排放技术 R&D 经费支出	牧民参与程度
碳逆转风险管理	碳交易收益	牧区劳动力转移比例
草原三化治理率	项目技术转移	牧民恩格尔系数
退耕还草率	GDP 增长	草业科技贡献率

6.4 环境影响评价指标体系在川西北 CDM 草原碳汇项目的应用

6.4.1 川西北 CDM 草原碳汇项目概况

川西北草原是长江和黄河两大河流的发源地，同时也是中国五大草原之一，由地处青海，甘肃和四川交接的四个县的草原构成。这四个县是壤塘、阿坝、红原和若尔盖。川西北草原总面积约 3.5 万 km^2，涉及周边四县人口约 20 万人。由于日照充足，水源丰富等地理优势，使得川西北草原生长繁茂，草质优良。草原位于川滇生态保护区内，当地为了保护生物多样性，忽视本就不发达的经济，导致生态和经济之间的平衡被打破，见表 6－6。

表 6－6 川西北草原生态保护区

保护区名称	行政区域	总面积（hm^2）	类型	级别
杜苟拉	壤塘县	127 841	森林生态	市级
南莫且湿地	壤塘县	82 834	内陆湿地	省级
曼则塘	阿坝县	365 875	内陆湿地	省级
严波也则山	阿坝县	442 519	野生动物	市级
包座	若尔盖县	143 848	内陆湿地	县级
喀哈尔乔湿地	若尔盖县	222 000	内陆湿地	县级
若尔盖湿地	若尔盖县	166 571	内陆湿地	国家级
铁布	若尔盖县	20 000	野生动物	省级
日干桥	红原县	107 536	草原草甸	市级

资料来源：中华人民共和国生态环境部数据中心。

近些年川西北草场退化阻碍当地畜牧业发展，破坏生物多样性，危害到国家的生态安全。2011 年 6 月，中科院、四川省社科院、草科院组织专家组，对川西北草原现状和是否发展草原碳汇项目进行深入分析研究。通过草原碳汇项目，进行碳交易，给当地经济带来机会。川西北草原的碳汇能力每年可创造数 10 亿元的经济效益（不含湿地保护与恢复项目）。

经过多年的实践累积，川西北草原在草原保护方面经验丰富，尤其是红原县，利用承包、人工种草等方式保护草原，完成草场承包 1 000 余万亩，人工草地 50 余万亩，灭鼠治虫 200 万亩，建设围栏面积 300 万亩。

通过对川西北草原的自然、社会、经济等方面的综合考虑，以 5 000 亩（约 333.3 公顷）为一个单元，牧民为交易主体，政府提供一定生态补贴，目前项目在实施当中。

6.4.2　川西北 CDM 草原碳汇项目综合评价

1. 模型选择

P－S－R 模型是一种动态变化模型，人类行为会对环境产生不同程度的影响，政府根据环境变化制定相应政策，政策的执行必然会影响人类行为，如此循环，通过环境呈现的不同变化，对政策进行调整，引导人类行为，最终目标是达到一种理想的平衡状态[128]。

川西北 CDM 草原碳汇项目不仅要创造经济效益，更长远的目标是要对环境有所帮助。项目完成需要较长时间，对经济、社会和生态的影响随时都可能产生变化。P－S－R 模型具有很强的灵活性，能根据项目变化及时做出相应调整。利用 P－S－R 模型将项目中的指标分成经济、社会和生态三个子系统，再将子系统中指标的不同作用分为压力指标、状态指标和响应指标。

2. 基于 P－S－R 模型构建指标体系

根据 P－S－R 模型，把生态指标，经济指标和社会指标细分为压力指标，状态指标和响应指标，从而构建川西北 CDM 草原碳汇项目环境影响评价指标体系，见表 6 - 7。

表 6 - 7　　　　　**CDM 草原碳汇项目对环境影响的评价指标体系**

目标层	准则层	指标层	单项指标
CDM 草原碳汇项目对环境影响的评价指标	生态指标 B_1	压力指标 P_1	P_{101} 草原可利用率
			P_{102} 人均碳排放量
			P_{103} 煤炭消耗占能源比重
		状态指标 S_1	S_{101} 固碳能力
			S_{102} 退耕还草率
			S_{103} 空气质量
		响应指标 R_1	R_{101} 碳逆转风险管理
			R_{102} 清洁能源结构优化
			R_{103} 草原三化治理率
	经济指标 B_2	压力指标 P_2	P_{201} 碳交易收入
			P_{202} GDP 碳排放量
			P_{203} 畜牧业比重
		状态指标 S_2	S_{201} 牧民年人均纯收入
			S_{202} 项目技术转移
			S_{203} GDP 增长
		响应指标 R_2	R_{201} 碳排放技术 R&D 经费支出
			R_{202} 地区经济影响
			R_{203} 退耕还草资金
	社会指标 B_3	压力指标 P_3	P_{301} 草业科技贡献率
			P_{302} 草原保护意识
			P_{303} 牧区劳动力转移
		状态指标 S_3	S_{301} 牧民恩格尔系数
			S_{302} 就业变化率
			S_{303} 牧民参与程度
		响应指标 R_3	R_{301} 相关政策法规执行力度
			R_{302} 草原碳汇普及度
			R_{303} 生态补偿

3. 指标权重确定

（1）构建层次结构。

前文已经根据 P－S－R 模型构建了 CDM 草原碳汇项目对环境影响的评价指标体系。

（2）判断矩阵及权重。

用 1~9 标度方法，通过对指标重要性比较赋值，体现指标重要程度，见表 6－8。

表 6－8　　　　　　　　　　　　　　1~9 标度方法

序号	重要性等级	赋值
1	两个因素相比，具有相同重要性	1
2	两个因素相比，前者比后者稍重要	3
3	两个因素相比，后者比前者稍重要	1/3
4	两个因素相比，前者比后者明显重要	5
5	两个因素相比，后者比前者明显重要	1/5
6	两个因素相比，前者比后者强烈重要	7
7	两个因素相比，后者比前者强烈重要	1/7
8	两个因素相比，前者比后者极端重要	9
9	两个因素相比，后者比前者极端重要	1/9

注：2、1/2、4、1/4、6、1/6、8、1/8 表示上述相邻判断的中间值。

得到一级判断矩阵（用矩阵 A 表示），二级判断矩阵（分别用 B_1，B_2，B_3 表示）和三级矩阵（分别用 P_1，S_1，R_1，P_2，S_2，R_2，P_3，S_3，R_3 表示）。

①一级判断矩阵及权重。如表 6－9 所示，为 6 位川西北地区的专家做出的判断矩阵，为了使结果更准确，对数据取平均值，得到一级指标权重。通过对由判断矩阵算得各指标的权重，通过对最大特征值 λ_{max} 与 n 之差检验是否一致，也就是当 $CR < 0.1$ 时，判断矩阵通过检验，具有一致性，所得到的权重有效。

表 6 – 9　　　　　　　　　　　一级指标进评价结果

专家序号	判断矩阵			λ_{max}	权重	CR
1	1	1/2	1	3.054	0.261	0.047 < 0.1
	2	1	1		0.411	
	1	1	1		0.328	
2	1	1/2	1	3.054	0.261	0.047 < 0.1
	2	1	1		0.411	
	1	1	1		0.328	
3	1	1	1/3	3.018	0.211	0.016 < 0.1
	1	1	1/2		0.241	
	3	2	1		0.548	
4	1	1/2	1	3.054	0.261	0.047 < 0.1
	2	1	1		0.411	
	1	1	1		0.328	
5	1	3	4	3.009	0.633	0.008 < 0.1
	1/3	1	1		0.192	
	1/4	1	1		0.175	
6	1	1	1	3.054	0.328	0.047 < 0.1
	1	1	2		0.411	
	1	1/2	1		0.261	

　　根据6位专家的判断矩阵得到权重，再对权重求平均值，力求使权重最科学合理，见表6 – 10。

表 6 – 10　　　　　　　　一级指标比较后得出的权重

A	1	2	3	4	5	6	平均值
B_1	0.261	0.261	0.211	0.261	0.633	0.328	0.3258
B_2	0.411	0.411	0.241	0.411	0.192	0.411	0.3462
B_3	0.328	0.328	0.548	0.328	0.175	0.261	0.3280

②二级判断矩阵。根据一级判断矩阵及权重的获取过程，得到二级判断矩阵及权重表。

表6-11为生态指标进评价结果。

表6-11				生态指标进评价结果			
专家序号	判断矩阵			λ_{max}	权重	CR	
1	1	3	4	3.009	0.633	0.008 < 0.1	
	1/3	1	1		0.192		
	1/4	1	1		0.175		
2	1	1	1/3	3.018	0.211	0.016 < 0.1	
	1	1	1/2		0.241		
	3	2	1		0.548		
3	1	1	1/3	3.018	0.211	0.016 < 0.1	
	1	1	1/2		0.241		
	3	2	1		0.548		
4	1	1	1	3.054	0.261	0.047 < 0.1	
	1	1	2		0.411		
	1	1/2	1		0.328		
5	1	3	4	3.009	0.633	0.008 < 0.1	
	1/3	1	1		0.192		
	1/4	1	1		0.175		
6	1	1	1	3.054	0.328	0.047 < 0.1	
	1	1	2		0.411		
	1	1/2	1		0.261		

对权重求平均值，见表6-12。

表 6 – 12　　　　　　　　　生态指标比较后得出的权重

B_1	1	2	3	4	5	6	平均值
P_1	0.633	0.211	0.211	0.261	0.633	0.328	0.3795
S_1	0.192	0.241	0.241	0.411	0.192	0.411	0.2813
R_1	0.175	0.548	0.548	0.328	0.175	0.261	0.3392

表 6 – 13 为经济指标进评价结果。

表 6 – 13　　　　　　　　　经济指标进评价结果

专家序号	判断矩阵			λ_{max}	权重	CR
1	1	3	4	3.009	0.633	0.008 < 0.1
	1/3	1	1		0.192	
	1/4	1	1		0.175	
2	1	1	1/3	3.018	0.211	0.016 < 0.1
	1	1	1/2		0.241	
	3	2	1		0.548	
3	1	1	1	3.054	0.261	0.047 < 0.1
	1	1	2		0.411	
	1	1/2	1		0.328	
4	1	1	1	3.054	0.261	0.047 < 0.1
	1	1	2		0.411	
	1	1/2	1		0.328	
5	1	3	4	3.009	0.633	0.008 < 0.1
	1/3	1	1		0.192	
	1/4	1	1		0.175	
6	1	1	1/3	3.018	0.328	0.016 < 0.1
	1	1	1/2		0.411	
	3	2	1		0.261	

对权重求平均值，见表6-14。

表6-14 经济指标比较后得出的权重

B_2	1	2	3	4	5	6	平均值
P_2	0.633	0.211	0.261	0.261	0.633	0.328	0.3878
S_2	0.192	0.241	0.411	0.411	0.192	0.411	0.3097
R_2	0.175	0.548	0.328	0.328	0.175	0.261	0.3025

表6-15为社会指标进评价结果。

表6-15 社会指标进评价结果

专家序号	判断矩阵			λ_{max}	权重	CR
1	1	1	1/3	3.018	0.328	0.016 < 0.1
	1	1	1/2		0.411	
	3	2	1		0.261	
2	1	1	1/3	3.018	0.211	0.016 < 0.1
	1	1	1/2		0.241	
	3	2	1		0.548	
3	1	1	1	3.054	0.261	0.047 < 0.1
	1	1	2		0.411	
	1	1/2	1		0.328	
4	1	3	4	3.009	0.633	0.008 < 0.1
	1/3	1	1		0.192	
	1/4	1	1		0.175	
5	1	1	1/3	3.018	0.211	0.016 < 0.1
	1	1	1/2		0.241	
	3	2	1		0.548	
6	1	1	1/3	3.018	0.328	0.016 < 0.1
	1	1	1/2		0.411	
	3	2	1		0.261	

对权重求平均值，见表 6 – 16。

表 6 – 16　　　　　社会指标比较后得出的权重

B_3	1	2	3	4	5	6	平均值
P_3	0.328	0.211	0.261	0.620	0.211	0.157	0.3287
S_3	0.411	0.241	0.411	0.156	0.241	0.594	0.3178
R_3	0.261	0.548	0.328	0.224	0.548	0.249	0.3535

③三级判断矩阵。根据一级判断矩阵及权重的获取过程，得到三级判断矩阵及权重表。

表 6 – 17 为生态压力指标进评价结果。

表 6 – 17　　　　　生态压力指标进评价结果

专家序号	判断矩阵			λ_{max}	权重	CR
1	1	1	1/3	3.018	0.328	0.016 < 0.1
	1	1	1/2		0.411	
	3	2	1		0.261	
2	1	1	1/3	3.018	0.211	0.016 < 0.1
	1	1	1/2		0.241	
	3	2	1		0.548	
3	1	1	1	3.054	0.261	0.047 < 0.1
	1	1	2		0.411	
	1	1/2	1		0.328	
4	1	3	4	3.109	0.620	0.094 < 0.1
	1/3	1	1/2		0.156	
	1/4	2	1		0.224	
5	1	1	1/3	3.018	0.211	0.016 < 0.1
	1	1	1/2		0.241	
	3	2	1		0.548	

续表

专家序号	判断矩阵			λ_{max}	权重	CR
6	1	3	1/2		0.157	
	3	1	3	3.060	0.594	0.052 < 0.1
	2	1/3	1		0.249	

对权重求平均值，见表6-18。

表6-18　　　　　生态压力指标比较后得出的权重

P_1	1	2	3	4	5	6	平均值
P_{101}	0.328	0.211	0.261	0.620	0.211	0.157	0.2980
P_{102}	0.411	0.241	0.411	0.156	0.241	0.594	0.3423
P_{103}	0.261	0.548	0.328	0.224	0.548	0.249	0.3597

表6-19为生态状态指标进评价结果。

表6-19　　　　　生态状态指标进评价结果

专家序号	判断矩阵			λ_{max}	权重	CR
1	1	3	4		0.633	
	1/3	1	1	3.009	0.192	0.008 < 0.1
	1/4	1	1		0.175	
2	1	3	1/2		0.157	
	3	1	3	3.060	0.594	0.052 < 0.1
	2	1/3	1		0.249	
3	1	3	1/2		0.157	
	3	1	3	3.060	0.594	0.052 < 0.1
	2	1/3	1		0.249	

专家序号	判断矩阵			λ_{max}	权重	CR
4	1	3	4	3.109	0.620	0.094 < 0.1
	1/3	1	1/2		0.156	
	1/4	2	1		0.224	
5	1	1	1/3	3.018	0.211	0.016 < 0.1
	1	1	1/2		0.241	
	3	2	1		0.548	
6	1	3	1/2	3.060	0.157	0.052 < 0.1
	3	1	3		0.594	
	2	1/3	1		0.249	

对权重求平均值，见表 6 – 20。

表 6 – 20　　　　　　　　　生态状态指标比较后得出的权重

S_1	1	2	3	4	5	6	平均值
S_{101}	0.633	0.157	0.157	0.620	0.211	0.157	0.3225
S_{102}	0.192	0.594	0.594	0.156	0.241	0.594	0.3952
S_{103}	0.175	0.249	0.249	0.224	0.548	0.249	0.2823

表 6 – 21 为生态响应指标进评价结果。

表 6 – 21　　　　　　　　　生态响应指标进评价结果

专家序号	判断矩阵			λ_{max}	权重	CR
1	1	1	1/3	3.018	0.211	0.016 < 0.1
	1	1	1/2		0.241	
	3	2	1		0.548	

续表

专家序号	判断矩阵			λ_{max}	权重	CR
2	1	3	1/2	3.060	0.157	0.052 < 0.1
	3	1	3		0.594	
	2	1/3	1		0.249	
3	1	3	4	3.109	0.620	0.094 < 0.1
	1/3	1	1/2		0.156	
	1/4	2	1		0.224	
4	1	3	4	3.009	0.633	0.008 < 0.1
	1/3	1	1/2		0.192	
	1/4	2	1		0.175	
5	1	1	1/3	3.018	0.211	0.016 < 0.1
	1	1	1/2		0.241	
	3	2	1		0.548	
6	1	1/2	1	3.054	0.261	0.047 < 0.1
	2	1	1		0.411	
	1	1	1		0.328	

对权重求平均值，见表 6 – 22。

表 6 – 22　　　　　　生态响应指标比较后得出的权重

R_1	1	2	3	4	5	6	平均值
R_{101}	0.211	0.157	0.620	0.633	0.211	0.261	0.3488
R_{102}	0.241	0.594	0.156	0.192	0.241	0.411	0.3058
R_{103}	0.548	0.249	0.224	0.175	0.548	0.328	0.3453

表 6 – 23 为经济压力指标进评价结果。

表 6 – 23 经济压力指标进评价结果

专家序号	判断矩阵			λ_{max}	权重	CR
1	1	5	4	3.025	0.681	0.021 < 0.1
	1/5	1	1/2		0.118	
	1/4	2	1		0.201	
2	1	3	1/2	3.060	0.157	0.052 < 0.1
	3	1	3		0.594	
	2	1/3	1		0.249	
3	1	5	1/3	3.009	0.168	0.008 < 0.1
	1/5	1	1		0.540	
	3	2	1		0.297	
4	1	3	4	3.009	0.633	0.008 < 0.1
	1/3	1	1/2		0.192	
	1/4	2	1		0.175	
5	1	1	1/3	3.018	0.211	0.016 < 0.1
	1	1	1/2		0.241	
	3	2	1		0.548	
6	1	1/2	1	3.054	0.261	0.047 < 0.1
	2	1	1		0.411	
	1	1	1		0.328	

对权重求平均值，见表 6 – 24。

表 6 – 24 经济压力指标比较后得出的权重

P_2	1	2	3	4	5	6	平均值
P_{201}	0.681	0.157	0.168	0.633	0.211	0.261	0.3518
P_{202}	0.118	0.594	0.540	0.192	0.241	0.411	0.3493
P_{203}	0.201	0.249	0.297	0.175	0.548	0.328	0.2997

表 6 - 25 为经济状态指标进评价结果。

表 6 - 25 经济状态指标进评价结果

专家序号	判断矩阵			λ_{max}	权重	CR
1	1	1/2	1		0.261	
	2	1	1	3.054	0.411	0.047 < 0.1
	1	1	1		0.328	
2	1	1/2	1		0.261	
	2	1	1	3.054	0.411	0.047 < 0.1
	1	1	1		0.328	
3	1	1	1/3		0.211	
	1	1	1/2	3.018	0.241	0.016 < 0.1
	3	2	1		0.548	
4	1	1/2	1		0.261	
	2	1	1	3.054	0.411	0.047 < 0.1
	1	1	1		0.328	
5	1	3	4		0.633	
	1/3	1	1	3.009	0.192	0.008 < 0.1
	1/4	1	1		0.175	
6	1	1	1		0.328	
	1	1	2	3.054	0.411	0.047 < 0.1
	1	1/2	1		0.261	

对权重求平均值，见表 6 - 26。

表 6 - 26 经济状态指标比较后得出的权重

S_2	1	2	3	4	5	6	平均值
S_{201}	0.261	0.261	0.211	0.261	0.633	0.328	0.3258
S_{202}	0.411	0.411	0.241	0.411	0.192	0.411	0.3462
S_{203}	0.328	0.328	0.548	0.328	0.175	0.261	0.3280

表 6 – 27 为经济响应指标进评价结果。

表 6 – 27 经济响应指标进评价结果

专家序号	判断矩阵			λ_{max}	权重	CR
1	1	1/2	1		0.261	
	2	1	1	3.054	0.411	0.047 < 0.1
	1	1	1		0.328	
2	1	1	1		0.328	
	1	1	2	3.054	0.411	0.047 < 0.1
	1	1/2	1		0.261	
3	1	1	1/3		0.211	
	1	1	1/2	3.018	0.241	0.016 < 0.1
	3	2	1		0.548	
4	1	1/2	1		0.261	
	2	1	1	3.054	0.411	0.047 < 0.1
	1	1	1		0.328	
5	1	5	3		0.648	
	1/5	1	1/2	3.004	0.122	0.003 < 0.1
	1/3	2	1		0.230	
6	1	1	1		0.328	
	1	1	2	3.054	0.411	0.047 < 0.1
	1	1/2	1		0.261	

对权重求平均值，见表 6 – 28。

表 6 – 28 经济响应指标比较后得出的权重

R_2	1	2	3	4	5	6	平均值
R_{201}	0.261	0.328	0.211	0.261	0.648	0.328	0.3395
R_{202}	0.411	0.411	0.241	0.411	0.122	0.411	0.3345
R_{203}	0.328	0.261	0.548	0.328	0.230	0.261	0.3260

表6-29为社会压力指标进评价结果。

表6-29   **社会压力指标进评价结果**

专家序号	判断矩阵			λ_{max}	权重	CR
1	1	3	4		0.633	
	1/3	1	1	3.009	0.192	0.008 < 0.1
	1/4	1	1		0.175	
2	1	1	1/3		0.211	
	1	1	1/2	3.018	0.241	0.016 < 0.1
	3	2	1		0.548	
3	1	1	1/3		0.211	
	1	1	1/2	3.018	0.241	0.016 < 0.1
	3	2	1		0.548	
4	1	1	1		0.261	
	1	1	2	3.054	0.411	0.047 < 0.1
	1	1/2	1		0.328	
5	1	3	4		0.633	
	1/3	1	1	3.009	0.192	0.008 < 0.1
	1/4	1	1		0.175	
6	1	1	1		0.328	
	1	1	2	3.054	0.411	0.047 < 0.1
	1	1/2	1		0.261	

对权重求平均值，见表6-30。

表6-30   **社会压力指标比较后得出的权重**

P_3	1	2	3	4	5	6	平均值
P_{301}	0.633	0.211	0.211	0.261	0.633	0.328	0.3795
P_{302}	0.192	0.241	0.241	0.411	0.192	0.411	0.2813
P_{303}	0.175	0.548	0.548	0.328	0.175	0.261	0.3392

表 6 - 31 为社会状态指标进评价结果。

表 6 - 31 社会状态指标进评价结果

专家序号	判断矩阵			λ_{max}	权重	*CR*
1	1	1	1/3	3.018	0.211	0.016 < 0.1
	1	1	1/2		0.241	
	3	2	1		0.548	
2	1	3	1/2	3.060	0.157	0.052 < 0.1
	3	1	3		0.594	
	2	1/3	1		0.249	
3	1	3	4	3.109	0.620	0.094 < 0.1
	1/3	1	1/2		0.156	
	1/4	2	1		0.224	
4	1	3	4	3.009	0.633	0.008 < 0.1
	1/3	1	1/2		0.192	
	1/4	2	1		0.175	
5	1	1	1/3	3.018	0.211	0.016 < 0.1
	1	1	1/2		0.241	
	3	2	1		0.548	
6	1	1/2	1	3.054	0.261	0.047 < 0.1
	2	1	1		0.411	
	1	1	1		0.328	

对权重求平均值，见表 6 - 32。

表 6 - 32 社会状态指标比较后得出的权重

S_3	1	2	3	4	5	6	平均值
S_{301}	0.211	0.157	0.620	0.633	0.211	0.261	0.3488
S_{302}	0.241	0.594	0.156	0.192	0.241	0.411	0.3058
S_{303}	0.548	0.249	0.224	0.175	0.548	0.328	0.3453

表6-33为社会响应指标进评价结果。

表6-33　　　　　　　　　社会响应指标进评价结果

专家序号	判断矩阵			λ_{max}	权重	CR
1	1	1/2	1		0.261	
	2	1	1	3.054	0.411	0.047 < 0.1
	1	1	1		0.328	
2	1	1/2	1		0.261	
	2	1	1	3.054	0.411	0.047 < 0.1
	1	1	1		0.328	
3	1	1	1/3		0.211	
	1	1	1/2	3.018	0.241	0.016 < 0.1
	3	2	1		0.548	
4	1	1/2	1		0.261	
	2	1	1	3.054	0.411	0.047 < 0.1
	1	1	1		0.328	
5	1	3	4		0.633	
	1/3	1	1	3.009	0.192	0.008 < 0.1
	1/4	1	1		0.175	
6	1	1	1		0.328	
	1	1	2	3.054	0.411	0.047 < 0.1
	1	1/2	1		0.261	

对权重求平均值，见表6-34。

表6-34　　　　　　　社会响应指标比较后得出的权重

R_3	1	2	3	4	5	6	平均值
R_{301}	0.261	0.261	0.211	0.261	0.633	0.328	0.3258
R_{302}	0.411	0.411	0.241	0.411	0.192	0.411	0.3462
R_{303}	0.328	0.328	0.548	0.328	0.175	0.261	0.3280

（3）权重确定。

将层次单排序的数据加权得到层次总排序权重，构成川西北 CDM 草原碳汇项目环境影响评价指标体系权重表，见表 6－35。

表 6－35　　　　　　川西北 CDM 草原碳汇项目环境影响评价指标体系权重

目标层	准则层	指标层	单项指标	层次单排序	层次总排序
川西北 CDM 草原碳汇项目环境影响评价指标体系	生态指标 B_1 0.326	压力指标 P_1 0.380	P_{101} 草原可利用率	0.298	0.0369
			P_{102} 人均碳排放量	0.342	0.0424
			P_{103} 煤炭消耗占能源比重	0.360	0.0446
		状态指标 S_1 0.281	S_{101} 固碳能力	0.395	0.0362
			S_{102} 退耕还草率	0.323	0.0295
			S_{103} 空气质量	0.282	0.0259
		响应指标 R_1 0.339	R_{101} 碳逆转风险管理	0.349	0.0386
			R_{102} 清洁能源结构优化	0.306	0.0338
			R_{103} 草原三化治理率	0.345	0.0382
	经济指标 B_2 0.346	压力指标 P_2 0.388	P_{201} 碳交易收入	0.351	0.0472
			P_{202} 畜牧业比重	0.349	0.0469
			P_{203} GDP 碳排放量	0.300	0.0402
		状态指标 S_2 0.310	S_{201} 农牧民年人均纯收入	0.326	0.0349
			S_{202} 项目技术转移	0.346	0.0371
			S_{203} GDP 增长	0.328	0.0352
		响应指标 R_2 0.303	R_{201} 地区经济影响	0.326	0.0342
			R_{202} 退耕还草资金	0.335	0.0351
			R_{203} 碳排放技术 R&D 经费支出	0.340	0.0356
	社会指标 B_3 0.328	压力指标 P_3 0.329	P_{301} 草业科技贡献率	0.339	0.0366
			P_{302} 牧区劳动力转移	0.281	0.0304
			P_{303} 草原保护意识	0.380	0.0410

续表

目标层	准则层	指标层	单项指标	层次单排序	层次总排序
川西北CDM草原碳汇项目环境影响评价指标体系	社会指标 B_3 0.328	状态指标 S_3 0.318	S_{301} 牧民参与程度系数	0.349	0.0364
			S_{302} 牧民恩格尔	0.306	0.0319
			S_{303} 就业变化率	0.345	0.0360
		响应指标 R_3 0.354	R_{301} 相关政策法规执行力度	0.326	0.0378
			R_{302} 草原碳汇普及度	0.328	0.0381
			R_{303} 生态补偿	0.346	0.0402

4. 综合评价

综合评价采用的是模糊综合评价法。模糊综合评价法就是利用模糊数学对多因素，多层次的问题做出综合评价。具体来说，以模糊数学为基础，运用模糊关系合成理论，将模糊不清的因素量化，根据隶属关系用数字表示，进行综合评价。模糊综合评价法适用于无法精确描述且难以定量化的复杂问题。

模糊综合评级法具体过程为：第一，构建影响评价对象的因素集合，称为因素集。第二，构建评价对象的评价结果集合，称为评语集。第三运用模糊数学，确定各因素权重和隶属度，并得到隶属矩阵。第四，经过数学计算得出最终的模糊综合评价结果。

（1）构建因素集。

因素集就是对评价对象产生影响的所有元素的集合，可用 U 表示，因素集的集合表示方法就是 $U = [u_1, u_2, \cdots, u_n]$，表示有 n 项影响因子；对于本章的研究可以认为因素集就是对川西北 CDM 草原碳汇项目环境影响评价的 27 项单项指标组成的影响因子的集合。即 $U = [$ 草原可利用率，人均碳排放量，$\cdots$，生态补偿$]$。

（2）构建评语集。

评语集是由评价对象的主观评价结果的对应因素组成的集合，评语

集 $V = [v_1, v_2, \cdots, v_m]$，表示的是对同一影响因素的 m 种等级不同的评语。本章中的评语集是 1~5 级的模糊判别方法，即 $V = [$极小，较小，一般，较大，极大$]$。

通过发放调查问卷得到川西北 CDM 草原碳汇项目环境影响评语集。问卷发放对象为川西北 CDM 草原碳汇项目涉及的人，发放 240 份，回收 232 份，有效问卷 228 份。

对问卷的信度进行检验，见表 6－36。

表 6－36　　　　　　　　　　　信度系数

α 信度系数	生态指标	经济指标	社会指标
	0.816	0.853	0.829

信度分析结果：如表 6－36 所示，每个层次的信度系数都大于 0.8，总量的信度系数 $\alpha = 0.810$，表明其内在信度很好。

（3）确定权重和隶属度。

单层权重值：

$$WA = [0.326, 0.346, 0.328]$$

$$WB_1 = [0.380, 0.281, 0.339]$$

$$WB_2 = [0.388, 0.310, 0.303]$$

$$WB_3 = [0.329, 0.318, 0.354]$$

$$WP_1 = [0.298, 0.342, 0.360]$$

$$WS_1 = [0.323, 0.395, 0.282]$$

$$WR_1 = [0.349, 0.306, 0.345]$$

$$WP_2 = [0.351, 0.349, 0.300]$$

$$WS_2 = [0.326, 0.346, 0.328]$$

$$WR_2 = [0.340, 0.335, 0.326]$$

$$WP_3 = [0.380, 0.281, 0.339]$$

$$WS_3 = [0.349, 0.306, 0.345]$$

$$WR_3 = [0.326, 0.346, 0.328]$$

见式（6-3）

$$r_{ij} = \frac{v_{ij}}{\sum\limits_{j=1}^{5} v_{ij}} \qquad (6-3)$$

式中 r_{ij}——指标 u_i 对第 j 级别的评语的隶属度。

见式（6-4）

$$R = \begin{bmatrix} r_{11} & r_{12} & \cdots & r_{15} \\ r_{21} & r_{22} & \cdots & r_{25} \\ \cdots & \cdots & \cdots & \cdots \\ r_{n1} & r_{n2} & \cdots & r_{n5} \end{bmatrix} \qquad (6-4)$$

R——所有评价指标的隶属矩阵

$$RP_1 = \begin{bmatrix} 0.009 & 0.063 & 0.395 & 0.376 & 0.157 \\ 0.000 & 0.143 & 0.370 & 0.325 & 0.162 \\ 0.014 & 0.000 & 0.347 & 0.277 & 0.361 \end{bmatrix}$$

$$RS_1 = \begin{bmatrix} 0.000 & 0.084 & 0.332 & 0.299 & 0.284 \\ 0.041 & 0.070 & 0.238 & 0.317 & 0.333 \\ 0.012 & 0.112 & 0.280 & 0.299 & 0.296 \end{bmatrix}$$

$$RR_1 = \begin{bmatrix} 0.000 & 0.078 & 0.350 & 0.287 & 0.284 \\ 0.042 & 0.146 & 0.281 & 0.306 & 0.266 \\ 0.011 & 0.034 & 0.274 & 0.309 & 0.371 \end{bmatrix}$$

$$RP_2 = \begin{bmatrix} 0.024 & 0.115 & 0.436 & 0.189 & 0.236 \\ 0.028 & 0.093 & 0.224 & 0.312 & 0.343 \\ 0.016 & 0.146 & 0.219 & 0.317 & 0.302 \end{bmatrix}$$

$$RS_2 = \begin{bmatrix} 0.000 & 0.104 & 0.350 & 0.270 & 0.276 \\ 0.022 & 0.049 & 0.351 & 0.271 & 0.308 \\ 0.009 & 0.085 & 0.309 & 0.279 & 0.318 \end{bmatrix}$$

$$RR_2 = \begin{bmatrix} 0.032 & 0.089 & 0.248 & 0.344 & 0.287 \\ 0.053 & 0.140 & 0.274 & 0.253 & 0.281 \\ 0.015 & 0.049 & 0.375 & 0.256 & 0.305 \end{bmatrix}$$

$$RP_3 = \begin{bmatrix} 0.015 & 0.085 & 0.236 & 0.363 & 0.302 \\ 0.006 & 0.093 & 0.383 & 0.237 & 0.280 \\ 0.009 & 0.092 & 0.336 & 0.232 & 0.330 \end{bmatrix}$$

$$RS_3 = \begin{bmatrix} 0.018 & 0.059 & 0.238 & 0.305 & 0.381 \\ 0.000 & 0.101 & 0.275 & 0.284 & 0.340 \\ 0.041 & 0.075 & 0.422 & 0.219 & 0.233 \end{bmatrix}$$

$$RR_3 = \begin{bmatrix} 0.000 & 0.119 & 0.368 & 0.277 & 0.236 \\ 0.000 & 0.064 & 0.295 & 0.324 & 0.318 \\ 0.000 & 0.117 & 0.437 & 0.285 & 0.162 \end{bmatrix}$$

（4）综合评价结果。

$$B = W \cdot R \qquad\qquad (6-5)$$

式中 W——权重向量；

　　R——隶属度矩阵；

　　B——模糊综合评价。

指标层评价结果：

$$BP_1 = WP_1 \cdot RP_1 = [0.027, 0.112, 0.330, 0.331, 0.201]$$

$$BS_1 = WS_1 \cdot RS_1 = [0.020, 0.088, 0.315, 0.329, 0.248]$$

$$BR_1 = WR_1 \cdot RR_1 = [0.017, 0.311, 0.008, 0.286, 0.302]$$

$$BP_2 = WP_2 \cdot RP_2 = [0.023, 0.117, 0.297, 0.270, 0.293]$$

$$BS_2 = WS_2 \cdot RS_2 = [0.010, 0.037, 0.301, 0.273, 0.079]$$

$$BR_2 = WR_2 \cdot RR_2 = [0.033, 0.092, 0.299, 0.285, 0.291]$$

$$BP_3 = WP_3 \cdot RP_3 = [0.011, 0.309, 0.090, 0.283, 0.308]$$

$$BS_3 = WS_3 \cdot RS_3 = [0.020, 0.077, 0.320, 0.269, 0.314]$$

$$BR_3 = WR_3 \cdot RR_3 = [0.000, 0.099, 0.365, 0.296, 0.240]$$

准则层评价结果：

$$BB_1 = [0.022，0.096，0.320，0.311，0.251]$$

$$BB_2 = [0.022，0.098，0.310，0.276，0.295]$$

$$BB_3 = [0.010，0.089，0.333，0.283，0.286]$$

目标层综合评价结果：

$$B = [0.018，0.094，0.321，0.290，0.278]$$

　　根据以上公式得到综合评价结果，$B = [0.018，0.094，0.321，$ $0.290，0.278]$，即川西北 CDM 草原碳汇项目的环境影响综合评价为"一般"，也就是说川西北 CDM 项目没有对当地环境产生较好的影响。

6.4.3　川西北 CDM 草原碳汇项目的问题分析

　　根据模糊综合评价可知，导致项目综合评价结果为"一般"的原因是，准则层中生态指标（B_1）、经济指标（B_2）和社会指标（B_3）的评价结果均为"一般"。导致生态指标评价结果"一般"的原因是，生态响应指标（RR_1）评价结果为"差"；导致经济指标评价结果"一般"的原因是，经济压力指标（RP_2），状态指标（RS_2）和响应指标（RR_2）评价结果均为"一般"；导致社会指标评价结果"一般"的原因是，社会压力指标（RP_3）评价结果为"差"，状态指标（RS_3）和响应指标（RR_3）评价结果为"一般"。导致生态响应指标评价结果为"差"的原因是，"固碳能力"的评语集为"一般"，且权重（0.0362）较大。导致经济压力指标评价结果"一般"的原因是，"碳交易收入"和"农牧民人均碳汇收入"评语集均为"一般"，但是"碳交易收入"权重（0.0472）较大，对评价结果影响更大；导致经济状态指标评价结果"差"的原因是，"项目技术转移"的评语集为"一般"，且权重（0.0371）较大；导致经济响应指标评价结果"一般"的原因是，"碳排放技术 R&D 经费支出"的评语集为"一般"，且权重（0.0356）较大。导致社会压力指标"差"的原因是，"草原保护意识"和"牧区劳动力转移"评语集均为"一般"，但是"草原保护意识"权重（0.0410）较大，对评价结果影响更大；导致社会状态指标"一般"的原因是，"牧民参与程度"的评语集为"一般"，且权重（0.0364）较大；导致社会响应指标"一般"的原因是，"生态补偿"和"相关政策执行程度"评语集均为"一般"，但是"生态补偿"权重（0.0402）较大，对评价结果影响更大。

最终确定 7 项指标为导致项目没有对当地环境产生较好的影响的原因。这 7 项指标是"固碳能力""碳交易收入""项目技术转移""碳排放技术 R&D 经费支出""草原保护意识""牧民参与程度""生态补偿"。

6.4.4 川西北 CDM 草原碳汇项目的政策建议

川西北 CDM 草原碳汇项目的目标一方面是带动当地经济发展，提高农牧民生活水平；另一方面相对于经济效益更重要的是生态效益，改善当地草原质量，对环境的保护起到积极作用。经过前面分析，项目的综合评价结果一般，没有达到预期目标。项目在实施过程中存在一些亟待解决的问题。对 7 项指标提出针对性政策建议，旨在提高这些指标的重要性程度，使项目对环境的综合影响得到改善，促进项目发展。

1. 优化固碳能力

草原固碳潜力非常大，必须充分利用草原本身固有的固碳能力。选取适宜川西北地理条件且固碳潜力强的草种。在现有草原管理方式基础上，优化固碳技术，实现固碳技术的突破。通过技术革新增加项目区内草原面积，提高草原质量。川西北地区鼠虫害严重，在这方面可以借鉴青海和西藏。青海和西藏在鼠虫害治理上很有成效。鼠虫害治理有助于提高土壤中有机碳的含量，从而提高草原固碳能力。在项目区内建立完善的草原生态监测系统，根据对草原生长情况、草质、面积、灾情等方面的实时监控，研究草原生态变化以及草原沙化、退化、石漠化和盐渍化的变化规律。

2. 增加经费支出，研发核心技术

（1）提高自主创新能力。

当地政府应加大对川西北 CDM 草原碳汇项目项目的经费支出，用于建设川西北 CDM 草原碳汇项目研究机构，集中政府部门、研究机构、高校等各方面的力量。加大政府支出中科研经费支出比例，提高对高校和科研机构相关课题研究的投入。建立川西北 CDM 草原碳汇项目研究发展基金，用于川西北 CDM 草原碳汇项目的专门研究。政府应制定相关优惠政策，对川西北 CDM 草原碳汇项目给予资金和税收政策扶持，加大对川西北 CDM 草原碳汇项目的保护力度。

（2）搭建信息技术交互平台。

川西北 CDM 草原碳汇项目交易会促成技术转移，但由于项目周期长，导致技术转移慢，更重要的原因是，缺乏涵盖项目完善信息的技术交流平台。我们目前还没有这样的信息技术交流平台。在交易所和项目官方机构中，仅能查到项目基本信息，例如名称、类型、目标、年排碳量和进程等，技术及技术研发者无从查起。这就阻碍了川西北 CDM 草原碳汇项目学习借鉴经验的道路。尽快建立完善项目信息技术交流平台，具体来说，应积极建立川西北地区以及国家层面的资源网和信息网，环境技术专家系统、环境技术信息系统及环境技术管理信息系统，及时登录、发布和更新各种环境技术管理信息、环境技术管理政策、文件和动态，为环保技术的研发和引进服务。

3. 完善生态补偿

（1）增加资金来源。

政府对川西北 CDM 草原碳汇项目的生态补偿应起到引导作用，减免税收和提供一些优惠政策，来激发牧民的参与热情。但由于项目各项支出高，全部依靠政府直接补偿，效率低成本高，对政府来说压力太大。市场机制能有效弥补政府不足，政府应充分利用市场补偿效率高、成本低、范围广的特点，积极寻找项目买家，使川西北 CDM 草原碳汇项目顺利进行。除了政府补偿和市场补偿外，设立专项基金，捐款捐助等社会补偿措施作为补充，增加不同生态补偿渠道。

（2）制定合理生态补偿标准。

川西北 CDM 草原碳汇项目的生态补偿标准可以参考 CDM 其他项目标准，但更重要的是要根据项目区实际情况，并结合碳市场交易价格波动制定补偿标准。标准过低，企业和牧民都无法获取经济效益，项目的生态效益也无法实现；标准过高，生态补偿成本压力大，打消牧民参与积极性，阻碍川西北 CDM 草原碳汇项目实施进程，同样无法使项目达到其经济效益和生态效益。所以制定合理的生态补偿标准是项目顺利进行的重要保障。

（3）加强生态补偿管理。

健全和完善生态补偿组织管理机制，包括 CDM 草原碳汇项目生态补偿的评估机构，组织管理机构，资金管理机构，监督机构及其各自的职能分工，以法律制度明晰各专门机构的权、责、利，并协调相关政府部门的利益关系。应当建立 CDM 草原碳汇项目生态补偿资金使用情况的监督与管理制度，对资金的管理、运作以及对违规使用补偿资金的行为的责任追究均实现制度化、规范化。调节当地政府和牧民的关系，将牧民作为生态补偿监督机构的一部分，政府能及时有效的倾听牧民意见，牧民能及时地把自己的想法和对政府及政策执行的意见和建议及时反馈给相关部门。

4. 规范碳交易价格，增加牧民碳汇收入

（1）合理的政府限价。

CDM 草原碳汇项目作为买方市场，对于卖方来说存在着较大的风险，没有定价权，导致 CERs 的出售价格远远低于国际通行价格，会导致很大的经济损失。为了保证川西北 CDM 草原碳汇项目生存与获利，政府应该进行一定的干预，通过结合历史市场数据，设定一个合理的限价制度。该制度应该规定一个可以根据 CDM 草原碳汇项目市场环境进行调整的最低价和最高价，当碳排放权交易价格在最低价和最高价之间波动时，政府不进行干预。当市场上的交易价格低于最低价或高于最高价时，政府则通过税收、补贴等方式来进行干预。通过该制度不仅可以防止川西北 CDM 草原碳汇项目以过低的价格卖出排放权导致恶性的价格竞争，而且可以很好地防止国外买方对川西北 CDM 草原碳汇项目产生的 CERs 过低地打压价格导致的损失。

（2）扩大融资渠道。

川西北 CDM 草原碳汇项目持续周期长，运营成本过高，融资渠道有限，这时候应该从国内挖掘新的融资渠道。政府直接投资集中性强、实力雄厚、规模大并且具有无偿性，而 CDM 草原碳汇项目投资大见效慢，结合财政投资，比如发行国债，以政府身份出面，可以专门针对川西北 CDM 草原碳汇项目发行一种特殊国债，发行对象包括牧民，给予牧民一定优惠措施，这样也既提高了牧民的参与程度，又能增加牧民的碳汇收入。政府应该鼓励银行为开展 CDM 草原碳汇项目的企业提供各种类型的贷款，使企业获得资金上的支持，顺利发展川西北 CDM 草原碳汇项目并利用获得的减排收益偿还贷款。另外要充分利用 CDM 草原碳汇项目基金，采用灵活机制，逐步扩大投资渠道。

5. 强化草原保护意识，增强牧民参与程度

当地政府政策执行力水平低，会导致项目区周边牧民草原保护意识差，同时阻碍川西北 CDM 草原碳汇项目的发展。在政府组织内构建绩效评估机制，将川西北 CDM 草原碳汇项目相关政策执行效果与工作成绩相挂钩，结合奖惩制度，提高相关政策执行者的积极主动性，提高工作效率。贴近实际，使他们可以更好地理解政策的执行。只有政策信息及时准确的沟通传达，政策才能够得到支持，才能切实得到真正落实，为川西北 CDM 草原碳汇项目的发展提供政策支持。

进一步大力宣传《中华人民共和国草原法》，加强草原保护建设和合理利用的宣传教育，提高草原保护关注度。正确处理好经济发展和草原保护的关系，始终坚持生态效益和经济效益并重、保护优先、利用有序的原则。项目相关部门要高度重视针对周边牧民关于草原保护的沟通、宣传，可以通过不定期的牧区活动，对草原保护的知识教授给大家，让他们了解草原保护的重要性。只有他们具有较强的草原保护意识，才能更好地参与到项目中，增强参与程度，扩大项目参与群体，更有利于项目的顺利进行[129]。

第 7 章

草原碳汇市场

7.1 草原碳汇市场的现状分析

7.1.1 草原碳汇市场的发展现状

1. 国际碳汇市场的发展现状

近年来，全球范围内不同地区不同程度地承受着由于气候变暖引发的极端天气和自然灾害，造成这一状况的原因是工业革命以来，人们一直在追求经济效益最大化，大气中含有二氧化碳的温室气体急剧增加。为减少二氧化碳浓度，减缓全球变暖的趋势，人们试图通过建立碳交易体系改变这一状况。虽然碳交易过程的碳核准、碳定价等技术要求高、风险大，但是基于稀缺性及可持续发展理论，相比其他减排方式，碳减排更具有优势，更高效，更经济，尤其其中的碳汇交易项目在能获得生态效益的同时还能得到可观的经济效益，这种双赢的减排方式是其他方式无法替代的。

1992 年《联合国气候变化框架公约》的签订标志着碳交易正式开始。1997 年 12 月在日本再次就气候问题举行大会，大会协定了著名条约《京都议定书》。在《京都议定书》的约束下各缔约国开展了以 CO_2 排放权为商品的交易。碳交易以成本低的优势得到了众多国家的青睐。目前，已有 40 个国家和 20 多个地区实行了碳交易体系，占据了约 37 亿吨 CO_2 的排放，约占全球年排放量的 11%。全球已启动碳市场的国家、区域以及交易试点，包括美国，加拿大魁北克，日本的东京、京都和埼玉县，以及欧盟、瑞士、新西兰、韩国和哈萨克斯坦等，共有 17 个相对独立的市场[130]。其中最具代表性的是美国的芝加哥气候交易所（Chicago Climate Exchange，CCX）和欧盟排放交易体系（European Union Emission Trading Scheme，EU - ETS）。

2003 年，美国芝加哥气候交易所成立。虽然最初是由企业发起，但它却是一个可靠的、具有法律约束力的交易平台。芝加哥气候交易所的会员覆盖了航空、汽车、电力、环境、交通等十大行业，其中除了数个世界 500 强企业外，还含有多个地域的政府部门。2003 ~ 2006 年，这个区间的减排项目主要在美国、加拿大和墨西哥实施，2006 年之后，扩大到全球范围。芝加哥气候交易所对碳汇项目的实施做过具体要求：碳库必须要经过独立的第三方机构认可、碳汇的计量方法必须要经过多方认可、资源的经营方式必须是可持续经营等。芝加哥气候交易所开创了聚集模型，将小规模碳汇项目捆绑在一起形成大规模项目，减少成本，降低门槛有效扩大了碳汇供给方的范围。

2005 年，欧盟为了实现《京都议定书》确立的二氧化碳减排目标，建立了碳交易体系。欧盟排放交易体系是全球首个多国参与的排放交易体系，是规模最大最活跃的碳排放权交易市场。它将《京都议定书》下的减排目标分配给各成员国，各成员国根据各自的剩余或超出配额的情况，彼此之间进行碳交易。欧盟有 27 个成员国，近 1.2 万个工业温室气体排放实体，还拥有众多的交易中心，如巴黎 BlueNext 碳交易市场、欧洲气候交易所（ECX）等[131]。目前，欧洲市场达成的碳排放权交易量占全球总量的 3/4 以上。欧盟承诺，到达 2020 年温室气体排放水平将比 1990 年降低 20%[132]。

整个碳市场中，碳汇项目交易占有重要地位，但由于所要求的技术环节较复杂和交易成本较高，规模都很有限，以致碳汇项目在国际碳市场中仅仅占比约 10%。

2. 国内碳汇市场的发展现状

2006 年底，中国取代了美国，成了世界最大的温室气体排放国家，且排放量仍然一路直上。为了减轻中国政府在减排方面受到国际社会的压力，为了能让中国在国际社会上树立一个负责任的大国形象，中国政府出台了一系列有关节能减排的文件，并试图通过碳交易实现经济增长方式的转变。其实早在 1997 年，中国就作为缔约方签署了《京都议定书》，虽然按照《京都议定书》的规定，中国并不属于附件 I 国家，并不承担降低碳排放义务，但中国作为负责任的发展中国家，作为经济发展迅猛的发展中国家，一直在积极主动地配合全球性的节能减排行动。随着《京都议定书》的 CDM 项目逐渐进入中国，碳交易也慢慢被国人了解。

2008 年 7 月 16 日，国家发改委决定创立碳交易所。一个月后，北京环境交易所和上海环境能源交易所先后成立。为尽快建立更完善更成熟的碳交易市场，2011 年开始，中国陆续在北京市、天津市、上海市、重庆市、湖北省、广东省、深圳市七个省市启动了碳交易试点，这七个试点分布较为分散，由于地区差别较大，各自在经济、管理等方面的规划都有不同，针对自己的地域特点有一套自己的发展模式。中国碳汇市场相比其他发达国家碳汇市场起步较晚，中国碳汇市场尚处于构建的初始阶段，但近几年中国与许多发达国家都开展了以项目为基础的碳汇交易。迄今为止，已有二十多个碳汇交易项目在中国申请注册成功[133]。碳汇项目业已列入发展战略之中。意大利、日本等多个国家与中国签订了发展碳汇项目的协议，在内蒙古、广西、四川、云南、辽宁、山西等地建立了多个项目试点。内蒙古敖汉旗防治荒漠化青年造林项目，是根据《京都议定书》条约下的在中国的第一个碳汇造林项目。

3. 《巴黎协定》下中国的草原碳汇市场发展现状

2015 年，国家主席习近平同美国总统奥巴马共同发表了《中美元首气候变化联合声明》，中国宣布了 2017 年启动全国统一碳排放交易体系。《巴黎协定》指出各缔约国应继续为实现碳减排努力，并对各国的减排目标作出了具体要求。中国也为建设碳市场以及草原碳汇市场作了相应的规划。然而，2017 年 6 月美国新任总统特朗普突然宣布美国退出《巴黎协定》，理由是他认为美国投资帮助发展中国家减少碳排放是不公平的，事实上从理论上讲，美国的这个观点就是错误的，他完全忽略了碳汇的公共物品属性。针对这一决定，中国作出声明将继续履约，将继续大力推进生态文明建设，为实施碳汇项目提供充分准备，努力实现减排计划，建设全球最大的碳交易体系。

2017 年，全国大力推广碳交易，统一规模的碳交易市场逐步启动，中国碳交易体系将取代欧盟碳交易体系，成为全球最大的碳市场。然而由于种种原因，原定在 2017 年底之前启动的全国碳排放权交易市场并没有最初预期的那么大规模，启动思路作出了略微调整。再加上重点行业碳排放数据收集、有效碳交易金融工具的设计以及加强监管制度等工作落实起来面临诸多挑战，实际建设进度有所延迟。但成立之后已初见成效，甚至相关专家还建议将碳市场和"一带一路"联系起来，先帮助"一带一路"沿线国家成立碳市场，再逐步将这些碳市场链接起来，以市场手段促进绿化建设。当然最重要的是把握好当前形势，循序渐进，坚持不懈地在碳排放交易体系运行方面探索自身模式，建设一个制度完善、交易活跃、监管严格、公开透明的全国碳排放权交易市场，实现稳定、健康、可持续发展。

随着全国碳市场的逐步建设和频繁举行的为降低二氧化碳浓度、延缓气候变暖的一系列国际谈判，碳汇交易的相关规则和制度也在逐步完善。草原碳汇市场虽然尚未形成，尚处于项目交易阶段，但中国政府在碳汇交易发展的同时，总结国内外其他自然资源碳汇市场建设的经验，对建设草原碳汇市场提供了实质性的准备。继续实施退牧还草，恢复草原植被，提高草原覆盖度，以确保草原碳汇市场的供给量。国债资金向中西部倾斜，以提高草原碳汇供给者市场竞争力。

7.1.2　草原碳汇市场发展存在的问题

碳汇经济作为一种新兴的低碳经济，以其独特的优势在国际社会治理气候变暖问题上站稳了脚。在国内，碳汇市场也逐渐被人熟知。草原碳汇市场的发展虽然比较晚，但中国的草原资源十分丰富，以此为基础的草原碳汇市场呈现出了更好的发展前景。尽管如此，结合国际草原碳汇市场以及国内其他生态资源碳汇市场的发展经验，对中国草原碳汇市场的主要要素进行分析，在供求、竞争、价格、融资、保障、风险等方面均存在着不同程度的问题，而主要分布在以下四个方面：

1. 草原碳汇市场的供需问题

草原碳汇市场的供给者主要包括拥有和经营草地资源的个人、企业和其他组织。由于中国草原资源分布广阔，各区域有各自的特点，从而导致了政府和社会组织提供的技术支持、资金支持不均衡，信息不对等。由于草原资源多分布在边远地区，导致了从事经营草原资源的个人和企业缺少信息沟通，大多不具备碳汇相关知识，从而限制了他们进入草原碳汇市场的积极性。草原碳汇项目的周期长、非持续性造成了其风险高的特点，而供给者抗风险的能力弱，针对这一情况，政府对供给者的资金支持不足，相应的生态补偿机制不完善。尽管退耕还草、禁牧轮牧对保护草原碳汇资源有一定成果，但草原面积仍在逐年下降。草原退化问题严重，使得草原生态系统出现健康问题，从而导致固碳能力下降。多数供给者缺乏环保意识，政府相关部门对气候变暖的严重性和碳汇知识的宣传不到位，以致追求利润最大化的供给者缺乏市场竞争力，不敢参与草原碳汇市场。

草原碳汇市场的需求者主要包括《京都议定书》附件 I 中的发达国

家以及国内有碳排放指标的企业和组织。需求者之所以会选择草原碳汇，就是因为草原碳汇比其他生态碳汇或减排方式更具有优越性。而针对此优越性，政府缺少对相关企业和个人关于草原碳汇市场的宣传。许多企业缺乏对草原碳汇市场的认知和认同，对其准入门槛预估过高，为提高国内参与者的市场竞争力，增强环保意识，应适当进行关于提高国内实施草原碳汇项目能力的培训和讲座活动。对于国际碳汇市场的需求，由于国际减排的标准不同、各国减排政策的善变容易导致碳汇市场需求的不确定性。

2. 草原碳汇市场的定价问题

碳汇的定价问题是国际社会上一直探讨的问题，相对于其他商品来说，碳汇的成本和价值无法用普通的技术手段或方式来衡量，政府应投入更多资金购买先进设备和引进、培养高素质人才。同时，国家并没有设立专门的机构负责管理和开发草原碳汇市场，也没有专门的机构对草原碳汇系统地展开价格交易机制和评价标准等方面的研究，还没有形成一套完整的体系。鉴于当今碳汇市场的买方垄断形势，需求者在碳汇市场中的话语权往往高于供给者，一般来说，供给者就是简单的价格接受者，这也是供给者进入碳汇市场的障碍。而国家并没有制定相应的法律法规。对于价格管理、规范市场行为也缺乏相应的政策措施。

草原碳汇市场的交易成本也是定价问题的影响因素之一，碳汇市场的交易流程复杂，包括搜索、审批、注册、核证等多个交易环节，这在一定程度上增加了注册成本、认证费用等交易成本。这种不健全的交易体系得不到流程的简化和高效率的操作，势必会影响草原碳汇市场的进一步发展。

3. 草原碳汇市场的融资问题

融资问题是影响碳汇市场能否正常运行的主要因素。政府财政资金投入不足，草原碳汇供给需求双方在交易初期都要面临资金短缺问题。由于草原碳汇没有得到国家政府的重视，导致了草原碳汇市场融资模式单一、银行等金融机构贴息力度不够、借贷方式不灵活。政府应该设计更多的优惠政策，建立专门的多模式的草原碳汇融资平台，以便参与主体的信息畅通、透明，也能够更直接地筹集更多资金，使之用于更有需求的企业、收益更大的项目上。

事实上，在建设草原碳汇市场之初，政府投入的财力就十分有限，再加上碳汇项目经营周期长，回报滞后，项目的参与方都要投入大规模资金，且无项目收益资金补充，如果再融资困难，就会阻止众多中小型企业介入草原碳汇市场。同时，缺少社会资金的进入，将不会形成资金的良性循环。

4. 草原碳汇市场的保障问题

保障是草原碳汇市场发展的基础，它贯穿于整个交易的始终。目前的草原碳汇市场缺少充分的关注，没有足够的宣传政策，交易双方都无法提高自身意识，以致缺少参与交易的热情。由于投入成本高，项目实施时间长，缺少相应的激励和保障制度，没有企业愿意进军草原碳汇市场。《草原法》只包含保护和建设草原的相关法律法规，并没有涉及草原碳汇市场的内容，所以在草原碳汇市场的相关法律政策方面也是一片空白。国家没有设立专门的机构负责管理和开发草原碳汇市场，也缺少专门的技术人员，草原碳汇的发展缺乏技术支撑。没有专门的机构对草原碳汇系统地展开价格交易机制和评价标准等方面的研究，还没有形成一套完整的体系。

融资过程中缺少对融资平台的有效监督，没有相应的优惠政策，得不到众多企业的认可。政府部门的生态补偿机制不完善，财政拨款力度不够，导致牧民缺少风险抵抗力，资金链易断。

7.2　森林碳汇市场的借鉴

7.2.1　中国森林碳汇市场发展现状分析

1. 发展阶段

由于中国在《京都议定书》中不属于附件一缔约方，暂时不承担减排义务，因此相比发达国家，中国碳交易市场起步比较晚。森林碳汇市场作为碳交易市场的重要组成部分，在中国的发展仅仅是刚刚起步，目前处于碳排放权试点阶段，而市场发展只有森林碳汇试点项目。2015 年12 月 5 日，解振华指出，中国建设碳排放权交易市场主要是通过学习欧盟的成功经验，而且中国将进一步与欧盟合作，为 2017 年的全面开启做准备。

（1）碳排放权试点阶段。

2011 年，国家发改委确定了 7 个省市作为碳排放权交易试点，它们分别是：北京市、天津市、上海市、重庆市、湖北省、广东省、深圳市，并将 2013～2015 年定为试点阶段。根据中国官方数据显示，试点成果显著。直至 2015 年 8 月底，中国碳排放权交易试点累计成交额约 12 亿元，交易地方配额约 4 024 万吨；累计拍卖成交额约 8 亿元，配额约 1 664 万吨。中国的碳交易市场规模将越来越大，进而位于全球首位。

（2）森林碳汇项目试点。

自 2001 年国家启动了碳汇项目以来，中国的森林碳汇交易项目就日益活跃起来，连续几年里成功实施了六个省市的林业碳汇试点项目。其中的广西壮族自治区和内蒙古自治区的碳汇项目属于"京都市场"项目，在内蒙古，由国家林业局与意大利环境和国土资源部签署的合作造林项目成为中国首个森林碳汇项目。在广西，世行项目首次独立与省级单位合作，按照《京都议定书》的碳汇项目，将建造 4 000 公顷防护林，用于碳吸收、测定和碳贸易。这在中国"非京都市场"占主体的碳汇项目市场格局中显得极其重要，因为这两个项目无论在经济效益还是社会效益，都是不容小觑的，对中国"京都市场"的发展也有着强大地推动作用。

2. 市场参与方

（1）政府。

尽管作为发展中国家，在《京都议定书》中中国并没有强制减排的义务，然而中国也是碳排放大国，也认识到环境危机将阻碍中国经济发展，为改善大气环境质量，为更好地协调经济发展与环境变化，中国自觉承担起低碳减排的任务。为此，中国政府也在各方面积极的支持。

在机构设置方面：中国政府设置了相应的机构部门来引导经济结构转变。对实施林业碳汇项目给予了充分的关注和支持。1990年，中国政府就成立了"国家气候变化协调小组"，参加并签署了《联合国气候变化框架公约》（UNFCCC）并于1993年由全国人大常委会批准了这一公约。国家林业局于2003年底成立了碳汇管理办公室，主要负责中国林业碳汇项目的管理工作，具体包括全国林业碳汇项目的统计和分析，指导和协调全国林业碳汇项目的实施工作，以及制定项目规则、管理办法等。2005年底，中国碳汇网正式建成，这为社会大众提供了一个碳汇信息平台，能够使公众更便捷更详细地了解碳汇。

在法律制定方面：中国政府出台了一系列的政策和措施以促进碳汇交易的发展，2005年出台的《清洁发展机制项目运行管理办法》，详细规定了森林碳汇项目是清洁发展机制的重要项目，并具体规定了碳汇项目运行的基本程序。2006年颁布的《关于开展清洁发展机制下造林再造林碳汇项目的指导意见》则肯定了森林等林业资源在碳减限排、调节气候方面的重要作用。同时根据中国的具体国情，指出了森林碳汇项目应该首先搞清楚适合开展此项目的优先区域。2008年颁布的《关于加强林业应对气候变化及碳汇管理工作的通知》，对加强林业应对气候变化，特别是林业碳汇的相关管理工作作出了相关规定。

在宣传培训方面：相关部门积极开展各类宣传气候变化和碳汇知识、提高国内实施造林再造林碳汇项目能力的培训和讲座活动，对普及气候变化和碳汇知识，增强大众对气候变暖问题和对森林在缓解气候变暖中作用的了解起了积极作用。

在技术研发方面：政府有关部门和一些科研机构，对中国森林生态系统碳的转化过程，碳储量和固碳能力等方面进行了初步阶段的测量，以推动中国森林碳汇计量监测体系的建立。同时也有地方政府同高校合作，创立林业碳汇人才工作室，培养专业人才，相关标准测定，开发林产品固碳项目。

（2）企业。

随着国内外碳汇交易市场的扩大，对碳汇的宣传不断加强，中国企业参与环保事业的热情逐渐升温，社会责任意识增强，购买碳汇的需求增加，面对国内严峻的减排任务和项目后期稳定的经济利益，中国众多知名企业纷纷将目光聚焦在碳汇交易上。但由于准入门槛高，参与的企业只有具有市场经验、资金相对雄厚的林业公司，而中小型企业只能望而却步。2010年，由中国石油天然气股份有限公司和嘉汉林业等企业倡议建立了中国绿色碳汇基金会，在此基础上，企业和民众可以通过实施林业生态建设，储备碳信用，进而展示企业公共责任形象。这不仅能激励企业自愿减排，塑造优异的企业形象，打造企业杰出品牌，有助于企业的长久发展，而且还能提高森林覆盖率，缓解气候变暖，改善生态环境。2009年北京房山青龙湖镇的碳汇项目是第一个企业捐资建立的碳汇项目，是由中石油通过中国绿色碳基金来支持的。碳汇基金会提供了14.8万吨碳汇，由阿里巴巴等多家企业当场全部认购。

（3）个人。

基于个人环保意识的增加，越来越多的人关注碳汇项目。2008年，北京八达岭林场，中国首批由个人投资实施的碳汇造林项目在这里展开，此项目将造林3 100亩（约206.67 hm²）。对于适合开展森林碳汇项目的地区，附近的农户也可以参与其中，他们可以依靠林地产权，通过将林地租赁或入股的形式与林业公司共同经营碳汇项目。尽管就目前的情况，个人不宜直接参与碳汇项目，因为碳汇项目前期成本巨大，而且风险高、耗时长，但从个人的积极参与来看，可以说明森林碳汇市场越来越成熟，广大民众都希望能从森林碳汇项目中实现社会效益和经济效益的双赢。

3. 森林碳汇市场发展对草原碳汇市场发展的借鉴与启示

随着生态建设的深入发展，碳汇市场发展迅速，中国森林碳汇市场的发展已初见端倪，多个地区已进军到森林碳汇市场中，为减缓和适应气候变化作出了积极贡献，对使中国碳汇市场大力向前推进具有极为深远的影响。总结其发展的成功经验，对尚未得到关注的草原碳汇市场的发展有着极其重要的借鉴意义[134]。

7.2.2 森林碳汇市场运行机制

市场都是有效率的，每个市场都包含供求、价格、风险、竞争、融资等多个要素，一个市场运行效率的高低就取决于这些要素之间的相互影响、相互制约以及相互联系、相互促进。当这些要素相互协调到最佳状态时，这个市场的运行效率最高。理论上，市场机制包括供求机制、价格机制、竞争机制等多种机制，而针对中国生态资源的特点和碳汇市场发展的实际情况，本书主要研究四个影响碳汇市场的关键要素，包括供求机制、价格机制、融资机制、保障机制。

1. 森林碳汇市场的供求机制

市场的供求关系是影响市场的主要因素，也是市场产生的关键条件。供给和需求是对立统一的，它们之间的关系是生产和消费之间关系在市场上的反映。如果在一定时期内，市场上生产出来的商品总额，小于人们在这段时间内对物质生活资料的需求，也就是需求大于供给，这时的市场叫作卖方市场，供给者更有优势，地位高于需求者。反之，如果在一定时期内，提供给人们的商品总额大于人们在这段时间内所需求的商品总额，即供给大于需求，这时的市场叫作买方市场，此时的需求者更有优势，更有主动权。针对国际社会上的森林碳汇市场现状，是需求者有主动权的买方市场。可见，尽管森林碳汇表现出稀缺性的"数量有限"的特征，然而需求者对于碳汇的需求更加有限。

中国森林碳汇市场的主要需求方是《京都议定书》附件Ⅰ中的发达国家及国内有强制碳减排任务的企业（见图7-1）。发达国家与中国合作实施碳汇项目是为了履行《京都议定书》设定的减排任务，抵消其碳配额。国内相关企业是为了完成国家分配给各区域各企业的减排任务，进行碳汇项目。根据中国碳汇市场发展的趋势，国内企业将成为中国碳汇市场的主要需求方。有的政府部门会为了引导碳汇市场的建立，鼓励林农的加入而购买一些碳汇，还有个别少数的需求者是具有环保意识的个人及为了提高自身品牌形象的自愿减排企业。由此可见，中国森林碳汇市场买方对碳汇的需求主要来自政府的规章和制度。中国政府出台了一系列的政策和措施以促进碳汇交易的发展，2005 年出台的《清洁发展机制项目运行管理办法》，详细规定了森林碳汇项目是清洁发展机制的重要项目，并具体规定了碳汇项目运行的基本程序。2008 年颁布的《关于加强林业应对气候变化及碳汇管理工作的通知》，对加强林业应对气候变化，特别是林业碳汇的相关管理工作作出了相关规定。对于制度规则的合理安排，特别是对碳配额如何发放的问题、如何提高森林碳汇服务的问题上中国政府作出了努力尝试。此外，影响森林碳汇需求的因素还有森林碳汇的价格和公民环保意识及企业社会责任感。中国相关部门积极开展各类宣传气候变化和碳汇知识、提高国内实施造林再造林碳汇项目能力的培训和讲座活动，对普及气候变化和碳汇知识，增强大众对气候变暖问题和对森林在缓解气候变暖中作用的了解起了积极作用。

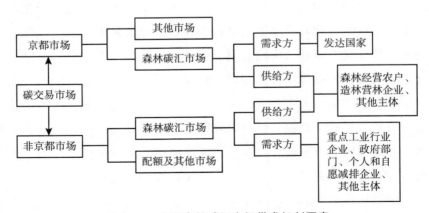

图 7－1　中国森林碳汇市场供求机制要素

中国森林碳汇市场的主要供给方是森林资源的拥有者或经营者（见图 7-1）。森林碳汇成为商品，作为森林资源的直接经营者林农面对这个新型的市场，缺乏碳汇的专业知识，导致林农在森林碳汇市场上缺少市场竞争力，限制了他们的参与[135]。中国政府坚守可持续发展的原则，推行植树造林和退耕还林等措施，加强和巩固森林生态系统的固碳能力。进一步完善生态补偿制度，提高林农参与森林碳汇市场的积极性。除此之外，林农还会面临来自森林资源方面的不可抗力，主要有：（1）项目经营周期长，获益慢。参与主体难以承担项目所需的大额资金或难以维系资金链的循环。（2）不可避免地面临自然灾害、虫灾、火灾等无法预测的风险，以致项目中断或修复难度大。面对这些困难，中国政府试图将社会中的保险机构和金融机构引入森林碳汇市场，并制定相应的激励政策，鼓励更多的社会组织加入进来，为供给者提供保障。

2. 森林碳汇市场的价格机制

价格机制是森林碳汇市场运行机制的核心，在森林碳汇市场运行中发挥极其重要的作用。商品的价格就是其价值的表现。一般来说，商品价格取决于商品价值，同时商品价格还决定了商品数量。国内外专家学者从这两个方面针对碳汇价格研究总结出多种森林碳汇价值估算方法，为碳汇定价提供有力依据，其中常见的被多数人认同的几种有：

（1）人工固定二氧化碳成本法。

这种方法就是用特殊的技术方法固定同等数量的二氧化碳，以此过程产生的费用为依据对碳汇的价值进行估算。固定二氧化碳过程由碳固定和碳蓄积两部分组成。近几年国外专家研究出一种碳捕获和碳封存（CCS）技术来进行固定二氧化碳成本的计算。具体操作就是将二氧化碳从排放源中分离出来，然后将其运送至某个地点，封存起来使其与大气隔绝[136]。现在有多种不同类型的二氧化碳捕获系统，在 1 000 公里以内用管道传送大量二氧化碳是最佳方案。2005 年，由政府间气候变化委员会第三工作组编辑的《关于 CO_2 捕获和封存的特别报告》对捕获和封存二氧化碳的成本作出了全方位估算。如表 7-1 所示，碳捕获就是

221

碳固定的过程，运输、封存、检测就是碳蓄积的过程。从表7－1中可知，碳固定的成本在每吨5～115美元之间，碳蓄积的成本在每吨0.6～30.3美元之间。因此，固定二氧化碳的成本为每吨5.6～145美元，为碳汇的准确定价提供了合理依据。

表7－1　　　　　　二氧化碳捕获和封存各构成部分的成本幅度

CCS 系统构成部分	成本幅度	备注
从燃煤电厂或燃气电厂进行捕获	15～75 $/t CO_2 净捕获量	与未采用捕获的同一电厂相比的净成本
从氢和氨生产或天然气加工中捕获	5～55 $/t CO_2 净捕获量	应用于进行简单烘干后压缩的高纯度源
从其他工业源捕获	25～115 $/t CO_2 净捕获量	变化幅度反映了不同技术和燃料的使用
运输	1～8 $/t CO_2 运输量	每250公里管道或船运成本
地质封存	0.5～8 $/t CO_2 注入量	
地质封存检测和检验	0.1～0.3 $/t CO_2 注入量	包含注入前、注入、注入后检测的成本
海洋封存	5～30 $/t CO_2 注入量	包括运输成本，未包括检测和检验成本
矿石碳化	50～100 $/t CO_2 净矿物化量	最佳个例的成本幅度

资料来源：IPCC，2005.

（2）碳税法。

碳税也叫环境税，是政府部门为减少温室气体的排放量，控制化石燃料的使用量，按二氧化碳排放量征收税费。碳税法就是以单位二氧化碳排放量的税费标准来计算碳汇的经济价值，通过借鉴碳税征收标准来估算森林碳汇的市场价格。目前，全球各国都在逐步实施碳税政策，但各国政府征收的碳税水平相差较大，较早实行碳税政策的瑞典的碳税征收标准为每吨二氧化碳150美元，而美国的碳税征收标准仅为每吨15美元。有专家提出采用瑞典的征收标准更为合理。当前中国尚未征收碳税，有专家建议如果施行碳税，先采用低税率的碳税，之后随着中国经济的发展，再逐渐提高税率水平，瑞典每吨150美元的标准不符合中国国情。

（3）损失估算法。

估算碳汇的经济价值的目的是解决碳汇的定价问题，而使用碳汇的目的是延缓温室效应。损失估算法的原理正是利用温室效应造成的损失对碳汇的经济价值进行估算。大气中二氧化碳含量的增加导致地球表面温室效应的加剧，这将对人类的生存和发展造成诸多方面的负面影响：极端气候、海平面升高、病虫害增加、南北极冰川融化等，对人类身体的健康以及社会各方面都造成了直接或间接的损失，以这些损失来估算碳汇的经济价值，这种方法就是损失估算法。当然也有不足之处，计算损失的难度大统计困难，但也不失为一个衡量碳汇价值的依据。

（4）支付意愿法。

支付意愿也叫价格意愿，是指买方为了获得一定数目的商品或服务所自愿付出的最大金额。结果通常通过调查而得。如果将其应用到对森林碳汇市场的碳汇价格估算中，就是先假设出一个完整的森林碳汇市场，然后站在需求者的立场上，在若干个假设前提下，对需求者进行调查、问卷、投票等多种方式数据搜集，之后加以统计分析来得到需求者对于购买碳汇享用森林碳汇服务的支付意愿，以此为依据来估算森林碳汇市场的碳汇价格。支付意愿法的优点是结合了市场的供求关系，缺点是个人的主观评价成分过多，而且对被调查者有一定要求，对其碳汇的认知程度和对环境保护的意识水平都有一定要求，尤其是被调查者在当前经济发展阶段的消费购买力水平对森林碳汇价格的估算有相当大的影响。

（5）机会成本法。

林地利用的机会成本。估算利用林地进行其他活动的最高获益。将其应用到森林碳汇中来，即是林农将本来用于种植粮食或生产木材的土地为了参与森林碳汇市场而改变了使用用途所放弃的收益。如果要推动供给者加入森林碳汇市场，碳汇价格应该高于林地机会成本。同时，森林碳汇的最高价格不应高于碳市场碳价格。

除此之外，还有变化的碳税法、影子定价法、期权价格法等，目前森林碳汇市场运行机制尚未成熟，人们对森林碳汇价格的这些估算方法都存在或多或少的缺陷，尚没有得到一种能准确计算出来的科学方法，然而由于控制气候变暖的紧迫性，加快建设碳汇市场十分的必要。国内外学者都在想方设法地结合碳汇市场特征，全面地综合考虑，研究出一种完全符合实际的能准确反映碳汇价值的价格估算方法，完善价格机制。

3. 森林碳汇市场的融资机制

碳汇是一种公共物品，必然会面临资金短缺的问题。在森林碳汇交易过程中，交易双方面临着巨额的资金压力，特别是在交易初期，项目搜索和项目规划等需要投入大规模资金。在项目经营中，首先，由于经营周期长、收益慢，资金无法得到补充，无法实现资金的有效循环，进而导致资金链断裂。其次，碳汇交易操作过程复杂，存在着大量的交易成本，而这些交易成本往往由供给者承担。因此，建立科学合理的森林碳汇市场融资机制十分必要。

融资的形式主要两种：直接融资和间接融资。森林碳汇融资通常选择间接融资。

当前国际上碳汇项目的主要融资方式有：远期购买方式、CERs 购买协议或合同、订金—CERs 购买协议、国际基金投资和期货五种主要方式。中国政府为保障森林碳汇项目的顺利进行，借鉴国外经验，结合本国固有特色，开展了多种融资方式。

（1）基金融资。

跨国金融机构世界银行最初就预测到了碳交易市场的美好前景，一直为推动碳汇项目的发展做出积极贡献。当国际森林碳汇交易刚起步时，世界银行就针对碳市场研发了碳基金——原型碳基金（Prototype Carbon Fund），随后又逐步设计了两种碳基金：2002 年成立的生物碳基金（Bio Carbon Fund）和 2003 年成立的社区发展碳基金（Community Development Carbon Fund）。后面设立的两种基金已明确包含森林碳汇项目。另外，世界银行同个别国家政府及组织也建立了多个碳基金，如，荷兰欧洲碳基金、意大利碳基金[137]。也有一些国家政府独自或联合其他组织设立了碳基金，如，日本政府设立的温室气体减排基金、英国政府设立的英国碳基金、丹麦政府和私人部门联合创立的丹麦碳基金等。

中国政府为推进以植树造林、固碳减排为目的的森林碳汇项目，为了给企业构建一个投资造林获取二氧化碳排放权、提前储存碳信用的平台，2007 年成立了中国绿色碳基金。这为森林碳汇交易供给方提供了有力的融资渠道，进而推动中国碳汇市场的发展。对于投资方来说，国家对于参与中国绿色碳基金的企业执行相关优惠政策：第一，将得到有国家专门机构签发认证的碳信用，这对提升企业自身形象、增强企业公众影响力都有一定促进作用。第二，减免部分所得税。这些优惠政策也是为提高企业参与度而设置，鼓励企业参与到碳汇贸易的各个流程中，企业是融资主体，而民间资本同样不可小觑，民间个人也可以通过中国绿色碳基金购买相应的碳信用从而消除自身的碳足迹。由此可以看出，中国绿色碳基金的成立无形之中加快了国内碳汇交易志愿市场的形成。

（2）贷款融资。

类似企业向银行商业贷款的一般形式，森林碳汇资源供给者向银行等金融机构进行贷款融资。与传统的贷款融资模式稍有不同，森林碳汇的贷款融资是由供给者通过将森林资源资产或碳信用作为抵押物向金融机构贷款。

森林资源资产包括树木本身以及与生态资源相关的其他资产。在作为抵押物贷款之前，先由第三方评估机构对资源资产进行评估，之后按照评估的价值由森林资源所有权人向银行申请资产抵押，银行依据评估机构给出的评估结果向供给者提供相应的贷款数额。作为债权方的银行等金融机构由专业的碳汇政策性银行担当，也就是所谓的碳汇银行，专门提供符合森林碳汇交易特征的金融服务，对还款期限、利息、还款方式上都有相应的优惠政策。同时结合生态补偿政策对符合条件的森林碳汇供给方提供财政支持，减轻资金压力，使其更顺利地开展碳汇交易。

碳信用抵押贷款是由商业贷款衍生的一种抵押方式，顾名思义，就是将碳信用也就是碳排放权作为抵押物向银行申请贷款。一旦企业无能力偿还贷款，其碳信用将被冻结，银行有权拿抵押物与其他市场主体进行交易以补偿其所欠贷款。如果企业有多余的碳信用，倘若出现资金紧张，实施碳信用抵押可以帮助企业解决资金难题。这种新型的融资手段满足了那些控排企业进行碳交易短期融资的实际需求，在一定程度上帮助控排企业最大限度地发挥其拥有的碳资产的价值。森林碳汇市场的快速发展，这一模式的影响力将会与日俱增。

（3）股票融资。

股票融资属于资本市场融资形式之一，就是通过购买股票，资金由资金供给者转入融资企业，资金供给者作为股东享有对该企业的话语权。股票融资这种形式具有长期融资、风险低等特点。可以给企业注入充足的资金以促进其发展，扩大企业规模，增强企业市场竞争力，不断优化生产结构。然而中国林业上市企业数量微乎其微，在沪深两市两千多所上市公司中，林业上市公司仅仅十余家，可见林业企业并未被主流经济所包容。鉴于目前企业上市门槛高、要求严，中国政府应出台各种优惠政策，引导和鼓励林业企业上市。

另外还有 BOT 项目融资、资本市场的债券融资等多种融资模式（见图 7-2），其目的都是通过引入大量民间资本以减少交易双方资金压力，增加交易活跃度，也能使各经济主体通过融资机制实现资金的优化配置，提高资金使用效率。

（4）森林碳汇市场的保障机制。

市场经济下的任何经济主体都有可能面临亏损、倒闭等情况，为应对这样的风险，必须从市场的各主要要素入手，认真分析彼此之间的相互作用关系，通过政策、技术、保险等措施来保障经济主体的利益，激发市场活力，增强发展动力。作为公共产品，碳汇的交易活动更需得到相应的保障。在森林碳汇市场构建初期，中国政府及相关组织通过合理稳定的政策法规和科技人才的运用等手段去保障森林碳汇市场的交易活动，使碳汇交易积极活跃地有序进行。

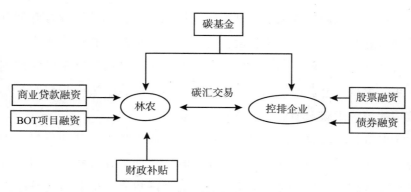

图7-2　森林碳汇市场融资体系

目前，森林碳汇市场尚未成熟，为使交易顺利进行，既保障供给方的利益，还要满足购买者的需求，在交易的各个流程都需要有相应的法律法规做保障。中国在森林碳汇市场构建过程中，在不同的环节中出台了不同的政策，其表现主要为以下几个方面：

①宣传教育方面。碳交易是近些年提出来的新型交易模式，公众对碳交易的了解很少，更别提主动参与到碳交易中来。森林碳汇更是一个全新的生态系统固碳概念，公众对此知之甚少，几乎不能理解碳汇的真正含义。中国政府及各基层相关部门单位制定相关法律法规制度，积极开展各类宣传气候变化和碳汇知识、提高国内实施造林再造林碳汇项目能力的培训和讲座活动，对普及气候变化和碳汇知识，增强大众对气候变暖问题和对森林在缓解气候变暖中作用的了解起了积极作用。与此同时，中国碳交易网、中国林业网、碳汇中国等网站纷纷建成，给予全民了解碳汇知识、明晰相关政策更多地接触途径。

②风险管控方面。以生态资源为基础的碳汇项目，受自然环境的影

响较大，尤其是容易受到自然灾害的侵袭，实施项目的长期性更加大了遭受自然灾害损坏的发生率。因此，防范自然风险是保障碳汇交易顺利展开的基础。中国政府试图出台一系列相关政策，按森林碳汇交易的前后，由供给方和需求方各自承担风险损失。也试图将保险机构引入森林碳汇市场，构建森林碳汇保险制度，详细制定赔付标准，针对森林碳汇交易项目进行投保，在一定程度上弥补投保人的经济损失。事实上，中国针对森林的森林保险早已实施，然而由于中国林权制度不明晰而逐步被弃用。可见，林业产权的制度亟待进一步完善，也进一步说明了相应的政策保障对于碳汇项目的实施具有重要意义。

③项目管理方面。近年来，为促进森林碳汇项目的快速发展，中国政府出台了一系列的政策和措施，如2005年的《清洁发展机制项目运行管理办法》、2006年的《关于开展清洁发展机制下造林再造林碳汇项目的指导意见》、2008年颁布的《关于加强林业应对气候变化及碳汇管理工作的通知》，基本上都是通过法律法规指出森林碳汇的重要性，以及碳汇项目管理的操作规定。为保障交易双方在资金方面无压力，各大银行金融机构加大贴息力度，建立碳汇专项基金，鼓励企业个人捐资。同时政府采取针对不同情况的财政补贴政策，积极帮助参与方解决相关事宜。以便增强森林碳汇供给方对森林碳汇项目的认可度，激发其参与森业碳汇交易的积极性，保障森业碳汇市场的可持续发展。

市场科学有效的运转少不了技术的支撑。对于森林碳汇市场来说，碳汇供给方需要有较强的项目经营管理水平及敏锐的风险识别能力，同时还要具备碳汇计量方法的基础知识。碳汇需求方也要具备收益预估能力，以及投资的准确判断力，提高碳配额分配方案制定水平，使企业获得投资收益最大化。

中国各地政府为加快森林碳汇市场的发展，针对碳汇交易中技术上的需求做出了诸多举措，从根本上保障了交易双方的利益。国家林业局于2003年底成立了碳汇管理办公室，主要负责中国林业碳汇项目的管理工作，具体包括全国林业碳汇项目的统计和分析，指导和协调全国林业碳汇项目的实施工作，以及制定项目规则、管理办法等。2012年广东省成立了林业碳汇计量监测中心，为森林碳汇交易提供一个碳汇计量与监测平台。此外，广东省还出台扶持政策，鼓励、支持企业个人开展碳汇造林项目上市交易的申报工作。上海市开发了专门的碳汇计量监测软件——上海市森林碳汇计量监测外业数据采集系统，该软件基于平板电脑的 Android 系统。测量人员可根据软件优化调查行进路线，提升外业调查效率。软件加入了碳储量自动计算模块，使数据录入、汇总、处理和分析变得更加简单快捷，进一步提高了碳汇调查数据的科学性和精确性，为今后实现森林碳汇调查全程无纸化作业创造条件。

森林碳汇是刚刚兴起的碳交易形式，是一个复杂的体系，需要经济学、生态学、环境学、管理学等多学科综合运用。由于碳汇市场尚未成熟，对于森林碳汇量的计量以及方法学和标准的核定等都还没形成统一的标准。同时，对于项目的选择和准入都需要符合一定的条件，这些标准的设定和条件的识别都需要高技术人才的支持。有地方政府创立了专业的队伍，专业的技术人员配备专业的设备，对碳汇项目进行指导以及监督管理。也有个别地方政府已同高校合作，创立林业碳汇人才工作室，培养专业人才，进行相关标准测定，开发林产品固碳项目。增加了相关领域的理论研究，加快了森林碳汇经济可持续发展的进程。

7.2.3 对草原碳汇市场的启示

森林碳汇市场作为碳交易市场的重要组成部分，无论从国际还是国内来看，森林碳汇市场的发展都在趋于成熟。尽管森林碳汇市场在中国的发展目前处于构建的初步阶段，但对于草原碳汇市场而言，无论在理论研究还是在实践操作等各个方面的发展都较为成熟。相反，草原碳汇市场的发展却远远落后于森林碳汇市场，在中国尚未构建起来，目前处于项目交易阶段，在市场运行机制的各个方面都存有一系列问题，比如公众认知度低、相关法律法规不完善、融资模式单一，等等[138]。然而事实上，草原碳汇市场能带来的经济效益完全不亚于森林碳汇市场。尤其针对中国的资源分布情况而言，中国天然草原的面积远大于林地面积，作为中国最大的陆地生态系统，碳储量不可小觑。但由于各种原因，草原碳汇市场的发展却落后于森林碳汇市场。同为生态资源固碳类型的草原碳汇，与森林碳汇的市场运行机制构建方面有高度的相似性。二者都是植被的主要类型，一种是利用草地固碳，一种是利用树林固碳。同时，通过查阅大量文献，有些学者在研究某个单一的机制时借鉴了森林碳汇市场。且两个市场运行机制的主要因素大多都是相同的，比如，碳汇的需求者是一样的、可以用同一套价格体系。然而，在《京都议定书》已经明确承认森林碳汇对减轻温室效应有积极作用，并允许发达国家与发展中国家合作开展森林碳汇项目。草原碳汇并没有被划分在增汇减排之列。再加上全球范围内的森林覆盖面积大于草原面积，所以森林碳汇市场比草原碳汇市场发展较为成熟。因此，总结森林碳汇市场的成功经验，对尚未得到关注的草原碳汇市场的发展有着极其重要的借鉴意义。同时结合中国的自身情况，构建出符合中国国情的草原碳汇市场运行机制。

1. 加大宣传力度

利用各种渠道宣传草原碳汇的知识，让公众了解草原碳汇，提高公众认知度。倡导低碳生活，让人们养成低碳环保的习惯，以此使人们对草原碳汇的产生更多依赖，为草原碳汇市场增添更多的参与者。通过政府引导，使更多的公众参与到草原碳汇市场中，可以吸引高素质人才从事碳汇交易工作，吸引更多的学者对草原碳汇进行理论研究，推动碳汇量的核准、碳汇价格的形成等一系列难题更深层次的研究。

2. 健全法律法规

法律法规是市场运行的基础。政府部门出台相应的法律法规保障草原碳汇市场的稳定运行，同时也要对草原碳汇市场进行有效监督。借鉴国外经验，根据国际各相关条约框架，结合中国实际国情，制定出适合自己的法律法规，使中国碳汇市场的法律法规更加完善。

3. 扩展融资渠道

搭建专业的草原碳汇融资平台，规范管理融资主体，扩展融资渠道，增加融资供给，使草原碳汇市场的参与方能够有效解决交易过程中的资金问题。以此降低风险，提高参与者的市场竞争力，吸引更多的潜在参与者及金融机构，逐步扩大碳汇交易规模，推动草原碳汇市场的发展。

7.3 草原碳汇市场运行机制的理论设计

7.3.1 草原碳汇市场运行机制的框架结构分析

中国草原碳汇市场的主要供给方是农牧民，京都市场下的需求方是《京都议定书》附件 I 中的发达国家，国内市场的需求方主要有控排企业。政府是强制性市场的主导，需要对控排企业采取科学合理的限额分配方法，并出台相应的奖励和惩罚措施以激励控排企业参与碳汇交易，培育有效需求。这也是强制性市场发展的前提条件。对牧民采取政策及资金等多方位支持，以提高牧民保护生态的意识和参与交易的积极性。当然，单靠政府的财政支持远远不够，还要依靠银行等金融机构。建立统一的草原碳汇交易平台，政府要给予技术支持，引进高素质人才，简化交易流程，减少交易成本。由此可见，政府对整个草原碳汇市场的多个主体都有针对性的政策措施。价格是市场的核心，受供求关系的影响，而由于草原碳汇市场的需求为引致需求，其价格除了供求关系，主要还是受政策影响。中国草原碳汇市场运行机制主要要素的相互关系可见图 7 – 3。

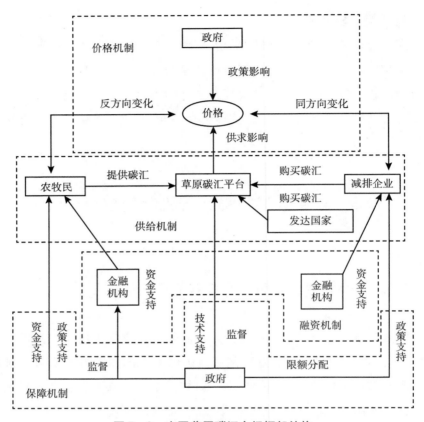

图 7-3　中国草原碳汇市场框架结构

7.3.2　草原碳汇市场的供求机制

1. 供给方

在京都市场中，草原碳汇的供给方是发展中国家。在中国的草原碳汇市场中，供给方以农牧民为主。

（1）中国的碳汇提供者多数是偏远地区的弱势群体，环保意识比较淡薄。即使有改善环境的意识也无法回避经济条件的限制。再加上草原碳汇项目的周期长，风险大等特点，中国草原碳汇市场的供给者缺乏参与积极性，甚至无能力参与。因此，中国政府及相关组织应针对性地采取宣传培训方式，同时提供一定的技术和资金支持，提高农牧民参与草原碳汇交易积极性和抗风险能力。

（2）由于草原碳汇市场的需求方更具有主动权，需求方决定着市场的规模，而草原碳汇交易的交易成本往往由供给者承担。针对此情况，我们应建立全国统一的草原碳汇交易平台，规范交易的程序和步骤，形成一套标准化的交易体系。增加信息透明度和政府监督力度，以此弥补信息不对称和交易不公正的问题，减少草原碳汇市场发展的障碍。

（3）当前以中国农牧民为主要碳汇提供者的草原碳汇项目多数是分散的，这样既不利于管理也不利于发展。需要我们以村镇为单位，将规模较小的，达不到规模的草原碳汇项目整合成一个大规模的项目，以节省资源，降低交易成本。也可以将多个分散的农牧民个体规划成一个大规模的碳汇供给主体，以此优化资源配置，有取有舍，提高市场竞争力，实现风险共担。

2. 需求方

在京都市场中，草原碳汇的需求方是京都议定书附件Ⅰ中的发达国家。在中国的草原碳汇市场中，需求方以有强制减排义务的企业为主。

（1）扩大有效需求，完善中国草原碳汇市场相关的法律法规。在国际市场中，增大外交力度，寻求更多的合作项目。在国内市场，稳定政策，减少交易的不确定性，减少风险。出台合理分配碳配额的相关文件，加大执行力度，增加有效需求。通过第三方平台了解全国草原碳汇的需求情况，大力挖掘潜在需求者。

（2）建立统一的草原碳汇交易平台，设置需求方的碳信用系统，记录企业、组织和个人的碳足迹，对其实施激励措施。设立大规模数据库，减轻数据搜索代价，创建统一的标准化市场。同时，政府要加强管理，对需求者的碳配额完成情况进行检查监督，并制定合理的处罚措施。

（3）参与草原碳汇交易的企业及有意愿参与交易的企业也有技术上的需求，要组织专业的培训队伍对其开展培训讲座活动。不仅提高他们的减排意识，更重要的是加强这些企业相关人员的业务能力。使参与方具有一定的风险识别能力和贸易流程的基础知识，有能力应付各类突发问题，促使草原碳汇市场更快走向成熟。

7.3.3 草原碳汇市场的价格机制

碳汇商品的定价一直是困扰国内外专家学者的难题，由于碳汇商品的特殊性，在碳汇交易的一些定量核准问题上难以确定。本章针对草原碳汇市场，从价值和成本两个方面分别进行分析。草原碳汇的价格取决于草原碳汇的价值，同时草原碳汇的生产成本也是碳汇价格的影响因素[139]。

1. 碳汇价值

（1）效用性和稀缺性二者共同决定商品的价值。无可厚非，草原碳汇是有效用的，碳汇对人类减缓温室效应起到的作用是毋庸置疑的。另外，本章在前面第2节对稀缺性理论做了阐述，分析出草原碳汇是稀缺性资源。草原碳汇同时拥有了效用性和稀缺性，可以判定其是有价值的。

（2）碳汇的价值是价格的决定因素。从草原碳汇价值的角度衡量碳汇的价格，可以参考森林碳汇对碳汇价值量的估算方法，比如碳税法、人工固定二氧化碳成本法、支付意愿法等都可以引用到草原碳汇市场，用于价格形成。这些方法为碳汇市场的开展提供合理参考，具有很高的借鉴意义。然而，迄今碳汇交易的发展还未完善。中国尚未形成一个科学的碳汇价格形成机制，专家学者无法从已经研究出来的这些方法中挑选出一种令大家满意的方法。因此，当前需要壮大高技术人才队伍，设计出一种统一的、普通认可的草原碳汇价格估算方法。

2. 碳汇成本

（1）草原碳汇的生产成本准确核定难度大。由于草原碳汇生态服务的特殊性，其计量难度大，如果仅从生产成本的角度上分析，无法通过目前的手段对草原碳汇的生产成本进行准确计算。目前已有的理论方法如机会成本法和成本加成定价法都可能由于测量区域不同、时间不同等多方面因素使计算结果产生很大的变化。

（2）价格由生产成本、交易成本、税金、利润四部分组成。这四个要素对价格的形成都有影响。草原碳汇项目比其他减排项目如水电项目、改造项目等复杂得多，在交易的过程中，对草原碳汇的准确计量、对风险的管控等都需要增加交易成本，复杂的交易成本同样核算难度较大。目前，中国政府应该简化交易流程，减少交易成本，这样也能在草原碳汇的价格形成上起到积极的作用。

（3）草原碳汇与普通商品不太一样，草原碳汇的需求属于引致需求，其价格更容易受政策影响[140]。草原碳汇的价格既取决于市场的供求关系，更取决于政府出台的政策。而国际国内的政策风险又极大地限制了草原碳汇价格形成。这需要中国完善法律制度，规范市场行为，以市场为导向出台相应的稳定的政策措施。

7.3.4　草原碳汇市场的融资机制

草原碳汇市场的融资机制同森林碳汇市场的融资机制类似，同样鼓励采用间接融资的方式，以回避逆向选择和道德风险。融资主体和融资模式是融资机制的主要构成因素，它们之间的相互作用关系构成了一定制度背景下的融资模式。

1. 融资模式

（1）融资模式的多样化是融资机制成熟的表现之一。由于碳汇项目的实施具有长期性和收益率慢的特点，就会带动各金融机构设计出各类适用的融资模式。研究草原碳汇领域的专家学者可以参考森林碳汇市场融资的各种模式，研发更多更完善的新型融资手段。

（2）假设在多种模式共存的条件下，还要通过政府引导，建立专门的碳汇银行，设置专门的部门机构制定出草原碳汇融资特有的服务体系。充分发挥银行作用，设计特有的贷款标准，包括借贷期限、利率水平、抵押物选择标准等，加大投放力度，向有资金需求的企业或个人提供资金支持。形成政府、银行、企业的三方合作体系，建立多层次草原碳汇市场融资体系。

（3）目前来看，绿色碳基金是碳汇融资的主要来源，以绿色碳基金的营建草原项目为出发点，有计划地带动国内外企业、组织和个人，向绿色碳基金注入资金。扩大融资渠道，结合近年来新兴的融资形式PPP（public-private-partnership），使得碳汇企业通过政府给予的特许经营权和收益权来获得金融机构的贷款。发挥金融机构的专业能力，设计碳融资的新型金融工具，为草原碳汇交易的各个环节提供融资服务保障。

2. 融资主体

（1）草原碳汇市场的融资主体有个人、企业及金融机构。给予交易参与方资金支持是草原碳汇项目顺利完成的保障，要加快发展中国草原碳汇市场不能仅仅依靠政府财政投资的单一模式。当然，建立完善的生态补偿机制，加快建设环境友好型社会固然重要，但要保障资金充足就需要增加资金供给主体。对于目前的中国草原碳汇市场来说，扩大融资主体的需求极为迫切，除了建设政策性银行，还应该引入商业银行、信贷公司等，或者是有能力的个人及其他组织团体。也可以引进国外金融机构，以便拓宽融资渠道。

（2）参照森林碳汇市场的融资机制，把政策性银行作为主导型的融资渠道，其他融资主体为辅，经政府逐步引导，主辅主体慢慢实现平行。各类主体发挥各自的优势，政策性银行提供更长期更低息的贷款，商业金融机构提供股权化和证券化的金融产品服务，尽可能全方位无死角地为草原碳汇交易融资提供保障。

（3）多个融资主体的存在容易造成信息分散、不对称等问题。建立统一的草原碳汇融资平台是解决此问题的关键。专门的草原碳汇融资平台通过整合融资主体，将各个融资主体的特点和融资标准等定期公示，以便信息透明，帮助资金需求方考虑资金供给方的自身素质，对投资能力加以判断,对其投资目的和投资选择加以引导。同时对融资主体实施奖励制度,以鼓励和鞭策主体提供更好的融资服务,形成一套完善的草原碳汇融资规则。

7.3.5 草原碳汇市场的保障机制

草原碳汇市场的保障机制可以分为政策保障和技术保障两个主要方面,保障机制贯通整个项目实施的始终,要确保草原碳汇市场保障机制的建成和完善就必须考虑周全,着眼于细节,以保障各经济主体的利益。

1. 政策保障

政策是草原碳汇市场稳定发展的基础,其渗透到交易的每个环节。因此,不同的交易阶段交易双方将面临不同的风险,采取相应的政策保障才是草原碳汇市场快速发展的根本。

(1)碳汇是新兴事物,草原碳汇更加新兴,制定相关的法律法规,普及草原碳汇相关知识十分必要。提高公众对草原碳汇的认知度,激发公众参与草原碳汇交易的积极性,增强公众减排环保的意识,从而激活草原碳汇市场,提高官方对草原碳汇市场的重视。政府相关部门应积极地对公众进行草原碳汇知识和碳交易的广泛宣传,利用传统媒体及新媒体向公众传递草原碳汇知识和交易信息等,建设草原碳汇专门的网站,或在已有的碳交易网站上设立草原碳汇市场的专有版块。使公众认识到草原碳汇不但有经济效益,还有生态效益,让民众了解草原碳汇的优势所在,让草原碳汇市场获得更多的支持,在民众中扎根,以便碳汇贸易更容易展开,建设和维护草原生态的观念更加深入人心。

(2)研发政策性保险,设计专门由草原碳汇担任标的的保险险种,由国家出台关于保费的优惠政策,在整个碳汇交易过程中,使交易双方的经济利益得到保障。也可以引进商业保险公司,使之与草原碳汇市场相结合,形成草原碳汇市场保险体系。作为生态资源,草原容易遭受虫灾以及旱灾和火灾等自然灾害，草原碳汇项目又需要长时间实施，在此过程中如果发生自然灾害，交易双方都将遭受巨大的损失，这也将成为公众进入碳汇交易的最大障碍，只有整个交易过程得到保障，才能得到交易供求双方的认可，才能促进草原碳汇市场的快速发展。

（3）要想使草原碳汇市场稳定发展，必须从根本上完善草原碳汇的相关法律制度，保障和规范草原碳汇市场的顺利发展。完善《草原法》，加入草原碳汇的相关内容，并制定草原碳汇项目专门的法律法规，做到有法可依、有法必依。完善草原生态补偿机制，科学设定补偿标准和补偿对象，当地政府跟踪资金走向。建立有效的草原碳汇市场激励制度，充分调动企业，公民参与的积极性。设置专门的草原碳汇管理部门，明确目标任务，明确管理职权和职责，对草原碳汇的政策执行情况进行监督，确保每个环节的有效性，对违法政策的企业或个人实施必要的惩罚，做到执法必严、违法必究。同时还要在立法研究、资金投入等方面结合实际，不断完善，以保障草原碳汇市场的稳步发展。

2. 技术保障

作为新兴事物，草原碳汇市场的理论研究和技术支持都需要高素质人才和高科技水平。目前，在国内的碳汇交易市场中，碳汇量的测算方法和碳汇的定价都还没有统一的标准，约有十余种方法和标准，好坏参差不齐，严重阻碍了碳汇市场的稳步发展。

（1）草原碳汇市场人才缺失严重，不仅在理论上缺少相关的研究，在实际操作中也缺少高素质从业人员。无论是碳汇交易相关的碳管理师、对民众和企业进行宣传的培训师，还是碳汇交易的普通工作人员都对草原碳汇市场的成长起决定性作用。政府应该引进相关人才，注重人才的培养，与高校合作设立碳汇培训课程，促进人才之间和学科之间的交流合作。提高工作效率，降低交易成本。重大的关键项目可以聘请知名专家参与指导，组建专业的技术队伍，以保证项目的顺利完成。

（2）国际草原碳汇市场虽然起步也比较晚，其发展经验仍然值得中国草原碳汇市场借鉴。政府应加大投资力度，引进先进设备，并鼓励中国科研人员开发为草原碳汇交易服务的软件系统，从硬件和软件两方面同时下手，以便提高草原碳汇市场的效率。另外，中国学者应结合实际情况，借鉴已有方法，尽快确定对草原碳汇量和减排量等的认证方法以及解决碳汇的定价问题。从科技上保障草原碳汇市场的顺利开展。

（3）在已启动草原碳汇项目的地区建立项目跟进小组，随时跟踪项目进度，根据不同情况不同角度归纳总结，吸取经验，以保障后续的项目顺利进行。建立碳汇信息库，进一步了解碳汇的功能，碳汇的优势劣势。布置固定的测试地区，设置草原碳汇动态监测体系，为中国草原碳汇市场的全面打开奠定坚实的基础。

7.4 草原碳汇市场运行的系统动力学仿真

7.4.1 模型的确立

1. 系统建模的思路

草原碳汇市场运行机制的整个执行过程是一个复杂的开放系统，在这个复杂的系统中包含着众多不同方面的要素，在各个要素之间存在着复杂的因果关系。要使运行机制有一个高效、优良的执行效果，就要将这些因果关系调整到最佳状态。同时还要不断提升系统自身的调节能力，以适应系统的外部环境，从而推动整个系统实现平稳且有力的更大发展。系统通过内部多个机制的相互作用，不断调节内部结构对外部环境做出反应。此类系统多具有历史相关性、多均衡性、非对称性等特点，而这些特点正好与非线性物理学中的正负反馈机制相契合。作为具有上述特点的草原碳汇市场系统，对其进行构建系统模型的主要目的是发掘中国草原碳汇市场建设及发展过程中的客观规律。从广义上讲，主要表现在草原碳汇市场系统中供求、价格、融资、保障等机制彼此之间相互影响和相互作用。从狭义上讲，主要表现在草原碳汇市场系统中众多要素之间的相互影响和相互作用。对草原碳汇市场系统进行剖析，从其内部结构着手建模，有利于深度解析系统中存在的短板，对系统稳定发展具有指导性意义。

草原碳汇市场系统就是高度非线性的，具有多重反馈回路的复杂系统。用单纯的数学方法是无法表达出来的，只能从半定性入手研究，然后到定性，最后到半定量，通过这一研究方法来处理。协调系统内部各个要素，对这种复杂的系统进行分析和预测，使之更加完善。而系统动力学的原理正是从系统的微观结构入手进行分析，这一方法正适用于草原碳汇市场系统这类复杂多变，具有多重反馈回路的系统分析，图7-4是利用系统动力学方法的仿真过程图。

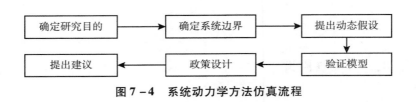

图7-4　系统动力学方法仿真流程

2. 仿真语言的选择

系统动力学（system dynamics）就是从系统的角度来分析事物的发展过程。系统内部的各个机构都是相互关联相互作用的，利用系统动力学方法可以充分认识系统结构，在此基础上掌控其运作流程，进一步挖掘系统的趋势走向。系统动力学被称为"政策实验室"，原因是通过系统动力学可以将政策以实验的方式呈现出来，对其进行调整测试，从而为政策的实施和制定提供可行性建议。也就是说系统动力学可以通过构建系统模型，来仿真事物的行为和发展趋势。借助计算机的配合，既能充分发挥人的推理、创造等方面优势，还能利用计算机的高效的计算能力，对仿真系统进行深入分析，得到结论为设计更好的方案提出可靠的依据[141]。主要借助的仿真软件是 Vensim，这个软件更多表达的是一种趋势，允许存在一定误差。

7.4.2 草原碳汇市场运行机制的系统分析

1. 草原碳汇市场系统边界确定

为便于更好地进行模拟分析，保障构建的模型的完整度，做出以下假设以降低模型构建难度：

（1）假定政府是负责任的政府职能部门，能够积极地增加植被覆盖率、植树造林，达到降低二氧化碳排放的效果。

（2）模型假设草原资源可以无限增加。

（3）二氧化碳排放量主要受工业生产与人类生活的影响，其他影响较小的因素暂不考虑。

（4）由于每年从业从业人员素质各不相同，模型中假定从业人员素质是一个随机变量，在模型通过表函数表示。

（5）假定政府的系列措施都能够在很大程度上顺利实施，不存在时间和空间上的延迟。

2. 草原碳汇市场各子系统确定

草原碳汇市场系统是一个具有较强层次结构的复杂的社会经济系统，包含草原碳汇的供给、需求、融资、政府支持等多方面问题。因此，本章以此为依据，将草原碳汇市场运行机制细化分解，划分为四个相互联系的子系统：供求机制子系统、价格机制子系统、融资机制子系统、保障机制子系统[54]。其中草原碳汇供求双方之间相互影响必定会对草原碳汇市场的发展造成一定影响，碳汇价格的合理制定也能从一定程度上加快市场的发展，金融机构对供求双方的资金支持反映出融资对加快市场发展的重要性。在碳汇市场的建设和发展中，政府的主导地位可以通过政策和资金等方面的保障来反映，通过政府的支持力度对供应双方产生影响。

3. 系统因果关系图确立

因果关系图就是依据系统中各个变量之间的因果联系反映它们彼此之间的定性关系。通过变量的因果链构成的反馈回路可以推测出这些变量的变化趋势，通过对整个系统所有变量的构成走向进行分析，能够更直观地了解系统内部结构。

要绘制因果关系图，首先要明确研究目的，对系统整体框架进行分析，根据要素的必要性进行筛选，排除与所研究问题不相关的所有要素，以保证模型的可行性和时效性。然后将选择出来的要素根据子系统内的因果联系组成子系统的反馈回路。最后由子系统相互之间的关联来组成整个系统的因果关系图，将子系统内部和相互之间的关系都反映出来。因果关系图中，带有"＋"符号的因果链代表正反馈因果链，表示当一个变量增大或减小时，后一变量做出同方向变化。带有"－"符号的因果链代表负反馈因果链，表示当一个变量增大或减小时，后一变量做出反方向变化。当若干个因果关系链首尾相连就组成一个反馈回路，若干个反馈回路在一起组成了系统的因果关系图[142]。

（1）供求子系统。

由图 7 - 5 中我们可以看出，政府加大给予草原碳汇交易提供的资金支持以及金融部门优化金融资源配置，满足草原碳汇交易更多的融资需求，都能促进草原碳汇交易的形成，相应增加牧民收入。收入的增加使得牧民更积极参与草原碳汇交易，从而使草原面积增大。生态环境的改善，绿色生态空间比重的加大必能提高草原碳汇量，满足碳汇交易的供给要求，促进交易发展。交易规模的壮大能带动经济建设发展，从而提高政府财政收入，使政府更有能力进行生态补偿，并对草原碳汇交易提供资金支持。

由图 7 - 6 中我们可以看出，对于中国碳汇交易市场来说，政府强制分配给企业的排放限额、企业及个人的减排意识和碳汇价格都能影响碳汇交易市场的需求量。市场需求量的增加使得碳汇市场规模扩大。随着企业减排意识的提高，以及更多企业参与到碳汇市场中，碳排放量将随之减少。碳排放量决定着政府的减排力度，碳排放量总越大，减排力度越大，分配给减排企业的碳排放限额越小，企业对草原碳汇的需求越大。

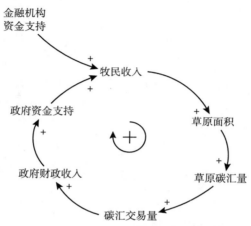

图 7 – 5　供给子系统反馈回路

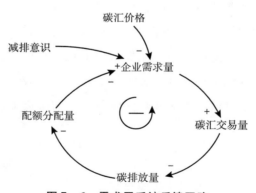

图 7 – 6　需求子系统反馈回路

（2）价格子系统。

碳汇价值决定碳汇价格，同时碳汇成本和碳汇交易过程中产生的成本也能影响碳汇价格，如图 7 – 7 所示，碳汇价格增加，减排企业就会寻求其他减排方式，对草原碳汇的需求就会减小。缺少需求的草原碳汇市场交易量被压缩，进而使碳汇的价值有所下降，碳汇价格也随之降低。

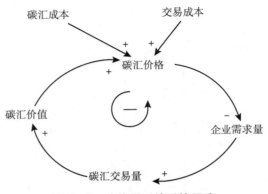

图7-7　价格子系统反馈回路

（3）融资子系统。

图7-8是融资子系统的反馈回路图，由图中可见，融资资金的增加可以降低减排企业的参与风险，保障参与企业资金充足，提高参与的企业数。需求方数量的增加能够有效增加碳汇交易量。当更多潜在的参与企业看到碳汇交易的优势后，能加快由潜在需求向有效需求的转变速度，再加上草原碳汇市场从业人员素质的提高，能设计出更多更有效的融资模式。平台融资模式的多样化能储备更多的融资资金。

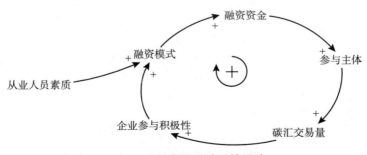

图7-8　融资子系统反馈回路

（4）保障子系统。

从图7-9可以看出，一方面，中国草原碳汇市场的建设与发展前期以政府为主导，随着碳汇交易量的加大，碳汇市场的逐渐成熟，政府干预度就会减少，政府保障程度的降低会大大增加草原碳汇交易过程中的风险概率，参与交易的主体会因为风险的提高而纷纷退出市场，进而导致碳汇交易量的减少，政府增加相应干预。另一方面，国家政府保障程度下降，缺少了培养专业人才的政策及资金，导致从业人员素质降低，由此增加了碳汇交易产生的成本，成本的增加同样也会使参与交易的主体纷纷退出市场。

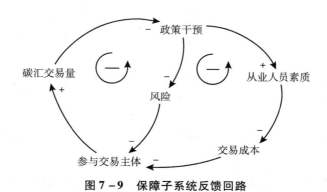

图7-9 保障子系统反馈回路

依据子系统之间的关系，将供求子系统、价格子系统、融资子系统、保障子系统的反馈回路联系到一起，构成整个草原碳汇市场运行机制系统的因果关系图。如图7-10所示。

7.4.3 模型建立

1. 系统流图确立

通过前面绘制的因果关系图可以清楚地看出草原碳汇市场系统各要素之间的联系，然而因果关系图只是定性地对系统结构进行了分析。对

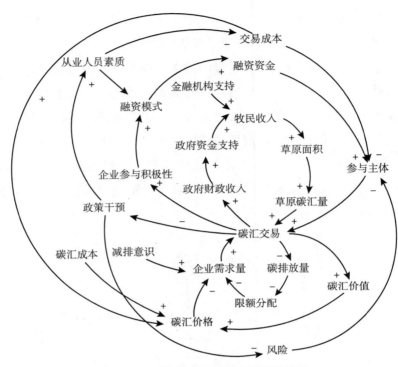

图 7 - 10 草原碳汇市场系统因果关系

于整个系统的错综复杂，用因果关系图很难呈现系统的真实的运作动态。系统流图是在因果关系图的基础上，通过对各子系统及反馈回路的机制分析，将其细化进行定量分析。将因果关系图中的变量进行必要的筛选和变化，用流程图的方式来表现各变量之间的数量关系，如图 7 - 11 所示。

2. 主要变量及方程

利用 Vensim 软件构建系统模型，通过利用该软件独有的特性，了解各个变量之间的因果关系，呈现各变量的输入与输出的数量关系。本章在构建模型时并没有涵盖整个草原碳汇市场系统所涉及的所有要素，而是针对在中国目前尚没有建成草原碳汇市场的情况下，验证所构建的模型能否正常运行的目的，在理解因果关系图的基础上，简化分析过程，

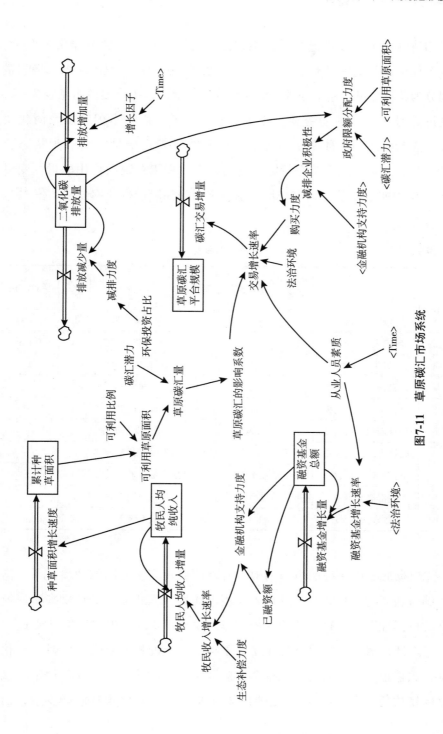

图7-11 草原碳汇市场系统

采用清晰明了的形式选取对草原碳汇市场系统有主要影响作用的变量。为了保证系统的完整性，为了能更清楚地表达变量之间的关系，将变量划分为状态变量、速率变量、辅助变量和常量，具体详细说明见表 7－2，变量类型 A 表示辅助变量，辅助变量是为了人们易于理解以及简化变量，人为引入的一种变量。变量类型 C 为常量。变量类型 L 为状态变量，状态变量表示系统在特定时刻的状态，积累系统内作用的量。变量类型 R 为速率变量，速率变量表示特定时间间隔内变化率的平均值[143]。

表 7－2　　　　　　　　　　　　模型主要变量

序号	变量名	变量类型	变量单位	序号	变量名	变量类型	变量单位
1	累计种草面积	L	千 hm^2	11	排放减少量	R	千 t/年
2	牧民人均纯收入	L	元	12	可利用草原面积	A	千 hm^2
3	二氧化碳排放量	L	千 t	13	草原碳汇量	A	t
4	融资基金总额	L	亿元	14	减排力度	A	——
5	草原碳汇平台规模	L	万元	15	从业人员素质	A	——
6	种草面积增长速度	R	千 hm^2/年	16	减排企业积极性	A	——
7	牧民人均收入增量	R	元/年	17	政府限额分配力度	A	——
8	融资基金增长量	R	亿元/年	18	融资基金增长速率	A	——
9	碳汇交易增量	R	亿元/年	19	环保投资占比	C	——
10	排放增加量	R	千 t/年	20	碳汇潜力	C	t/hm^2

要彻底了解系统的组织结构，清晰地反映变量之间的数值关系，需要编写适当的方程式并将其代入模型，通过方程式输出的结果来验证模型的可行性以及进行后续的分析工作。模型主要的方程式详见附录1。

降低二氧化碳排放量是建立草原碳汇系统的根本目的，同时二氧化碳排放量也决定着政府对减排企业的强制减排的力度。因此，设定二氧化碳排放量 = INTEG（二氧化碳排放增加量－二氧化碳排放减少量，初始值）。

草原碳汇是草原碳汇市场的客体，草原碳汇量的多少影响着草原碳汇市场规模的大小。因此，设定草原碳汇量＝可利用草原面积×碳汇潜力。

牧民是草原碳汇市场的主要供给者，要想提高草原碳汇供给量就要提高牧民的参与积极性，提高牧民积极性最直接的途径就是提高牧民在市场中的收入。因此，将牧民人均收入与累积种草面积增量的关系设定为累积种草面积增加量＝表函数（牧民人均收入）。

融资的主要模式融资基金对提高草原碳汇市场供求双方参与积极性有着关键性作用，因此，设定融资基金增长量＝融资基金总额×融资基金增长速率。

减排力度是控制二氧化碳排放量的主要影响因素，因此，设定减排力度＝绿化投资占比。而绿化投资占比有绿化投资额与财政支出总额相比计算得出。

7.4.4 模型有效性检验

建立草原碳汇市场的系统动力学模型，主要目的是探索适应中国国情的长期稳定的草原碳汇市场。因此，所创建模型必须与现实系统的行为基本一致。这就需要对模型的有效性进行验证，验证运行模型所得到的数据和趋势是否与实际情况相符。在检验过程中，值得注意的是，对系统动力学模型进行动态分析主要依靠的是模型结构，更偏向于趋势的分析，而非数据的大小[144]。所以，在缺少资料的情况下，取得完整数据的难度极大，可以采用有效的估计方法。最终模型运行的结果与实际情况必定会存在一定的差距，但不会影响我们的研究目的，得出的结果也是相对满意的结果。本章对模型有效性检验采用运行检验、历史检验两种方法。

1. 模型检验

（1）运行检验。

整个模型借助 Vensim 软件进行模拟。通过反复核对对方程设置的合理性进行检验，并运用软件的结构检测功能和量纲检测功能来验证方程的量纲一致性。最后，通过 Vensim 软件的执行模拟功能对模型进行检验。结果显示，通过所有运行检验，因此，这个系统模型是有效可行的。

（2）历史检验。

检验一个模型的有效性，不能只检验其结构的合理性，还要求所建立模型的模拟数据接近历史数据。模型的历史检验是以历史数据为基础，运行及调试模型，将模拟出来的数据和历史数据进行对比，计算模型的拟合值是否与历史真实值相近似，可以通过这个验证方法来衡量创建的模型是否可以较好地反映草原碳汇市场运行机制执行的真实情况。

综上所述，通过查阅各种文献、新闻、统计年鉴等大量资料以获得相关数据，数据来源主要有：中国碳汇网、中国清洁发展机制基金网、世界银行、《中国统计年鉴》《中国畜牧业年鉴》等。其中部分常量数据借用了中国社会科学院的研究成果。所获得的部分数据零乱不完整，为了建立有效的模型，对已收集的数据进行必要的修正与整理。对于某些参数的确定上，采取结合专家意见和相关背景知识取经验值，以及从变量之间的关系中确定数值。总之，尽量量化相关变量使模型更接近实际系统，通过查阅相关文献得知，这种合理的估计是必要的、有效的。

选取 2011～2015 年五年数据建立模型，其中 2011 年作为输入数据来计算之后年度的模拟值，仿真步长为 1 年。由于资料和篇幅有限，本章仅选取了几个比较核心的变量进行历史检验，包括：累计种草面积、牧民人均收入、二氧化碳排放量、融资基金总额等，结果如表 7 - 3 所示。

表 7 − 3   模拟数值与原始数值对比

年份	变量	原始数据	仿真数据	相对误差（%）
2012	牧民人均收入	1 261.1	1 317.25	4.45
	累计种草面积	19 510.97	18 908.64	3.09
	二氧化碳排放量	9 733 538.12	9 940 337.53	3.09
	融资基金总额	131.28	126.67	3.51
2013	牧民人均收入	1 415.8	1 453.31	2.65
	累计种草面积	19 812.61	20 169.2	1.80
	二氧化碳排放量	10 028 573.94	10 082 851.26	0.54
	融资基金总额	149.41	160.3	7.29
2014	牧民人均收入	1 556.9	1 603.41	2.99
	累计种草面积	20 867.09	20 899.43	0.15
	二氧化碳排放量	10 258 007.13	10 150 346.33	1.05
	融资基金总额	160.94	166.27	3.31
2015	牧民人均收入	1 719.2	1 769.03	2.99
	累计种草面积	23 083.6	22 912.55	0.74
	二氧化碳排放量	10 291 926.88	10 318 775.18	0.26
	融资基金总额	167.77	175.54	4.63

注：表中各数据单位见表 7 − 2。

由表 7 − 3 可见，模拟数据与历史数据的相对误差大多均在 5% 以内，这表示此模型通过历史检验。

2. 模型结果分析

构建的模型依次通过了运行检验和历史检验，运行的结果与实际系统的数据基本保持一致，说明建立的模型具有良好的有效性和稳定性，所设计的模型结构和对变量的选取和处理都是合理的。因此，本模型能够较好地模拟所要研究的草原碳汇市场系统，在此基础上进行的分析和预测是有效可行的。

7.4.5 政策仿真

系统动力学被誉为"政策实验室"是因为通过调整模型中不同的参数可以预测出不同变量的发展趋势，在此基础上设计各种假设情景，从而能够考察整个系统在不同的参数下所呈现的趋势和对系统的影响。以此作为参考依据以便在真实的系统中做出科学有效的政策。

设计方案时综合考虑了中国草原碳汇市场的发展现状，以及在供求机制、价格机制、融资机制、保障机制四个关键机制中存在的问题，选取了三个具有代表性的、对整个系统有主要影响作用的变量：可利用草原比例、法制环境、生态补偿力度。将三个变量指标做上浮调整，观察其变化对整体系统运行的影响。三种方案设计如表7-4所示。

表7-4　　　　　　　　　　　　　仿真方案对比

仿真方案	生态补偿力度	法制环境	可利用草原比例
原方案	0.017	30	16.5
方案 A	0.025	30	16.5
方案 B	0.017	50	16.5
方案 C	0.017	30	18.2

由图7-12~图7-15和表7-5显示的运行结果可见，方案B是最优方案，对草原碳汇交易规模的影响最明显，其增长速度也是最快。这说明要快速发展草原碳汇市场，就必须首先完善法治环境。其次是方案A，增加生态补偿也能较好地加快中国草原碳汇市场的发展。三个方案中对草原碳汇市场发展影响最小的是方案C，也就是说提高可利用草原的比例对提高草原碳汇市场的交易量效果并不明显。

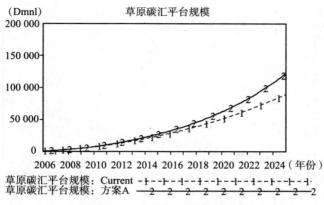

图 7 – 12　方案 A 仿真对比

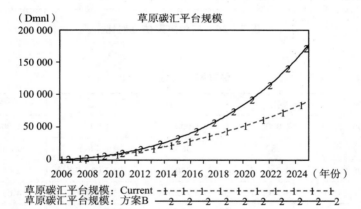

图 7 – 13　方案 B 仿真对比

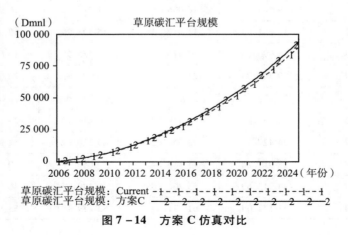

图 7 – 14　方案 C 仿真对比

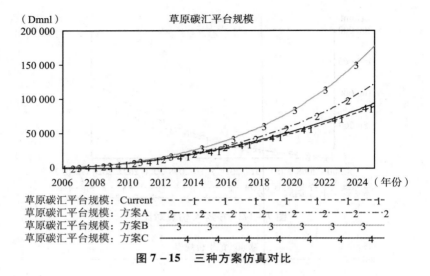

图 7 – 15　三种方案仿真对比

表 7 – 5　　　　　　　　三种方案仿真数据对比

年份	原模型	方案 A	方案 B	方案 C
2006	1 000	1 000	1 000	1 000
2007	1 287.79	1 363.29	1 400	1 348.03
2008	2 603.43	2 880.20	3 028.59	2 815.22
2009	4 476.22	4 782.40	5 141.60	4 638.73
2010	6 715.18	7 091.52	7 791.38	6 829.91
2011	9 429.53	10 006.36	11 215.75	9 594.24
2012	12 651.93	13 512.73	15 453.29	12 900.27
2013	15 996.66	17 514.30	20 455.50	16 614.93
2014	19 545.33	21 970.60	26 225.35	20 661.34
2015	24 373.22	26 909.91	32 833.66	25 030.44
2016	28 224.02	32 419.97	40 414.73	29 777.62
2017	34 427.15	38 604.62	49 126.64	34 970.33
2018	38 917.28	45 486.84	59 050.98	40 569.15
2019	44 713.69	53 206.10	70 389.17	46 663.89
2020	51 172.09	61 771.87	83 219.13	53 180.73

事实上，方案 A 和方案 B 都属于提高政府职能，这样也印证了前面提到的在发展初期，政府处于主导地位。方案 B 完善法治环境代表了保障机制中的政策保障，政策贯穿于整个交易过程的始终，充分说明了政策保障在草原碳汇市场发展中的重要性。方案 A 增强生态补偿力度代表了供求机制中的供给方，其制定目的是不管是通过政府还是金融机构的经济支持，都假设在一定程度上提高了牧民参与草原碳汇市场的积极性和抗风险能力，这对加速市场发展可以收到较好的效果。方案 C 增加草原面积也就是增加草原碳汇量，然而如果没有强制减排的政策支持，也没有积极的牧民参与交易，仅仅提高碳汇量是不能有效加快碳汇市场发展的。

7.4.6 仿真结论

本章在草原碳汇市场运行机制的相关研究理论的基础上，先依据系统动力学的因果关系图表现了草原碳汇市场系统中变量之间的定性关系，再依据所构建的因果关系反馈回路设计系统流程图。通过对系统流程图的进一步分析，对变量设计合理的方程，使之量化。经过和历史数据对比，模型通过了检验，说明了模型是有效可行的。最后选取其中的三个变量进行调整，经对比仿真结果可知：要快速发展草原碳汇市场的发展，必须完善相关法律制度和政策，加大限额分配力度，提高执法效率等。其次是增加融资渠道，以政府为主，其他金融机构为辅，提高融资效率。总之，加强关键的运行机制的性能，使之执行起来更加流畅是加快草原碳汇市场发展的中心思想。

第 *8* 章

草原碳汇补偿

8.1　草原碳汇补偿的现状分析

8.1.1　国际框架下的碳汇补偿

1. 碳汇交易机制下的碳汇补偿

现阶段全球气候变已经引起了各个国家的高度关注，并且逐渐成为各国公认的环境问题，其主要原因是来自温室气体的过度排放。中国作为煤炭生产大国及消费大国，其对于温室气体的治理，关乎生态平衡和经济发展两个重要方面。现阶段，国际上对于碳汇交易及补偿在很多框架中已有相关的条文，现阶段较为常见的几种碳汇交易机制包括几种。

（1）自愿信用标准框架，主要是对于自愿碳信用标准所作出的规定，其中，对于所涉及的项目开发者，还有对碳汇交易中的买卖双方作出注册管理，保证多方能在利益协调下达成减少碳排放的目的。这个框架在补偿方面规定所参与的多方利益者达成所规定目标，则各方都会获得非直接的经济补偿。

（2）芝加哥气候交易所，作为全球第一个对于温室气体排放量作出约束的组织，在这个框架中所规定的减排项目和碳汇项目两种类型中，参与主体可以根据自己的需求采取认购和补偿行动。

（3）《京都议定书》中也对碳汇交易作出了规定，主要是在发达国家和发展中国家双对于碳汇买卖方面的规定，以买卖双方的平衡来降低总排放量。其中虽没有在碳汇补偿方面作出明确规定，但是中国在这项国际框架下却加入了具体的实施措施。

（4）《巴黎协定》是从2006年中国超越美国成为世界排放第一大国后，中国又相继成了世界能源消费第一大国、世界第二大经济体、二氧化碳排放总量第一大国后所签署的又一项具有实际意义的气候协定。协定中要求发达国家继续向发展中国家提供资金援助，从而帮助后者减少碳排放以及适应气候变化。该协定在鼓励在自愿的前提下对需要帮助的发展中国家提供援助。协定中明确提出建立全面的生态补偿机制。

2. 《京都议定书》规定下草原碳汇补偿机制的发展

《京都议定书》是由温室气体的排放量占到全球总排放量的55%的至少55个国家和地区共同通过后确立的具有法律效应的国际公约。需要在占全球温室气体排放量55%以上的至少55个国家批准，才能成为具有法律约束力的国际公约。《京都议定书》是由三种市场机制相互配合来达到解决环境问题目标的。这三种市场机制风别为联合履行机制（ET）、国际碳排放权交易（JI）和清洁发展机制（CDM）。设立的三种机制主要是针对已经完成工业化，已经进入发达的国家所设立的，用公约的形势使得这些国家能够承担起更多的减排任务。在《京都议定书》中对两个国家直接排放权交易作出了明确的规定，简言之，超出减排任务的国家可以从其他国家买进所超出的额度。也对碳汇交易作出了规定，主要是在发达国家和发展中国家双对于碳汇买卖方面的规定，以买卖双方的平衡来降低总排放量。这项政策开始虽然是对于发达国家的碳排放的约束，但是发展中国家从 2012 年开始加入并实施。中国从 2002 年开始核准该协议，说明中国开始意识到碳汇的重要性。而现阶段存在中国相关的碳汇交易主要分为两种，一种是"京都规则"规定下的，另一种是"非京都规则"下的。"京都规则"是通过《京都议定书》确定的完全市场补偿，而"非京都规则"是没有通过正式规定的一种补偿机制。虽然这两项规则在碳汇补偿中发挥着很大的作用，但不得不说"京都规则"这种建立在国际法律规定下的补偿机制，缺乏其自发性，所以"非京都规则"对于这些未被正式规范化的碳汇补偿显得格外重要，这种非正式的碳汇补偿方式就现在中国而言可以弥补"京都规则"的缺陷，是碳汇补偿制度方面的重要依据之一。

3.《巴黎协定》规定下草原碳汇补偿机制的发展

（1）《巴黎协定》的目标。全球 195 个国家的代表于 2015 年 12 月 12 日在法国巴黎达成了关于以后问题的新的协定。该协定是建立在《联合国气候变化框架公约》（谈判机制下由其最高决策机关缔约方会议（简称"COP"）的一项的研究成果。是《京都议定书》之后最具影响力的一项公约。首先，该公约是由不少于 55 个缔约方共同认可的。其次，这些缔约国所排放的温室气体总量不得少于全球总量的 55%。《巴黎协定》不同之处在于该协定提倡缔约国可根据自身的实际情况来决定本国家应对气候变化的目标，该协定的成立开创了全球对于气候治理的新模式。该协定预期将达成三个长期的目标。第一，将全球平均温度升高幅度控制在低于工业化前水平的 2℃ 以下。同时，尽量将温度升高幅度控制在工业化前水平 1.5℃ 以内，该目标认识到这将大大降低气候变化所带来的风险和影响。第二，提高适应气候变化的应对能力，增强气候恢复力和温室气体排放的发展，而不威胁粮食生产。第三，资金流动与温室气体的低排放和适应气候的发展道路是一致的。协议设定的目标将是把整个世界作为一个整体，目标涵盖了国际社会最关心的三个方面，其中的亮点是设定了全球温度升高的明确值，而温室气体排放尽快达到全球温室气体排放的高峰期，在 21 世纪下半叶实现全球零排放的理念，这将意味着化石能源时代即将结束，对于发展中的国家未来低碳经济的发展指出路径和方向。

（2）《巴黎协定》规定下中国草原碳汇补偿的发展。为了应对现阶段中国在气候领域所遇到的各种来自国际和国内的不同压力，中国为了促进经济可持续发展在这些方面做了不同的努力。例如，建立碳排放市场的试点、提高能力利用率、调整能源结构、完善生态补偿机制及发展绿色金融等措施。协定中明确提出建立全面的生态补偿机制。顺应《巴黎协定》的规定随着中国退耕还草、轮牧等措施的实施，草原碳汇作为吸收并储存二氧化碳的重要组成部分对于控制全球温度发挥着越来越重要的作用，从客观上为中国草原碳汇的发展提供了更大的市场，同时，草原碳汇补偿作为激励机制，发挥着不可替代的作用，对于缓解企业、个人和政府间的矛盾起到至关重要的作用。同时也顺应了《巴黎协议》中关于建立生态补偿规定的发展趋势。

8.1.2 生态补偿中的碳汇补偿

1. 生态补偿的现状

生态补偿的概念指都建立在生态范围内，其研究方向较为侧重生态系统在自我功能方面发展的研究。直到 20 世纪 90 年代初，生态补偿的概念被引入经济领域，其内涵也发生了变化。生态补偿被认定为利用经济手段保护生态环境的行为。一般情况下生态补偿方式是由直接补偿和间接补偿两种形势组成的。直接补偿是指生态效益是基于协议的规定下补偿直接对经济利益或其他利益受限着进行补偿，主要以货币形式支付。间接补偿是通过各级政府来实现的，即补偿资金通过一定的方式纳入政府财政，各级政府通过一定的方式把这部分的补偿资金发放给别补偿者。中国目前的生态补偿主要是间接补偿。

2. 生态补偿中草原碳汇补偿的发展现状

中国草原生态的研究晚于林业，对于草原碳汇补偿的研究更加缓慢。中国草原碳汇补偿机制的研究也相对而言晚于森林补偿机制的研究，就这方面来说，在中国个别地方，政府也根据本地的实际情况出台了个别针对农民为草原生态作出贡献的补助措施，但这并不能解决中国草原补偿的根本问题。针对草原碳汇的发展就更加缓慢。尽管从 2005 年开始，中国已有清洁发展机制出台，但并未对中国草原碳汇补偿机制做明确规定，这在一定程度上反映了中国草原碳汇补偿机制的政策缺失。现阶段中国在为维护在草原生态环境，缓和人与草原资源的矛盾方面作出的草原生态补偿的措施，主要内容有几方面。

（1）对草原生态环境保护措施进行补偿，其中不但包括个人对草原的直接保护行为进行补偿，同时也包括组织因对草原生态环境的保护所损失的利益进行补偿。

（2）加大草原生态市场化的力度，是草原生态保护的成本内在化，明确草原生态保护的经济主体的责任。

（3）对草原生态系统的直接保护进行补偿。

（4）对草原生态系统的维护或是在草原生态系统维护的相关体制和补偿机制方面作出的重大投资进行补偿。

8.1.3　草原碳汇补偿机制的制约

1. 政府的制约

20 世纪 90 年代生态补偿制度在中国兴起，是中国在环境保护方面的基本制度之一，在此之前，生态补偿一直是由生态破坏者承担。在此之后，随着生态污染的加剧，生态污染的治理逐渐的转向专业的环境治理组织。草原碳汇补偿机制作为促进草原生态平衡、推动草原经济发展的重要措施。对于《京都议定书》到期后全球的减排目标，为中国草原碳汇纳入新的碳汇机制提供了新的契机。随着对草原碳汇的重视与研究发现，草原碳汇只要能得到有效的管理，其转化为碳源可能性就会降低。同时，也能推动草原经济的发展。基于此，构建多元化的草原碳汇补偿机制是草原碳汇良性发展的重要保障。现阶段制约中国草原碳汇补偿制度发展的因素有：

（1）缺少专业的针对草原碳汇补偿制度的政策。国家还没有关于草原碳汇明确的政策及法律规定，反之而言现阶段国家关于碳汇的交易机制在草原碳汇补偿方面的缺失，约束了草原碳汇补偿机制的发展。CDM交易机制规定碳汇贸易签约方必须为非政府组织，而接受补偿的大部分都是以家庭或个人为单位的。也正因如此，草原碳汇贸易中中国必须要通过非政府组织来签订交易合约，而在草原碳汇补偿时这些非政府的组织应考虑到利益问题往往不会给予很充分的碳汇补偿，这样做会加重政府负担，一定程度上导致草原碳汇的补偿机制不能顺利运行，很多政策不能落到实处。同时现阶段存在草原产权不明确，也没有专门的部门对草原碳汇的价值进行评估。再加上中国草原碳汇处于刚起步阶段，市场机制不完善，缺少针对性制度，大大地降低了牧民参与草原保护的积极性。中国的碳汇补偿现阶段主要针对森林碳汇补偿，并没有对森林碳汇以外的其他碳汇做出明确规定。而草原碳汇作为碳汇补偿潜在的重要组成部分，得不到国家补偿，但是却发挥着重要的碳汇作用。显然这制约着草原碳汇补偿制度在中国的进一步发展，从侧面也在制约着草原充分发挥其作用。

（2）现有的生态补偿机制可能导致中国草原碳汇补偿资金来源单一，标准偏低。生态补偿的资金主要来源于政府财政和地方财政。从中国的草原生态补偿来看，大部分是来源于地方政府结合本地区的实际情况来发放补偿资金的。正因为这个原因，政府财政压力增大，对于牧民的资金补偿相对而言会标准较低，牧民从政府手中拿到的对于草原保护的补偿没有草原经济化的收益多，很大程度上挫伤了牧民参与的积极性，也影响了草原治理效果。就这种现象而言，草原碳汇补偿必须建立起自己的多渠道的补偿机制。

（3）统一的草原碳汇补偿标准不能满足中国草原分布广泛的现状。中国地域广阔并且不同的地域类型，并且草原分布在不同的地区，治理草原所花费的时间和成本也不一样。中国特殊的行政划分对草原碳汇补偿的发展有一定的制约作用。就草原在不同地带地貌所发挥的作用也不尽相同。因此，采取统一的草原碳汇补偿机制，可能会制约一部分在草原保护方面投入大于回报的主体，违背了公平原则的同时也影响了草原碳汇的发展。

2. 市场的制约

（1）草原碳汇市场不成熟。如果草原碳汇发展只依赖国家财政，就会出现自我造血功能不足的局面。生态补偿是一种全新的"文明""公平"的理念，应得到全社会的支持。积极开拓草原生态补偿资金的渠道，草原对生态环境所作出的固碳贡献应得到经济上的补偿。这种补偿既可来自国内，也可来自国外，实现途径就是草原碳汇交易。所以，建立以草原碳汇交易为主体、合理的草原生态补偿机制，实现草业自身的可持续发展是至关重要的长远大计，必须给予足够的重视并真正落实。

（2）成本高且周期长成为草原碳汇补偿的制约因素。草原碳汇补偿周期长，政府出台关于草原碳汇补偿的政策，从实际实施到成效验收需要一段很漫长的过程，在此期间，市场可能会出现很大的波动，碳汇补偿的金额也会随之出现变化，被补偿者利益无法得到有力保障，因此在一定程度上制约了草原碳汇补偿机制的运行[145]。

8.2 草原碳汇补偿机制的理论设计

8.2.1 草原碳汇补偿机制的建立

1. 建立的原则

（1）建立与完善草原碳汇补偿机制，要遵循"公平原则"和"谁受益谁补偿原则"。按照环境权平等、发展权平等的公平性原则，地区或个人因为发展草原碳汇的原因，牺牲部分发展权，往往陷入"草原发展—经济贫困—环境恶化"恶性循环怪圈，这显然有失社会公平。草原碳汇补偿机制是草原碳汇的相关企业和个人得到公平发展权的重要制度。按照"谁受益谁付费"的市场经济原则，作为草原自然资源保护的受益者区，应当向草原碳汇的实施者区进行补偿。同时，草原碳汇补偿机制，是一种激励草原碳汇快速健康发展的经济手段。就目前环境保护阶段和市场经济而言，政府在建立草原碳汇补偿机制中仍然起主要作用，同时，要充分发挥社会机制，宣传鼓励企业、个人、社会各界力量加入发展草原碳汇，建设草原碳汇市场中来，共同为草原生态建设贡献力量。

（2）建立草原碳汇补偿机制遵守整体性原则。草原碳汇补偿机制作为草原碳汇发展的补偿性原则，即不单单涉及政府方面的行为，而且还包括企业和个人，其补偿机制的发展是以人为中心的自然—社会—经济符合系统整体的可持续发展。现有的机制证明，自然—社会—经济符合系统中任一子系统的失衡，或者是某一因子的积累效应，都会导致整个系统的巨大变动，政治崩溃。因此，应用系统动力学研究草原碳汇补偿机制的问题是，首先要注意就是它的整体性，即要从草原碳汇补偿机制系统动力学的基本模型出发，全面考虑政府、企业和个人诸要素的综合作用，采取层层分袂的方式，找到系统的最基本组成方式。只有这样才能真实地反映系统特征，模拟预测结果也才具有可靠性。

（3）目的性原则。建立草原碳汇补偿机制的目的是解释草原碳汇补偿额反馈结构和关于碳汇补偿的动态行为之间的关系，以制作出系统疑难行为的策略。因此，在构建草原碳汇补偿机制模型的时候，应该以草原碳汇补偿为中心，与草原碳汇补偿结合较为紧密的影响因素，例如税收、人口等因素分析应当更加紧密一些。其他附加的子系统可以综合性叙述。

（4）地域性原则。中国草原面积广大，草原面积约 31 908 万公顷，约占全国总面积的 33.6%，其中可利用面积为 22 434 万公顷，主要分布在中国的西北部。大多数草原横跨多个省市。因此，在不同区域所表现出来的结构和矛盾是不尽相同的，具有明显的地域性。在建立草原碳汇补偿机制的时候，应当充分的考虑其地域性。并对系统动力学模型进行调节。

（5）标准化原则。现阶段中国虽然缺乏草原碳汇补偿方面的具体内容，但是，在碳汇市场发展以及生态补偿发展的过程中已经有一系列的管理规范和标准，如碳汇减排标准、国家环保标准、生态补偿发放标准等。这些标准所涉及的包括草原碳汇及草原碳汇补偿的基本内容和范围都是在草原碳汇补偿机制设计中多不可或缺的，为后期参数选择和统计奠定了基础。

2. 框架设计及机制描述

中国的草原碳汇补偿处于起步阶段，合理的补偿对于草原碳汇的发展会起到至关重要的作用，降低税收提高政府补偿，会在很大程度上提高牧民的积极性，这样牧民的收入提高，解决了生存的基本问题，牧民就会按照要求对草原生态积极维护，大大地提高草原碳汇的治理的成果。合理的补偿机制建设能更好调动牧民参与草原保护的积极性，从而提高草原保护的效率，增加当地牧民收入，整个机制运行为良性循环，其整体循环如图 8 - 1 所示。

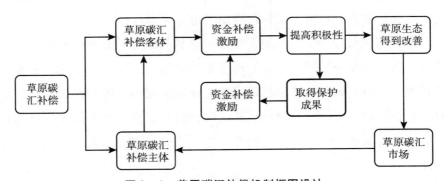

图 8 - 1　草原碳汇补偿机制框图设计

　　这样市场机制和政府行为相辅相成，形成了一个良性的循环系统。一方面，是政府对于牧民在草原生态保护中所作出的贡献给予奖励，这样做给予牧民的行为很大的肯定，提高了牧民今后参与草原生态保护的积极性。这样在一定程度上克服了草原的负外部性，促进了碳汇经济的发展；另一方面，政府设立保护草原生态基金，直接对草原进行管理，能直接有效地维护草原生态平衡，草原质量提高，草原碳汇也会随之提高。这两方面相互配合，能更加全面维护草原生态平衡、增加草原碳汇、保障了内蒙古地区低碳经济发展。本章中对于草原碳汇补偿机制的设计具体从以下几方面入手。

　　（1）完善相关的草原碳汇补偿的法律制度。中国现阶段虽有关于生态保护方面的很多法律，对于出台了很多关于补偿方面的法律法规，但是对于草原碳汇补偿方面，除了零星的地方政策外，基本还为零，因此，在实施草原碳汇补偿监督的措施方面，还会有很大的阻碍。

　　（2）确定规范的补偿机制，明确补偿的主体、客体、补偿标准、资金来源和补偿途径等。现阶段，处于起步阶段的草原碳汇补偿机制，没有形成全方位的吸纳资金的体系，中国政府直接承担了大部分的补偿资金，加重了自己的负担。从吸纳资金到发放补偿资金方面，也没有一整套规范内的体制，可能出现整个补偿机制运行不顺利、资金发放不到位等问题出现。

　　（3）完善政府的监管制度。由于草原碳汇补偿对于多草原地区的生态平衡和提高当地人民的收入而言都起到至关重要的作用，而现阶段中国草原碳汇的主要问题时所有权不明确，同时草原外部性问题也制约了中国草原补偿机制的发展。因此，为防止中国草原生态继续恶化，要想在中国实行草原碳汇补偿机制，首要的就是要加强监督，建立有权威性的政府监督体系。

　　（4）草原碳汇的外部性特征。草原碳汇在一定程度上是属于具有很强的外部正效应的产品，草原碳汇补偿的受益群体具有两个特点：一是受益群体较为广泛，个体差异较大，收益程度也会不同，难以根据统一标准进行区分；二是受益群体分布范围较大，这点也是与草原的分布较广泛相联系。

8.2.2　草原碳汇机制的机理分析

1. 补偿主体和补偿对象

（1）补偿的主体如图8-2所示为政府、企业和社会从目前退牧还草工程实施效益来看，中央政府是经济补偿成本最主要的承载主体，地方政府也是经济补偿成本的承载主体。受益范围具有整体性、宏观性、全球性，其补偿主体应当不仅仅是中央政府，还应依靠国际社会以及其他利益集团的力量。退牧还草的补偿对象分为两类一类是直接实施退牧的农牧民，另一类是进行退牧组织与管理活动的地方政府，主要是县级政府。其中，牧民是直接补偿对象，是进行草原碳汇活动的重要主体。

（2）补偿客体如图8-2所示为做贡献者和受损失者。由于草原碳汇效益的外溢性，以及退牧还草行为实施后所造成的对当前经济发展和

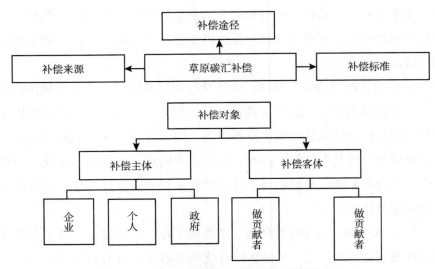

图8-2　草原碳汇补偿机制的利益相关者

农牧民生活的影响，必须对农牧民给予一定的补偿，以保证其暂时经济水平和生活状况不至于降低。所以在草原碳汇补偿机制中牧民是唯一的是受补偿的补偿客体。相应的企业作为碳汇补偿机制中的重要环节既要做补偿主体，同时，也要在碳汇过程中受到国家的补贴，因此也具有作为补偿对象的双重特征。

2. 相关利益者行为分析

前面已经提到补偿制的重要因素，补偿主体、客体、补偿标准、资金的来源和补偿途径等。如果其中任何一环节出现出现问题，就有可能导致整个机制的不良运转。草原碳汇补偿机制的主要参与者都应该承担起一定补偿的义务与责任。

（1）国家政府行为。《内蒙古自治区党委关于制定国民经济和社会发展第十二个五年规划的建议》中规定"增加森林，草原碳汇，建立草原碳汇意识，重视草原碳汇建设"。这标志着草原碳汇机制正在逐渐发展。在现阶段，碳汇作为稀缺性产品，既不能通过市场自身得到实现，同时它又具有很强公共产品的外部特征性。所以，想要弥补市场在碳汇方面的缺陷，政府的宏观调控就成为重要手段。正因如此，草原碳汇补偿机制在国家补偿方面因解决以下几方面的问题：

第一，完善关于草原碳汇补偿法律。中国应重视对于草原碳汇补偿方面的专门性政策和法规，明确补偿的范围和力度。也因增加专业的评估机构，对治理结果进行量化，用规范化的数据对牧民的劳动成果进行评估，使得牧民对草原碳汇做出的服务及成果得到法律的保护，从而提高牧民保护草原的安全性和积极性。

第二，尽可能提高对草原保护的补偿额度。在碳贸易越来越受到关注的国际大背景下，碳汇交易的价格也在不断上升。中国草原保护的补偿额度也应该结合市场碳汇交易价格变化的情况。同时，应该区分区域、类型制定补偿标准。如果草原碳汇补偿额度较低，一定程度上会挫伤牧民参与的积极性，影响草原碳汇的效果。

第三，扩大草原碳汇补偿的资金来源。现阶段，中国在草原碳汇补偿方面政府起到主导作用。这样不但增加了政府负担，对于草原补偿机制的完善也有一定阻碍。国家因征收关于草原使用的税收政策，设立草原基金。拓宽草原碳汇补偿的资金来源。同时国家应建立相关的激励制度，对于开展草原保护的单位因予以税收方面的优惠政策，政府也可以和相关企业合作开展草原碳汇的政策，推动当地经济发展。

（2）地方政府行为。地方补偿的资金主要是通过政府转移支付。一方面主要是为了弥补国家对草原碳汇补偿的资金不足。另一方面是针对因地区原因未被国家列入补偿范围却需要补偿的地区。对于中国草原碳汇补偿的现状，国家的补偿体系还处于刚起步阶段，未被纳入补偿范围但需要补偿的地区有很多，这些地区的补偿只能依靠地方政府根据实际情况来实现。所以，地方补偿是现阶段中国碳汇补偿的主要手段。

（3）市场行为。中国草原碳汇补偿开始实施主要是通过政府补偿的方式，但政府补偿有成本高但效率低下的特点。而市场补偿机制具有灵活有效、成本低、范围广的特点，正好能弥补政府补偿的缺点。《京都议定书》中虽对于中国不承担减排任务作出了规定，但在减少排放方面，中国还是在做积极的尝试。在这种状态下，草原碳汇也成为中国碳汇的重要组成部分。草原碳汇实现了类似于碳汇的交易机制，那么草原碳汇就可以实现市场化，这样草原的生态效益通过市场交易就可以实现效益内部化。通过这种市场交易机制的手段，为草原碳汇找到除政府外的其他买家，这样草原碳汇补偿也可以得到来自市场的补偿。

（4）社会组织行为。首先，社会补偿主要是针对每个社会主体来说的，它作为补偿的手段之一，主要是通过社会的直接捐助，其中包括中国的个人或单位自发的，也包括来自国际组织或外国政府的。其次，也可以设立关于草原碳汇补偿的社会基金，通过这种方式，来增加草原碳汇补偿的资金来源，一定程度能弥补政府补偿和市场补偿考虑不周的缺陷。草原碳汇补偿主要是通过社会自发的用于草原生态保护方面的直接或间接的捐助。在一定程度上，保护草原生态是我们每个人的责任和义务，从这个意义上说，社会补偿是草原碳汇补偿的最优的补偿方式。

3. 补偿标准

长期以来，人们保护草原资源的观念相对淡薄，这些观念也在国家政策和经济活动中有所体现，对着草原长期的破坏行为造成的影响，社会各界也越来越重视，人们深刻地认识到草原碳汇对于维护草原生态平衡的重要作用。这也成了反映草原碳汇市场价值、建立草原碳汇补偿机制的重要基础。进一步来讲，补偿标准的制定是整个草原碳汇补偿机制的核心问题。

（1）补偿定量。草原碳汇补偿标准最后需要达到量化的标准，以此来解决补偿中出现的不同利益体相互制约的问题。在补偿方面进行量化较早的美国退耕补偿政策，政府征求农户的个人意愿结合当地的自然条件确定经济补偿政策，通过政府和农户之间的博弈关系来细化补偿措施。在具体的草原发展过程中，具体可以分成三个具体的阶段，第一，是对于草原的破坏在可控范围内，对于草原碳汇的补偿主要是奖励性配合控制性的。第二，是对于草原的索取量加大，草原生态环境遭到破坏，草原碳汇量增大，草原碳汇补偿机制不能通过自身的调节维持平衡，这时需要外界的力量参与，这时要通过物质能量测量来作出草原碳汇补偿的具体指标。

补偿资金被认定为草原碳汇补偿机制中的关键环节，主要是确定在有关草原碳汇行为过程中的每一部分利益主体所承担的责任和获取的利益，补偿额度的范围必须控制在草原碳汇参与者的经济发展机会损失与服务价值的差额之间。即便是最低额度，也应该是参与者所损失经济发展的机会成本。现阶段草原碳汇补偿机制能借鉴的生态补偿方面的计算方法文章总结了三种：第一，是根据草原碳汇参与者因为保护草原而放弃掉了获取利益的机会而进行的补偿。第二，是根据所投资的成本为基础，对草原外部性的补偿量进行的计算。第三，从利益体收入的角度进行评估，其中所涉及的数据指标较多，准确度会较实际情况有所差别。

（2）基于意愿调查法估算补偿标准。确定草原碳汇补偿标准是整个补偿机制的核心内容之一，意愿调查法是在估算补偿标准中较为常用的方法。因此，草原碳汇补偿比准也可借鉴相对较为成熟的生态补偿比准的确定方法来实现。以牧民需求为调查的中心，假设草原碳汇市场都以补偿力度为调查内容，寻求牧民愿意接受的标准。在此过程中假设政府在改善草原碳汇的现状所能做出的努力程度，通过对牧民进行相关方面的宣传教育，提高牧民保护草原生态，参与草原碳汇的积极性来估算成果。减少温室气体的排放是整个调查的目标，因此通过碳市场的作用，确定补偿标准，达到牧民预期将是整体过程的核心。但由于现阶段的制度较为缺乏，法律也不甚完善，因此政府在整个补偿中要发挥主导作用。

现阶段，中国在草原碳汇补偿标准定量的方法发展上，还没有办法满足现阶段草原碳汇的发展要求。即便在个别地方零星有多体现，但是都是较为单一的。它应该随着地域，时间和经济情况等因素不断调整和变化。多以结合现有的补偿机制的研究方法，发展新的补偿机制是维护草原生态需要不断尝试的。

4. 资金筹集和运作

（1）资金的筹集。传统的以政府为补偿资金原来的补偿机制，是以政府建立良好信誉和安全资金链为基础的。在此基础上，草原碳汇补偿机制加入了企业和牧民的元素来达到减轻政府负担的目的。草原碳汇补偿作为政府转移支付的手段之一，将收入进行了转移和重新分配，增添的当地居民的收入，缓和了牧民和环境的矛盾。可是在草原碳汇补偿方面我们并不能仅仅依靠政府的资金来实现，合理的补偿机制要有政府、企业、牧民等多方面的配合来实现。

首先，政府财政。根据外部性理论，一些活动会对社会产生积极的影响，也正是因为在产生积极作用的同时没有得到想用补偿而在社会竞争中被淘汰了。为了防止这种正外部性的消失，需要国家手段进行干预，以弥补市场失灵造成的损失。国家可以给予适当的补贴，以确保这种积极作用不会消失，以确保活动的可持续性。增加草原碳汇将会控制空气中的温室气体，直接关系到牧民生活环境的质量，这种行为具有明显的外部正效应。整合优化财政补偿制度机构、加大对草原碳汇补偿的投入，加强地方专项资金的配套资金的建立，使得财政资金获得与该地区草原碳汇的成果直接挂钩。不再局限在扶贫的表面，而要做到多重支付手段相结合的方式。注重关于草原碳汇的相关展业类型及发展。

其次，碳税。碳税（Carbon-tax）是针对人类或单位排放二氧化碳征收的税。减少空气中的二氧化碳、保护环境，是开发碳税的最终目的，国家财政和市场交易机制的成本较高，减小的时间较长，而碳税相对于二者更为方便控制，成本更低。目前，很多国家已经开始采取这一措施，加拿大在 2008 年 7 月就开始对有、柴油、煤炭、天然气等征收碳税，已达到减少排放，加强治理的目的。南非政府提出了一个征税计划是针对工业企业的。中国发展和改革委员会的研究表明，中国在 2012 年左右实施碳税政策的时机已经成熟。征税的标准是根据二氧化碳的排放量。在使用税收时，碳税将转移给有助于改善环境的行业和企业。本项目中牧民将作为环境保护的主体，因此应属于碳税转让支付的对象之一。国家财政补贴可以弥补市场失灵，征收碳税可以弥补失灵带来的效率损失。由于大气环境是全人类的共同资源，财产权难以得到明确的界定。但在理想状态下，碳税可以通过定义一个明确的财产权关系来优化资源配置的效率，内部化外部成本。从实施草原碳汇税收措施开始。

再其次，建立关于草原碳汇的基金项目。关于草原碳汇基金中资金的资金的主要来源是社会、个人和组织。中国于 2010 年 7 月成立了"中国绿色碳汇基金"，目前其主要工作包括普及节能减排相关知识、开展相关活动和募集资金。维持基金会的正常运作，稳定的资金来源是首要条件，同时需要有效的资金运作机制、专业的技术执行和有效的监督制度。但目前基金会活动范围还集中在森林碳汇上，对草原碳汇的发展有待提高。城市相关部门应在项目开始时与碳汇基金联系，以获得有效的技术支持和财政援助。

最后，从草原碳汇贸易方面，根本上探索市场化的草原碳汇补偿模式。中国现有的生态方面的补偿制度中主要有两种：一种是政府充当补充角色的主要受益者模式。另一种以政府为主角的政府全部承担补偿模式。所谓的主要受益者分担模式，是指碳汇补偿中的主要受益者分担一部分补偿费用，当地政府可分担剩余的补偿费用。这种形式的补偿制度，能在很大程度上解决中国现阶段存在的补偿资金来源单一、标准偏低的问题。而政府全部承担补偿模式，忽视收益主体的作用，全部补偿费用由政府提供。这样做在一定程度上可以减少政府的组织成本，提高补偿政策实施的效率，但是却局限了补偿的资金来源，拉低了可补偿的标准，并且给政府财政增加了很大的负担。因此，在草原碳汇补偿方面，采取政府与市场相结合的方式，对于补偿的标准和整个补偿机制的运行都起到积极作用。

（2）资金的运作。草原碳汇补偿机制作为一个涉及政府、企业和个人的多元化的机制运行，除了保证其补偿的资金来源以外，一个保证补偿资金正常运行的机制也是必不可少的。

首先，草原碳汇补偿机制要想迅速发展，政府的重视起到不可获取的作用。政府在碳汇补偿方面发展较为完善的主要体现在森林碳汇补偿方面，森林碳汇补偿制度的发展也为草原碳汇补偿制度的发展提供了借鉴。首先，政府在草原碳汇补偿方面的相关政策，是草原碳汇补偿机制顺利运行的保证。实行横向和纵向交错的碳汇补偿政策，由中央制定并掌控碳汇补偿的总体政策，各级政府加强交流与协作，按照各个地区的不同的草原特征具体实施。尽早进行详细的市场规划，建立专门的草原碳汇补偿机制的运行部门，而不再是依照部门经验，对草原碳汇补偿进行管理。这样做，能提高政府的执政效率，尽量减少因部门职权不清的原因造成的补偿者和受益者利益的损失。

其次，虽然说草原碳汇补偿的主体是中央政府，但是地方政府和企业作为相关的利益群体，在草原碳汇补偿制度中担任着补偿资金的发放者和受益人的角色，两者之间有着相互关联的利益关系，因此，实行收支两条线管理，积极探索建立生态破坏保证金制度，建立以市场经济为背景的激励和约束机制。同时，对于资金使用中因寻租问题可能存在的不规范问题，因建立针对草原碳汇补偿的绩效考评机制，落实责任问责制，确保资金规范、高效的运行。现阶段草原碳汇虽处于刚刚起步的阶段，但在碳排放越来越受重视的今天，草原作为生态环境中的重要的组成部分在碳汇经济中存在有巨大的潜力。所以完善草原碳汇补偿机制势在必行，单纯依赖政府或市场，都不利于草原碳汇补偿机制的完善。反之，充分发挥市场和政府的作用，同时健全监督机制建立起来的补偿机制可以更好地发挥其优势，推动经济的发展[87]。

8.3 草原碳汇补偿机制的系统动力学仿真

8.3.1 模型的确立

1. 仿真语言的选择

系统动力学，是基于系统的思维方式对系统整体的运作来进行思考的一种思维方式，是一种用计算机语言来实现模拟的方式。其实现动力主要是建立仿真系统的结构模型，借助计算机进行系统结构、功能与动态行为的模拟，是一种刚刚兴起的仿真语言。系统动力学的主要特点不仅仅是研究系统本身所运用的一种方法，其特点结合历史的方法，弥补了人类组织主观判断偏差的方面。用谈论所得出的反馈系统经计算机模拟，可得到所讨论问题随时间变化的系统图像。系统动力学在目前的研究中得到很大的发展和广泛的运用。主要采用的仿真软件为Vensim。

2. 系统建模的思路

在中国草原碳汇补偿机制中涉及许多不同方面的因素，作为复杂的碳汇补偿机制，其中所包含着的各个因素间存在着相互交错的因果关系，只有把各因素之间的关系调整到最佳状态、保证整个建模过程的完整性，才能保证整个机制的准确性，从而达到良好的运行效果。一方面，各个要素之间要不断调整自身的结构及状态；另一方面，必须要依靠自身的力量来推动整个系统的状态和进程，从而达到改变系统运行的需要。除了整个补偿机制系统的外部作用外，系统本身的内部机制也存在着复杂得多循环的反馈机制，从而使得补偿机制的运行存在着不同的可能性。机制中不同因素之间的相互影响的形成的因果关系类似于非线性物理学中的政府反馈机制。非对称性、历史相关性、不可预测性、多均衡性成为其明显的特点。鉴于中国草原碳汇补偿机制的复杂性特征，构建中国草原碳汇补偿机制模型的主要任务是探寻其内在的运动动力，及寻找系统最佳运行状态中的客观规律。从整体来讲，主要是体现中国草原碳汇补偿机制中，经济、人口、社会等子系统间的相互影响、相互作用的关系；从部分来讲，具体是指各个子系统中的内部要素之间的相互影响和相互作用。对中国草原碳汇补偿机制的系统动力学模拟，主要是通过探讨各个子系统和各个要素之间的相互影响，从而找出补偿的最佳方式，为弥补中国现阶段在草原碳汇补偿方面的缺失提供一定的借鉴意义。

草原碳汇补偿机制的系统动力学模拟是一类多重反馈回路、高度非线性的复杂系统。没有单一的数学线性关系能做出统一标准的数学计算，因此，只能采用半定量、半定性的方法来进行处理，建立在系统动力学模拟基础上的中国草原碳汇补偿机制模拟主要是通过系统的思考方式和计量经济学方法以及对计算机技术的应用来完成的。系统的思考方式和总结是整个系统动力学中的核心部分，也是建立在一定具体原则基础上的。计量经济学方法是进行系统动力学研究的基础方法，也为系统中变量之间的相互关系提供了计量的基础。同时也是中国草原碳汇补偿机制中所涉及的各个要素之间的关系进行量化的过程。对各要素之间的关系进行流图处理，以及数学分析，如图8-3所示为一个完整的系统动力学模型就构建。

图 8 – 3　系统动力学模型建模过程

8.3.2　草原碳汇补偿机制的因果关系图的确立

1. 草原碳汇补偿机制边界确定

中国现阶段对于草原碳汇补偿还没有专门的研究，本章对于草原碳汇补偿机制的研究建立在对于碳汇交易发展大趋势的推动及对生态补偿等内容研究的基础上。据此了解，草原碳汇补偿机制具有复杂系统的典型特征，即草原碳汇补偿机制并不是一个简单的随机系统，而是一个复合的系统、非线性的系统，系统内部的各个系统之间相互依赖、相互影响。从系统动力学的角度进行分析，草原碳汇补偿机制中存在相互影响的子系统。本章中的补偿机制从政府、市场、个人制度等方面进行考量。根据系统分解原理，文章模型基于对系统边界的研究的基础上，把系统所涉及变量分为内生变量和外生变量。所包含的子系统具体包括三个方面如表 8 – 1 所示，政府子系统、市场子系统和个人子系统三个相互关系的子系统，补偿标准、税率和地方财政支出都是在模型中直接决定的，而劳动力的参与、能源政策是模型个体所不能决定的，是由系统在运行过程中相互影响所决定的，是模型建立并成立的外部条件，但是却不能在模型运行中得到具体的说明。中国草原碳汇补偿机制在具体的实行中会受到太阳能、风能、核能等其他资源发展的影响，同时也会存

表 8 – 1　　　　　　　　　　　　模型边界

内生变量	外生变量	被排除在外的变量
补偿标准税率	劳动力参与能源政策	其他资源环境限制
地方财政支出		分配公平

在实施地区的环境限制、分配公平等因素的影响，类似的影响因素是在整个系统中无法量化和考虑的，因此设定为被排除的变量。

2. 变量的选择

针对本章研究的草原碳汇补偿机制的错综复杂性，本模型选取了一些主要因素如表 8－2 所示来对所涉及的整个补偿机制进行探讨，根据所得结果来探讨系统的运行是否能提高企业、牧民增加参与草原碳汇的积极性，达到国家、企业、牧民各自得利，草原碳汇项目发展，进而达到改善草原生态平衡的目的。变量的选取虽然是主观性的，但是要符合整个机制发展的规律，并作为载体分析出受哪些状态变量所控制，最后根据状态变量的变化来调整完整的模型。如一个城市的人均国内生产总值衡量其经济基础，以人均可支配收入及恩格尔系数来衡量居民的生活水平，用居民生活水平和人口素质来研究社会诚信文化。本章中综合考虑模型结构关系和评价项目的具体指标，本模型选择了牧民人口、税率变化、能源政策、国家补偿资金、草原草场面积等多个流位变量、辅助变量和外生变量来对整个机制进行研究。

表 8－2　　　　　　　　　草原碳汇补偿机制的利益相关者

主体	行为
政府	政府财政收入
	政府税收
	国家转移支付
	市场参与者收益
	政府的补偿程度
企业	补偿的规模与效益
	碳汇的市场准入标准
	企业受益
个人	牧民收入
	牧民生活水平
	牧民参与程度

3. 因果关系图的确立与分析

因果关系图作为系统动力学的核心部分，其作用是用来表示系统反馈机制的。是利用箭头来连接各个变量，进而判断出一个因果回路是属于正因果回路还是否因果回路。因果关系图可以反映各个变量间的定性关系，预测整个系统的变化趋势，以明确整个草原碳汇补偿机制中所涉及因素的微观结构。在绘制因果关系中特别需要明确的是各个变量间的相关反映都是系统中各个因素的过去行为，并不能代表系统的结构。

影响整个系统变化的变量有很多直接的间接的，在把握文章所研究的目的和取向以后，应该对整个系统进行分析，排除其中不重要因素，保留每个子系统中较为重要的关键参数，将子系统内部和子系统之间的联系反映到各个不同的参数中，这样可以得到系统的因果关系回路图如图8-4所示，在所绘制的因果关系图中，"＋"号表示整个回路呈现正相关，即各要素间的关系会相互促进。

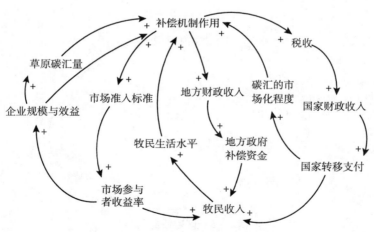

图8-4　草原碳汇补偿机制因果关系

主要是从政府、企业和个人的角度出发，对整个补偿机制做了设计。判断补偿机制是否能通过协调三者之间的关系，从而达到增加草原碳汇，发展牧区经济的作用，如图 8 – 4 所示。在整体做出中国草原碳汇补偿机制的相互作用的基础上，对整个机制进行了细分。首先，从政府来讲，分为了中央政府和地方政府。其次，加入了市场变量，对市场与政府间的反馈回路作出了分析。最后，对牧民在整个机制中的作用进行了设计。

从图 8 – 5 中可以看出整个草原碳汇补偿机制的运行过程中，补偿资金的主要来源就是国家政府的转移支付，而国家转移支付的资金来源于国家税收，只有税收增加了，国家的财政能力才能得到相应的增加，政府财政能力的增强会缩减政府的财政缺口，缓解政府转移支付的压力，政府可以在直接补偿的基础上，尽可能地加强牧区的经济建设，从而提高牧区经济水平。同时，政府在加强环境治理的同时，进一步发展地方碳汇市场，这样做，不但能达到保护牧区环境的目的，更能促进相关企业迁往牧区，进而解决当地牧民就业，使得牧民在休牧期间依然有稳定的经济收入，同时也可以促进牧区税收的增加，达到良性循环的正反馈回路。

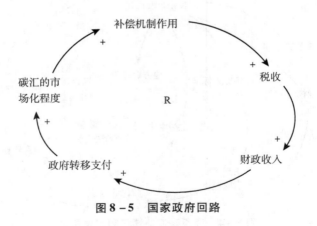

图 8 – 5　国家政府回路

国家的转移支付是针对全国的总的 3.9 亿公顷的牧区平均水平而言的，而对于各个地方的不同水平，地方政府在得到国家支付的基础上就当地牧区的发展水平做出更为具体的调整。如在内蒙古、新疆等地的个别地方，对于牧民的补偿资金实现了中央补助70%，地方和个人承担30%。地方分担一部分补偿资金，不但能够适应当地的具体情况，并且在很大程度上减轻了国家财政负担，同时增加了牧民收入。如图8－6加强了整个回路的正效应。

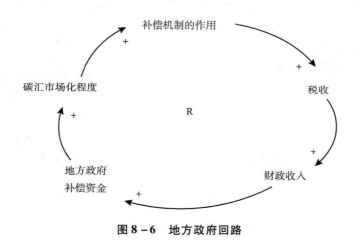

图8－6　地方政府回路

如图8－7所示市场的定位主要是整个机制中政府与牧民的纽带，草原碳汇市场的健康发展，会带动当地其他产业的发展，并且可以解决当地牧民的就业问题，改变当地的经济发展模式，这些因素相互促进，草原碳汇市场会更加规范化，市场的准入标准也会发生变化，从而影响进入草原碳汇市场的企业质量，市场越规范，市场参与者所得收益获得保障的可能性越大，同时也会更加稳定。这在很大程度上将会保证草原碳汇企业的税收收入，国家和地方的税收增加，对于规范碳汇市场、加强草原公共建设、增加补偿资金都发挥着不可替代的作用。

牧民与政府、与企业的因果关系如图8－8所示，在上述对政府和对企业的分析中提到。第一，牧民收到的补偿资金主要来源于政府，同时牧民享受政府所提供的服务。第二，牧民同企业又相互作用，草原碳汇企业的发展为牧民提供就业就会，保证牧民在休牧期依然有稳定的收入，从而提高牧民生活水平。牧民的共同参与又能为当地企业提供充足的劳动力，在很大程度上促进的发展，进一步提高碳汇企业的市场化程度。

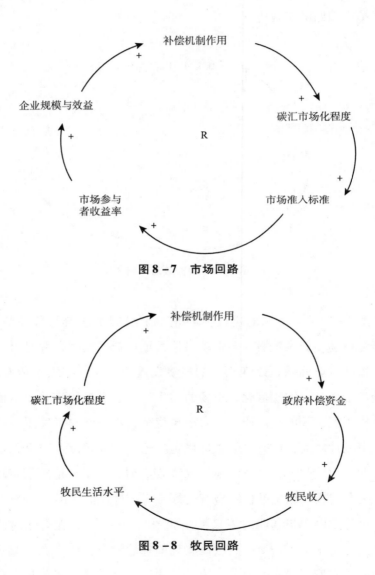

图8-7　市场回路

图8-8　牧民回路

8.3.3　模型建立及检验

1. 确立 SD 图

流程图是建立在前面所绘制的因果关系图的基础上，简单来说就是因果关系图是主观能动性出发的定性分析，主要是对整个补偿机制的模型主体结构的构建，而 SD 是从定量分析的角度出发，将因果关系图细分，将因果关系图中的多数变量延伸为影响其流位变量、流率变量和辅助变量的量化图。文中所涉及的变量因素根据其和系统内其他因素的关系是否为双向关系，将其归为内生化与外生化两种。如图 8－9 可以看出 SD 图较因果关系图而言，SD 图中只出现了一部分与之相同的变量，这是对系统内包含的详细影响因素的选择结果，主要在于验证整个补偿机制运行的可行性问题，并非容纳整个草原碳汇补偿因素的详细模型。

在对 SD 图中涉及的变量数据进行归纳整合后，使用 Vensim DSS 系统动力学软件来对上述因果关系图中涉及的各个变量进行详细说明，在此需要说明的是，因果关系是一种定性分析，主要是用来描绘模型的主体结构的，SD 图的绘制就是要把主体结构细化为定量分析，需要将因果关系中所提及的因素划分为流量变量与流率变量，同时必须引入一些辅助变量，才能把各个变量之间的关系表达明确，保证模型的完整性。

本章中的草原碳汇补偿机制是在参考生态补偿和森林碳汇补偿的同时，参考现阶段地方政策的情况下所做的研究，意在说明补偿机制的整个循环是否能够正常运行，因此考虑到模型的容量和分析的简化，在保证所做因果关系图中反馈关系成立的基础上，对变量做了适当的选择。模型中的变量说明见表 8－3，其中 L 表示水平变量，它代表某些物理量的积累水平，由流率变量的积分来表达。R 表示速率变量，它是流的流动速度，水平变量变化的强度，是系统活动结果的状态变化过程及其控制描述。A 为辅助变量是可以反映总体结构、规模的信息。C 为常量。

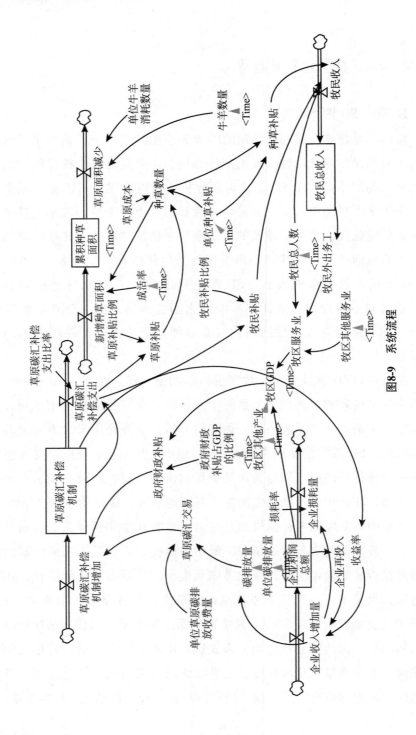

图8-9 系统流程

表 8 – 3　　　　　　　　　　　变量说明

序号	变量名	变量类型	变量单位	序号	变量名	变量类型	变量单位
1	草原碳汇补偿机制	L	亿元	12	碳排放量	A	亿吨
2	草原面积	L	千公顷	13	政府财政补贴	A	亿元
3	牧民补贴收入	L	元	14	GDP	A	亿元
4	企业利润总额	L	亿元	15	种草数量	A	千公顷
5	草原碳汇补偿机制增加	R	亿元	16	牧民补贴	A	元
6	草原碳汇补偿支出	R	亿元	17	服务业	A	亿元
7	企业收入增加量	R	亿元	18	草原碳汇交易	A	亿元
8	企业收入损耗量	R	亿元	19	服务业	A	亿
9	牧民补贴收入	R	元	20	种草补贴	A	亿元
10	草原面积增加	R	千公顷	21	草原恢复量	A	千公顷
11	草原面积减少	R	千公顷				

在本章建模初期提到过，模型的目的在于对整个草原碳汇补偿机制的运行与完善，因此所有变量相互影响都应该保证整个碳汇补偿机制的正反馈，才能说明整个机制建立的成功。本章定义了四个水平变量、七个速率变量、十个辅助变量来保证模型的完整性。在研究过程中在制定方程阶段设置初始值为0，主要考虑近些年的总积累量，具体对于政府、企业和个人设定为以下三种情况。

（1）要使草原碳汇补偿机制发挥作用，定义其初始值为0，草原碳汇补偿机制的增加，和草原碳汇补偿支出的变化都会影响到整个机制作用的发挥，定义后可得出：草原碳汇补偿支出 = 草原碳汇补偿机制 × 草原碳汇补偿支出比率

（2）草原面积的大小和质量直接关系到草原碳汇的多少，草原碳汇作为变量受到速率变量草原面积增加、草原面积减少的影响，定义可得出：草原面积增加 = 种草数量 + 草原恢复量；草原面积减少 = 单位牛羊消耗数量 × 牛羊数量。

（3）政府作为补偿资金的主要来源，其补偿资金主要运用于牧民的补偿，在本书中讨论的牧民补贴主要从种草补贴和畜牧养殖入手，定义后可得：牧民补贴收入＝种草补贴＋牧民补贴。种草补贴＝单位种草补贴×种草数量。

（4）企业利润作为企业是否继续参与草原碳汇的权衡标准，因此，可以设定为整个企业循环机制中的主要质变，企业利润受时间和空间范围内的收入增加量和损耗的影响，定义可得：企业收入增加量＝企业利润总额×收益率企业收入损耗量＝企业收入增加量×损耗率。

2. 历史检验

在进行模型整体历史检验之前，对于变量数据进行了收集，文章中直接数据多数来源于国家统计局以及地方统计局网站，少部分来自中国畜牧网，由于对牧民及企业的政策各个地方得标准不一样，因此本章在对于牧民补贴的数据在综合各地政策的基础上取平均值进行模拟。

对于历史数据的检验主要是为了检验模型是否具有真实性和有效性，根据中国草原碳汇补偿机制的系统动力学流程图和系统动力学方程对模型进行检验，检验结果和历史数据进行比较，来验证模型是否达到预想的效果，整个检验过程共分为三步：

（1）根据已有的关于中国草原碳汇补偿机制的知识积累，直接对模型的变量进行定义，对因果关系及系统方程进行主管检测，并对模型进行判断。

（2）使用 Vensim DSS 对以构建好的模型进行整体仿真，具体来讲就是使用软件的模拟检测和单位检测功能来对模型整体进行正确定检测，同时对系统参数的合理性进行检测。本模型在首次运行后产生了五条警告，主要是函数上下限问题设置不合理。之后对函数的界限进行反复修改，最终调整到合理范围，使整个模型运行趋向合理范围。

（3）将模拟所得结果与真实的历史数据进行比对，并对比判断结果的拟合程度，判别出模型的可信程度。

如图 8 - 10 ~ 图 8 - 13 所示，模型对积累种草面积、牧区 GDP、碳排放量和牧民总收入进行模拟，所得结果都与实际数据的趋势相同。一般来说，模拟结果与实际数据相比较而言，每个变量的相对误差小于10%，那么就可以判定模型的预测结果具有一定的可信度。如表8－4可以看出，所选变量的相对误差都小于10%，历史检验符合规律，说明所设计的模型和变量的选取在合理范围内。因此，在所设计模型的基础上进行以下的分析和预测是有根据的。

图 8－10 累计种草面积的检验结果

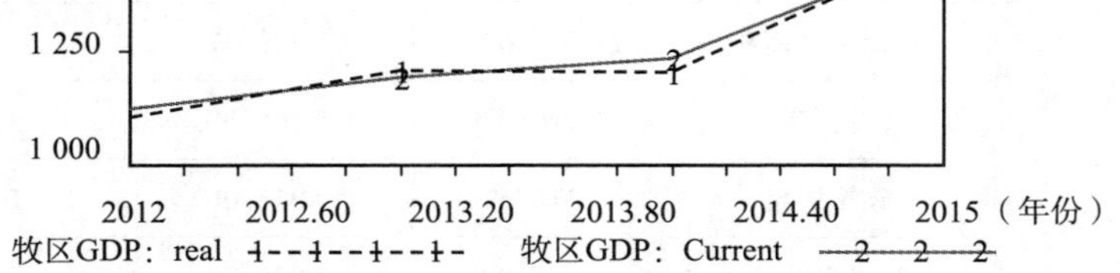

图 8－11 牧区 GDP 的检验结果

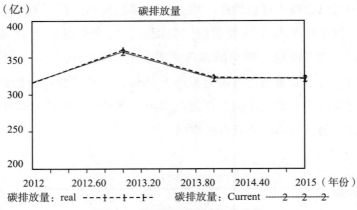

图 8 - 12　碳排放量的检验结果

图 8 - 13　牧民总收入的检验结果

表 8 - 4　　　　　　　　　　　　检验结果相对误差

年份	项目	仿真结果	实际结果	相对误差（%）
2012	累积种草面积	21 533.60	21 349.97	0.86
	牧区 GDP	1 124.659	1 106.32	1.66
	碳排放量	316.67	316.00	0.21
	牧民总收入	4 641.20	4 828.70	- 3.88

续表

年份	项目	仿真结果	实际结果	相对误差（%）
2013	累积种草面积	19 414.52	19 519.97	-0.54
	牧区 GDP	1 191.82	1 208.49	-1.38
	碳排放量	357.31	360.00	-0.75
	牧民总收入	5 156.61	5 470.8	-5.74
2014	累积种草面积	19 752.03	19 812.61	-0.31
	牧区 GDP	1 233.294	1 205.65	2.29
	碳排放量	321.53	323.00	-0.46
	牧民总收入	5 629.86	5 383.50	4.58
2015	累积种草面积	20 775.66	20 867.09	-0.44
	牧区 GDP	1 472.31	1 479.84	-0.51
	碳排放量	321.52	321.00	0.16
	牧民总收入	6 138.24	6 195.70	-0.93

注：表中各数据单位见表 8 - 3。

3. 灵敏度检验

在模拟过程中通过改变模型中的参数、结构够继续进行模型模拟，分析比较输出的结果后，进而确定去每个变量对整个模型的影响程度。本章中改变的是模型参数，输入的为数值，据此建立表达式为：设 X 为变化参数，Y 为输出变量，则灵敏度为 S，则数学表达式如式（8-1）：

$$s(t) = \left| \frac{\Delta Y(t)/Y(t)}{\Delta X(t)/X(t)} \right| \qquad (8-1)$$

一般情况而言，模型中能够对参数和表函数的选择较为准确的话，模型对改变参数和表函数的反映不会很敏感。对累计种草面积进行灵敏度分析结果如表 8-5 和图 8-14 所示，草原面积对于畜牧数量是十分敏感的，敏感度从 0 最高到 1.85。因此保持适当的畜牧数量可以有效地保护草原面积，提高居民收入可作为政策的作用点。

表 8 – 5　　牛羊数量影响因子对累计种草面积的灵敏度分析　　单位：hm²

年份	累积种草面积		
	原始	变化值	灵敏度
2011	20 867.1	20 867.1	0.00
2012	21 533.6	20 182.21	0.31
2013	19 414.52	16 143.13	0.84
2014	19 752.03	15 064.44	1.19
2015	20 775.66	14 902.56	1.41
2016	21 962.73	15 164.12	1.55
2017	22 238.01	14 794.07	1.67
2018	22 065.78	14 256.71	1.77
2019	21 565.69	13 671.67	1.83
2020	20 796.3	13 097.52	1.85
2021	19 820.19	12 596.85	1.82
2022	19 628.57	12 861.39	1.72
2023	20 299.12	13 988.11	1.55
2024	21 919.01	16 064.16	1.34
2025	24 586.33	19 187.65	1.10

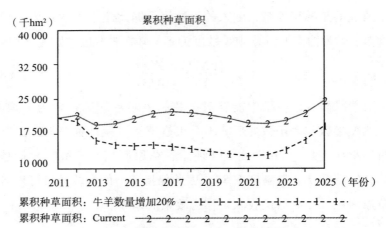

图 8 – 14　牛羊数量影响影子对累计种草面积的灵敏度分析

表8-6和图8-15是通过改变对牧民的补贴来研究对牧民总收入的影响，政府对于牧民的补贴增加，牧民则会很积极地参与到休牧种草的号召中，草原面积的增加则会影响碳汇量的增加，进而影响到企业利润，牧民的生产方式得到转变，会影响牧民收入，因此，增加牧民的政府补贴对于牧民的总收入有一定弹性，政府补贴的增加，牧民收入随之增加。综上所述，本模型设计较为合理。

表8-6　　　　　牧民补贴影响影子对牧民总收入的灵敏度分析　　　　单位：元

年份	牧民总收入		
	原始	变化值	灵敏度
2011	4 265.5	5 118.6	1.00
2012	4 641.197	5 659.604	1.10
2013	5 156.615	6 401.805	1.21
2014	5 629.859	7 083.362	1.29
2015	6 138.241	7 815.635	1.37
2016	6 874.285	8 876.095	1.46
2017	7 639.024	9 978.107	1.53
2018	8 484.332	11 196.57	1.60
2019	9 426.685	12 555.24	1.66
2020	10 476.28	14 068.9	1.71
2021	11 644.22	15 753.63	1.76
2022	12 942.92	17 627.45	1.81
2023	14 386.33	19 710.56	1.85
2024	15 990.13	22 025.75	1.89
2025	17 772.08	24 598.76	1.92

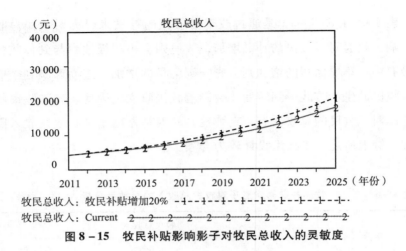

图 8-15 牧民补贴影响影子对牧民总收入的灵敏度

8.3.4 模型仿真

1. 参数仿真

前面提到过本章模型的目的是模拟草原碳汇补偿机制的宏观运行是否符合历史规律，所选取的变量并没有包含所有的补偿因素，不可能完全精确地呈现现实补偿中情况。但是可以在基础情境下预测未来的发展，反映所研究问题的全貌预测变化趋势的正确性。本章根据牧区牛羊总量、单位种草补贴和曹政补贴占 GDP 比例做了基本的参数设置如表 8-7 所示。

表 8-7 原模型基本参数设置

项目	2010 年	2011 年	2012 年	2013 年	2014 年	2015 年
牛羊总量（万头）	31 335.06	31 936.97	31 332.2	31 860.45	32 414.95	33 670.75
单位种草补贴（元）		25	30	30	30	50
财政补贴占 GDP 比例（%）	12	12	12	12	12	12

其基本输出结果如图 8-16 ~ 图 8-20 所示（仿真程序与方程见附录 2、附录 3）。

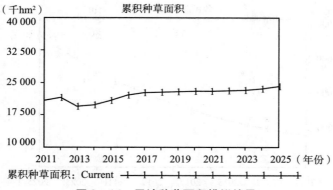

图 8 – 16　累计种草面积模拟结果

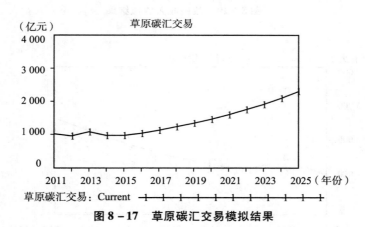

图 8 – 17　草原碳汇交易模拟结果

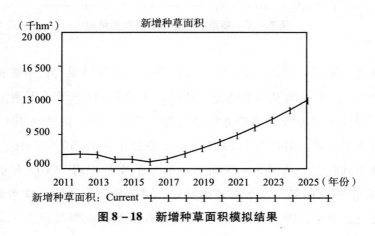

图 8 – 18　新增种草面积模拟结果

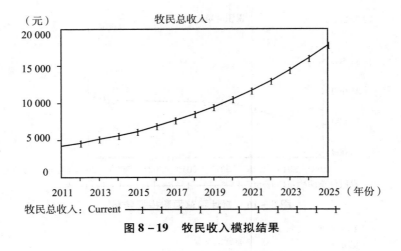

图 8 - 19 牧民收入模拟结果

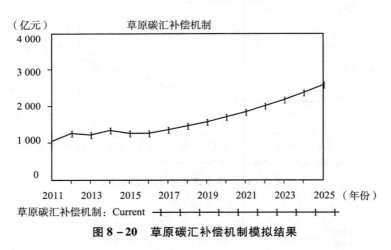

图 8 - 20 草原碳汇补偿机制模拟结果

通过上述模型仿真的输出结果可以看出，模拟结果与已有数据并不能完全符合，但是其基本趋势是一致的。从图 8 - 16 所示累计种草面积来看，2011 ~ 2016 年总体趋势是呈缓慢上升的状态，虽然在 2013 年的时候出现了下降，但是在 2013 年之后又恢复了上升趋势。2016 年之后也呈现上升状态。从图 8 - 17 所示草原碳汇交易来看，2013 年的时候《京都议定书》的第二期承诺开始实施，对于资金、适应、技术等内容作了进一步调整，因此在 2013 年的时候碳汇贸易应当呈现出小高峰的趋势，虽然之后有所下降，但是在 2015～2016 年间受《巴黎协定》等国际公约的影响，其在之后的发展中呈现出上升趋势。随着国家对于生态保护力度的加强，新增种草面积一直在呈现上升的趋势，虽然在 2014～2016 年间增加的趋势有所减缓，但在整体上依然保持上升的状态，如图 8-18 所示。牧民收入在整个草原碳汇补偿机制中是接受补偿的主要对象，前面在对牧民的补偿中做过介绍，如图 8-19 所示各地政府对牧民的补偿近年来呈现出加大的趋势，意在逐渐转变牧民生产方式，提高牧民生活水平，因此，牧民的收入呈现出不断上升的趋势。所有因素的讨论都是包含在中国草原碳汇补偿机制中进行的，综上草原碳汇补偿机制也呈现上升趋势，如图 8-20 所示。

2. 政策仿真

政策仿真主要是在预测变量的发展趋势的同时，试验在不同的虚拟条件下，变更变量对于整个系统所产生的影响，所得结论可以为我们的研究结论提供一定的参考。在本章中设计了三种方案如表 8-8 所示，每种方案的设计都是同时从两个方面着手，一方面是考虑碳排放，另一方面是考虑碳吸收。基于此，对比不同的方案所得出的结果，观察中国草原碳汇补偿机制的动态变化行为。

表 8-8 备选方案比较

方案	方案描述	参数	变化
方案一	增加政府财政补贴 增加种草数量	政府财政补贴占 GDP 的比例	较基础情景增加 10%
		草原补贴比例	较基础情景增加 5%
方案二	加大单位碳排放收费额 减少牛羊数量	单位草原碳排放收费量	较基础情景增加 10%
		牛羊数量	较基础情景减少 5%
方案三	单纯发展服务业和 其他产业	牧区其他服务业	较基础情景增加 10%
		牧区其他产业	较基础情景增加 10%

如图 8-21 所示的运行结果可以看出，首先，方案一增加政府财政

补贴，同时增加种草数量对增加草原碳汇量的影响最为明显。文章在草原碳汇补偿机制模拟的基础上，对机制中所涉及的变量进行对比分析，选择在整个环境中起到主要作用的变量，对变量参数进行改变，发现政府的补偿行为对整个系统的影响最大，政府的行为同时也会影响企业的利益，企业的发展会影响到牧民的收入及生产方式的改变，牧民的生活水平又会直接作用于企业发展及国家的政策。三者相互影响相互关系，决定了草原碳汇发展的基础循环链。基于此，应该全面发展政府补贴，采取纵向补贴和横向补贴共同发展的方式，同时加大对牧区种草的治理力度，以此来保证草原碳汇的健康发展。

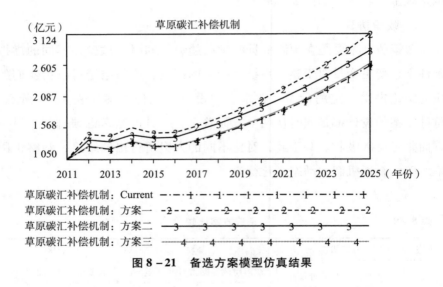

图 8 – 21　备选方案模型仿真结果

其次，方案二是加大单位碳排放收费额，减少牛羊数量对于增加草原碳汇量有相对重要的作用。在方案二的制订中，加大单位碳排放收费额主要是从碳源角度出发，针对企业而言，加大单位碳排放的收费量，在把企业的碳汇交易指数纳入纳税范围的同时，对于企业超出规定碳汇指数的范围采取罚款的措施，能够有效激励企业发展碳汇贸易。同时减少牛羊数量的措施是建立在国家收入增加，牧民生活质量得到保证的基础上。这样做可以在一定程度上保护草原生态,增加草原碳汇,减少牛羊数量直接作用是为了保护草原,增加固碳量,是从碳汇角度出发的。因此,加大单位碳汇的奖励力度,同时减少牛羊数量对于草原碳汇的发展也能起到一定的作用,在中国草原碳汇补偿机制建立期间,应当努力完善对于企业碳汇行为的奖惩措施,并且加强对于转变牧区的生产方式的重视。

最后,方案三单纯发展服务业和其他产业,是考虑到转变草原生产方式,发展草原生态而言。根据政策模拟所得,第二产业和第三产业的发展对碳汇的作用较第一产业相对较小,并且在气候政策方面受到的关注度较小,且第二产业和第三产业的发展直接作用于草原碳汇的可能性较小,大多数影响是通过其他产业反映出来的,从仿真结果来看,单纯的发展第二产业和第一产业是可以直接减少草原碳排放量的增加,但是对草原碳汇的发展没有很明显的作用,因此,促进草原碳汇的发展,应当加大政府补贴,增加草原碳汇,促进草原生产方式的转变,提高牧民生活水平,同时,对于第二产业和第三产业的发展也应建立在碳汇经济发展的基础上。因此,第二产业和第三产业对于草原碳汇的发展作用最小,在草原碳汇补偿机制建立的时候,应该结合第一产业的发展来制定第二产业和第三产业的补偿措施,以保证中国草原碳汇补偿措施的整体正循环(见表8-9)。

表8-9　　　　　　　　　草原碳汇量仿真结果比较

年份	原模型	方案一	方案二	方案三
2011	1 050.00	1 050.00	1 050.00	1 050.00
2012	1 259.60	1 463.59	1 367.30	1 264.31
2013	1 211.95	1 430.88	1 335.25	1 218.24
2014	1 328.18	1 575.78	1 453.91	1 337.39
2015	1 254.26	1 484.30	1 397.82	1 265.14
2016	1 256.80	1 485.44	1 411.29	1 270.05

续表

年份	原模型	方案一	方案二	方案三
2017	1 343.48	1 587.55	1 515.73	1 360.11
2018	1 451.95	1 719.18	1 634.74	1 471.02
2019	1 571.18	1 865.17	1 763.22	1 592.15
2020	1 701.91	2 025.97	1 903.71	1 724.91
2021	1 845.42	2 203.22	2 057.83	1 870.71
2022	2 003.22	2 399.00	2 227.27	2 031.12
2023	2 177.05	2 615.72	2 413.92	2 207.91
2024	2 368.94	2 856.21	2 620.01	2 403.19
2025	2 581.24	3 123.83	2 848.10	2 619.34

8.3.5 仿真结论分析

运用系统动力学对所设计的草原碳汇补偿机制进行了定性分析，所得结果与实际结果做了对比，结果显示所设计机制中的变量累计种草面积、牧区 GDP、碳排放量、牧民总收入均在合理范围内。由此说明所设计的草原补偿机制具有一定的可行性。同时，从对模型中的牛羊数量和牧民补贴参数改变所得到的变化可以看出，牛羊数量和牧民补贴是整个机制中最具有影响的因素，关于二者的相关环节应当更加重视，在所设计机制中充分发挥了国家与企业和个人的相互作用，在控制畜牧和增加对牧民别贴方面应当加大力度，这样能从本质解决草原碳汇的问题，同时增加牧民补贴能够起到改变当地生产方式的作用。

附录1　草原碳汇市场 VENSIM 输出语言

二氧化碳排放量 = INTEG(排放增加量 - 排放减少量,6.52929e + 006)

Units：千吨

从业人员素质 = WITH LOOKUP(Time,([(2006,0) - (2025,1)], (2006,0.188),(2008,0.211),(2010,0.223),(2012,0.354),(2014, 0.469),(2016,0.599),(2018,0.621),(2020,0.655),(2022,0.613), (2024,0.702)))

Units：无单位

减排企业积极性 = 政府限额分配力度 * 金融机构支持力度

Units：无单位

减排力度 = 环保投资占比

Units：无单位

可利用比例 = 16.5

Units：无单位

可利用草原面积 = 累计种草面积 * 可利用比例

Units：千公顷

增长因子 = WITH LOOKUP(Time,

([(2006,0) - (2025,0.1)],(2006,0.064),(2008,0.077), (2010,0.074),(2012,0.059),(2014,0.066),(2016,0.048),(2018, 0.085),(2020,0.073),(2022,0.076),(2024,0.062)))

Units:无单位

已融资额 = WITH LOOKUP(融资基金总额,

([[(0,0) − (500,200)],(1.61,0.053),(6.37,0.962),(25.74,

3.369),(49.34,9.467),(65.74,13.557),(105.12,32.619))))

Units:亿元

排放减少量 = 二氧化碳排放量 * 减排力度

Units:千吨

交易增长速率 = 0.4 * 法治环境 + 0.3 * 购买力度 + 0.2 * 草原碳汇

的影响系数 + 0.1 * 从业人员素质

Units:无单位

排放增加量 = 二氧化碳排放量 * 增长因子

Units:千吨

法治环境 = 30

Units:无单位

牧民人均收入增量 = 牧民人均纯收入 * 牧民收入增长速率

Units:元

牧民人均纯收入 = INTEG(牧民人均收入增量,805.8)

Units:元

牧民收入增长速率 = 生态补偿力度 * 金融机构支持力度

Units:无单位

环保投资占比 = 0.069

Units:无单位

生态补偿力度 = 0.017

Units:无单位

碳汇交易增量 = 草原碳汇平台规模 * 交易增长速率

Units:万元

碳汇潜力 = 0.83

Units:吨/公顷

种草面积增长速度 = WITH LOOKUP(牧民人均纯收入,

([(800,0) - (3000,1)],(805.8,0.0097),(892.6,0.0115),

(967.3,0.0433),(1076.8,0.1062),(1113.8,0.1254),(1261.1,

0.1398),(1415.8,0.1556))))

Units:元

累计种草面积 = INTEG(种草面积增长速度,19300)

Units:千公顷

草原碳汇平台规模 = INTEG(碳汇交易增量,1000)

Units:万元

草原碳汇的影响系数 = WITH LOOKUP(草原碳汇量,

([(10000,0) - (40000,1)],(16194.1,0.35),(16444.5,0.33),

(17319.7,0.47),(17720.5,0.18),(19159.4,0.49),(22520.7,

0.13)))

Units:无单位

草原碳汇量 = 可利用草原面积 * 碳汇潜力 * 0.001

Units:吨

融资基金增长速率 = 从业人员素质 * 法治环境

Units:无单位

融资基金增长量 = 融资基金总额 * 融资基金增长速率

Units:亿元

融资基金总额 = INTEG(融资基金增长量,1.61)

Units:亿元

购买力度 = 减排企业积极性

Units:无单位

金融机构支持力度 = 已融资额/融资基金总额

Units:无单位

政府限额分配力度 = 二氧化碳排放量/(可利用草原面积 * 碳汇潜力)

Units:无单位

附录2 草原碳汇补偿 VENSIM 程序输出语言

牧区 GDP =

企业利润总额/100 + 牧区其他产业 + 牧区服务业

单位:亿元

企业再投入 =

企业利润总额 * 0.3

单位:亿元

牧民总人数 = WITH LOOKUP(

Time,

([(2011,2000) – (2025,5000)],(2011,3134.8),(2012,3285),

(2013,3442.4),

(2014,3511.8),(2015\,3800),(2024.96,4618.42)))

单位:万人

企业损耗量 =

企业收入增加量 * 损耗率

单位:亿元

企业收入增加量 =

企业再投入 * 收益率

单位:亿元

牧民补贴 =

草原碳汇补偿支出 * 牧民补贴比例

单位:亿元

牧区服务业 =

(牧区其他服务业 + 牧民外出务工 * 牧民总人数) * 1.5

单位:万人

种草数量 =

草原补贴 * 10^8/(单位种草补贴 + 草原成本)/10^3

单位:千公顷

成活率 = WITH LOOKUP(

Time,

([(2011,0.4) - (2025,1)],(2011,0.789474),(2011.81,0.66),
(2013,0.684211),(2014,0.585),\(2015,0.62),(2016.57,
0.578947),(2024.91,0.568421)))

　　~

　~

([(2011,0.4) - (2015,1)],(2011,0.789474),(2011.81,0.66),
(2012.58,0.684211),(2\013.43,0.689474),(2014.2,0.736842),
(2015,0.739474))

单位:%

新增种草面积 =

种草数量 * 成活率

单位:千公顷

草原成本 = 5000

单位:元/公顷

牧民外出务工 =

牧民总收入/(2 * 10^5)

单位:万人

草原碳汇补偿支出 =

草原碳汇补偿机制 * 草原碳汇补偿支出比率

单位:亿元

牧区其他服务业 = WITH LOOKUP(Time,

([(2011,0) − (2025,150)], (2011,10), (2012. 33,19. 7368),

(2012. 88,59. 8684),

(2013. 83,45. 3947 \), (2015. 11,94. 0789), (2016. 61,122. 368),

(2024. 91,144. 079)))

单位:亿元

种草补贴 = 单位种草补贴 * 种草数量

单位:亿元

牧民收入 =

(种草补贴 + 牧民补贴)/牧民总人数 * 5

单位:元

损耗率 = 0. 01

单位:无

企业利润总额 = INTEG(企业收入增加量 − 企业损耗量,4663. 8)

单位:亿元

碳排放量 = 企业收入增加量 * 单位碳排放量

单位:亿吨

收益率 = WITH LOOKUP(草原碳汇补偿机制,

([(0,0) − (10000,10)], (1000,0. 3), (10000,0. 4)))

单位:无

单位碳排放量 = WITH LOOKUP(Time,

([(2010. 9,0. 3) − (2025,1)], (2010. 99,0. 81), (2011. 89,

0. 674561), (2012. 71,0. 76), (2013. 66,\0. 600877), (2015. 17,0. 53),

(2024. 91,0. 508772)))

单位:吨

草原补贴比例 = 0. 5

单位:无牧民补贴比例 = 0. 5

单位:无

草原碳汇补偿支出比率 = 0.9

单位:无

草原碳汇补偿机制 = INTEG(草原碳汇补偿机制增加 - 草原碳汇补偿支出,1050)

单位:亿元

牧区其他产业 = WITH LOOKUP(Time,

([(2011,0) - (2025,2000)],(2011.04,972.807),(2012.5,984.211),

(2013.87,999.123),(2015,\1200),(2025,1500)))

单位:亿元

单位牛羊消耗数量 = 10

单位:千公顷/万头

单位种草补贴 = WITH LOOKUP(Time,

([(2011,20) - (2025,100)],(2011,25),(2012,30),(2013,30),(2014,30),(2015,50),(2025,80)\))

单位:元/公顷

单位草原碳排放收费量 = 3

单位:元/吨

草原碳汇交易 =

单位草原碳排放收费量 * 碳排放量

单位:亿元

Time,

([(2009,400) - (2025,2000)],(2009.82,600),(2010.98,670),(2012,960),

(2013.31,630),(2013.94\,600),(2014.52,530),(2018.49,763.158),

(2020.11,870.175),(2024.9,1200)))

单位:万头

政府财政补贴 = 牧区 GDP * 政府财政补贴占 GDP 的比例

单位:亿元

政府财政补贴占 GDP 的比例 = WITH LOOKUP(Time,

([(2011,0) - (2016,0. 2)] , (2011. 08,0. 122807) , (2011. 98,

0. 121053) ,

(2013. 02,0. 113158) , (2014,0. 127193) , (2015. 01,0. 113158) ,

(2016,0. 12)))

单位:无

牧民总收入 = INTEG(牧民收入,4265. 5)

单位:元

累积种草面积 = INTEG(新增种草面积 - 草原面积减少,20867. 1)

单位:千公顷

草原碳汇补偿机制增加 =

政府财政补贴 + 草原碳汇交易

单位:亿元

草原面积减少 = 单位牛羊消耗数量 * 牛羊数量

单位:千公顷

草原补贴 = 草原碳汇补偿支出 * 草原补贴比例

单位:亿元 ~

****

. Control

*** ~

Simulation Control Parameters

|

FINAL TIME   = 2025

    ~   Year

    ~   The final time for the simulation.

|

INITIAL TIME　　= 2011

~　　Year

~　　The initial time for the simulation.

|

SAVEPER　　=

　　　TIME STEP

~　　Year[0 , ?]

~　　The frequency with which output is stored.

TIME STEP　　= 1

~　　Year[0 , ?]

~　　The time step for the simulation.

附录 3　草原碳汇补偿仿真模型输入方程式

Compensation mechanism of grassland carbon sink = INTEG (0) increase of compensation mechanism of grassland carbon sink

The initial value of 0, the main consideration of the total amount of accumulated in recent years

Grassland area = INTEG (20867. 1, area increase-area reduction)

Herdsmen subsidy income = INTEG (0, income)

Total corporate profit = INTEG (466. 38, revenue increase-loss)

Grassland carbon sink compensation mechanism = government financial subsidies + grassland carbon sink Trading

Compensation for grassland carbon sink = grassland carbon sink compensation mechanism grassland carbon sequestration compensation ratio

Increase of enterprise income = total profit of enterprise

Income loss of enterprise = enterprise income increase

The herdsmen income subsidies subsidies and subsidies = grass herdsmen

The grassland area increased the number of grassland restoration + = grass

Carbon emissions = revenue increase * unit carbon emissions

Grassland carbon sequestration transaction = Unit grassland carbon emissions charges * carbon emissions

Service sector = total number of other services + herders working out *

herdsmen

Carbon emissions = revenue increase * unit carbon emissions

Government subsidies = GDP * government financial subsidies accounted for the proportion of GDP

The number of grass prairie subsidies (+ / = cost per unit subsidy grassland grass)

Herdsmen subsidies = grassland carbon sequestration compensation * the proportion of farmers / herders

Grassland carbon sequestration transaction = Unit grassland carbon emissions charges * carbon emissions

Grassland carbon sequestration transaction = Unit grassland carbon emissions charges * carbon emissions

参 考 文 献

［1］ Pearce D. W. , Cline W. R. , A. chanta A. et al. The social costs of climate change: Greenhouse damage and the benefits of control ［M］. Intergovernmental Panel on Climate Change. Climate Change 1995: Economic and Social Dimensions of Climate Change. Cambridge: Cambridge University Press, 1996: 183 – 224.

［2］ 郑楚光. 温室效应及其控制对策 ［M］. 北京: 中国电力出版社, 2001: 127 – 128.

［3］ Tol R. S. J. The marginal damage costs of carbon dioxide emissions: An assessment of the uncertainties ［J］. Energy Policy, 2005, 33 (16): 2064 – 2074.

［4］ 赵同谦, 欧阳志云, 郑华等. 中国森林生态系统服务功能及其价值评价 ［J］. 自然资源学报, 2004, 19 (4): 480 – 491.

［5］ 李文华, 欧阳志云, 赵景柱. 生态系统服务功能研究 ［M］. 北京: 气象出版社, 2002.

［6］ 侯元兆. 中国森林资源核算研究 ［M］. 北京: 中国林业出版社, 1995: 136.

［7］ Moncrieff J. B. , P. G. Jvis, Rvalentini. Methods in ecosystem science ［M］. Berlin: Springier – Verlag, 1999: 161 – 180.

［8］ Aubient M. et al. Estimates of the annual net Carbon and water exchange of forests: The Euro – Flux Methodology ［J］. Advances in Ecological Research, 2000 (30): 113 – 175.

［9］Goulden M. L. , William Munger J. , Fan S. M. et al. Exchange of carbon dioxide by a deciduous forest: Response to inter-annual climate variability ［J］. Science, 1996 (271): 1576 – 1578.

［10］何英. 森林固碳估算方法综述 ［J］. 世界林业研究, 2005, 18 (1): 22 – 27.

［11］Houghton, R. A. Counting terrestrial sources and sinks of carbon ［J］. Climatic Change, 2001 (48): 525 – 534.

［12］张颖, 吴丽莉, 苏帆, 杨志耕. 中国森林碳汇核算的计量模型研究 ［J］. 北京林业大学学报, 2010, 32 (2): 194 – 200.

［13］李意德. 中国热带天然林植被碳贮存的估算 ［J］. 林业科学研究, 1999, 11 (2): 156 – 162.

［14］方精云. 北纬中高纬度的森林碳库可能远小于目前的估算植物 ［J］. 生态学报, 2000, 24 (5): 635 – 638.

［15］杨洪晓, 吴波, 张金屯. 森林生态系统的固碳功能和碳储量研究进展 ［J］. 北京师范大学学报: 自然科学版, 2005, 41 (2): 172 – 177.

［16］曹吉鑫, 田赟, 王小平, 孙向阳. 森林碳汇的估算方法及其发展趋势 ［J］. 生态环境学报, 2009, 18 (5): 2001 – 2005.

［17］谢高地, 李士美, 肖玉, 祁悦. 碳汇价值的形成和评价 ［J］. 自然资源学报, 2011, 26 (1): 1 – 10.

［18］简盖元, 冯亮明, 王文烂, 卢素兰. 森林碳汇价值与农户林业收入增长的分析 ［J］. 林业经济问题, 2010, 30 (4): 304 – 308.

［19］张晓涛, 李雪. 国际碳交易市场的特征及中国碳交易市场建设发展研究 ［J］. 中国经贸导刊, 2010 (3): 24 – 25.

［20］冯巍. 全球碳交易市场架构与展望 ［J］. 发展研究, 2009 (5): 42 – 44.

［21］李婷, 李成武, 何剑锋. 国际碳交易市场发展现状及中国碳交易市场展望 ［J］. 经济纵横, 2010 (7): 76 – 80.

［22］李通. 碳交易市场的国际比较研究［D］. 吉林大学博士学位论文，2012：14.

［23］李怒云，王春峰，陈叙图. 简论国际碳和中国林业碳汇交易市场［J］. 中国发展，2008，8（3）：9 –12.

［24］陈叙图. 中国尚不具备建立森林碳汇交易市场的条件［R］. 中国绿色时报，2008 –5 –15，第 A03 版.

［25］王玉海，潘绍明. 金融危机背景下中国碳交易市场现状和趋势［J］. 经济理论与经济管理，2009，11：57 –63.

［26］Stolly. K. Constant utility paths and irreversible global warming［R］. Can. J. Econ.，Revue canadiensed. Economique1998：31（August，3）：730 –742.

［27］Klok J.，A. Larsen，A. Dahl and K. Hansen. Ecological Tax Reform in Denmark：History and Social Acceptability［J］. Energy Policy，2006（34）.

［28］Vehmas J. Energy – Related Taxation as an Environ-mental Policy Tool-the Finnish Experience 1990 –2003［J］. Energy Policy，2005（33）.

［29］Miles Young. Beautifying the ugly step-sister：designing an effective cap-and-trade program to reduce greenhouse gas emissions［J］. Brigham Young University Law Review，September，2009，Volume 2009，Number 5.

［30］王金南等. 应对气候变化的中国碳税政策研究［J］. 中国环境科学，2009，29（1）：101 –105.

［31］姚昕，刘希颖. 基于增长视角的中国最优碳税研究［J］. 经济研究，2010（11）：48 –58.

［32］曹静. 走低碳发展之路：中国碳税政策的设计及 CGE 模型分析［J］. 金融研究，2009（12）：19 –29.

［33］朱永彬，刘晓，王铮. 碳税政策的减排效果及其对中国经济的影响分析［J］. 中国软科学，2010（4）：1 –9.

［34］UNFCCC 2001. Land use，land-use change and forestry. Decision

11/CP. 7.

[35] Simula M. , Salmi J. and Puustajarvi E. Forest Financing in Latin America: the role of Inter-American Development Bank. Washington, D. C, 2002.

[36] 王雪红. 林业碳汇项目及其在中国发展潜力浅析 [J]. 世界林业研究, 2003, 16 (4): 7 - 12.

[37] 林而达. 与《京都议定书》和生物碳基金有关的碳循环科学与政策问题 [M]. 中国林业出版社, 2003.

[38] Kathryn R. Kirby A. , Catherine Potvin. Variation in carbon storage among tree species: Implications for the management of a small-scale carbon sink project [J]. Science Direct, Forest Ecology and Management 246 (2007) 208 - 221. http://www. elsevier. com/locate/foreco.

[39] 陈继红, 宋维明. 中国 CDM 林业碳汇项目的评价指标体系 [J]. 东北林业大学学报, 2006, 34 (1): 87 - 88.

[40] 章东升. 中国 CDM 林业碳汇项目运行机制研究 [D]. 北京林业大学硕士学位论文, 2005.

[41] 龚亚珍, 李怒云. 中国林业碳汇项目的需求分析与设计思路 [J]. 林业经济, 2006 (6): 36 - 38.

[42] 马贵珍. 清洁发展机制下开展中国林业碳汇项目的探讨 [J]. 西南林学院学报, 2008, 28 (4): 20 - 23.

[43] 林德荣, 李智勇. 中国 CDM 造林再造林碳汇项目的政策选择 [J]. 世界林业研究, 2006, 19 (4): 52 - 56.

[44] 庄贵阳. 金融危机和政策变动双重影响下中国 CDM 项目开发现状与对策选择 [J]. 经济研究参考, 2009 (52): 2 - 10.

[45] 王谋, 潘家华等. 规划方案下 CDM (PCDM) 实施问题及前景 [J]. 经济地理, 2010, 30 (2): 204 - 207.

[46] 武曙红, 张小全, 宋维明. 国际自愿碳汇市场的补偿标准 [J]. 林业科学, 2009, 45 (3): 134 - 139.

［47］UNFCC. 2003. Decision 19/CP. 9：modalities and procedures for a forestation and reforestation project activities under the clean development mechanism in the first commitment period of the Kyoto protocol ［EB/OL］. ［2004 – 03 – 03］. http：//unfccc. Int/resource/docs/cop9/06a02. pdf.

［48］VCS Association. 2007·Voluntary carbon standard guidance for agriculture，forestry and other land use projects ［EB/OL］. ［2007 – 11 – 19］. http：//www. v-c-s. org/docs/VCS％202007. pdf.

［49］CCBA. 2005·Climate，community and biodiversity project design standards：first edition ［EB/OL］. ［2005 – 12 – 14］. http：//www. Climate standards. org/images/pdf/CCBA Standards. pdf.

［50］Plan Vivo. 2007. The Plan Vivo Standards ［EB/OL］. ［2007 – 12 – 14］. http：//www. Planvivo. org/content/fx. planvivo/resources/Plan％20Vivo％20Standards％202007. pdf.

［51］朱广芹，韩浩. 基于区域碳汇交易的森林生态效益补偿模式 ［J］. 东北林业大学学报，2006，38（10）：109 – 111.

［52］王可达. 中国增加森林碳汇的对策研究 ［J］. 开放导报，2011（4）：65 – 68.

［53］李顺龙. 森林碳汇经济问题研究 ［D］. 东北林业大学博士学位论文，2005.

［54］齐建国. 大力发展循环经济，促进碳循环和碳汇产业发展 ［J］. 再生资源与循环经济，2011，4（11）：10 – 13.

［55］Aurora Miho Yanai，Euler Melo Nogueira. Deforestation and Carbon Stock Loss in Brazil's Amazonian Settlements ［J］. Environmental Management，2017（59）：393 – 409.

［56］张颖，吴丽莉，苏帆，杨志耕. 中国森林碳汇核算的计量模型研究 ［J］. 北京林业大学学报，2010，32（2）：194 – 200.

［57］魏亚伟，周旺明，于大炮，周莉，方向民，赵伟，包也，孟莹莹，代力民. 中国东北天然林保护工程区森林植被的碳储量 ［J/OL］.

生态学报，2014，34（20）．

［58］高仲亮，陈鹏宇，舒立福．林下可燃物管理方式对森林碳储量的影响［J］．安徽农业科学，2013，41（23）．

［59］方精云，黄耀，朱江玲，孙文娟，胡会峰．森林生态系统碳收支及其影响机制［J］．中国基础科学，2015，17（3）：20－25．

［60］Marcus Knauf，Michael Köhl，Volker Mues，Konstantin Olschofsky，Arno Frühwald. Modeling the CO_2 – effects of forest management and wood usage on a regional basis［J］. Carbon Balance and Management，2015（10）：13.

［61］詹鹏，陈介南，张林，王琼．生物质能源林碳汇计量研究进展［J］．林业实用技术，2014（4）：22－25．

［62］莫祝平，王春峰，童德文．清洁发展机制下造林再造林项目实施障碍分析与对策建议——以中国广西珠江流域治理再造林项目为例［J］．林业经济，2012（6）：57－63．

［63］杨帆，曾维忠，张维康，庄天慧．林农森林碳汇项目持续参与意愿及其影响因素［J］．林业科学，2016，52（7）：138－147．

［64］Purity Rima Mbaabu，Yousif Ali Hussin，Michael Weir. Quantification of carbon stock to understand two different forest management regimes in Kayar Khola watershed，Chitwan，Nepal［J］. Indian Soc Remote Sens，（December 2014）42（4）：745－754.

［65］张驰，杨帆，曾维忠，周连景．基于供给方视阈的森林碳汇项目建设组织模式研究——以四川省"川西北"、"川西南"项目为例［J/OL］．中南林业科技大学学报，2016，36（5）：138－142．

［66］Bluffstone R.，Mekonnen A.，Beyene A. Community forests，carbon sequestration and REED＋：evidence form Ethiopia. Cambridge Univ［J］. Enivironment Development Economics，2015.

［67］刘娜，孙猛，高晓东．中国自然保护区低碳经济扶贫模式研究探索［J］．中国集团经济，2011（1）：38－39．

[68] 黄颖利，于佩延，李爱琴，赵保滨. 开发 CDM 造林和再造林项目的预期就业效应分析——基于黑龙江省的研究 [J]. 生态经济（学术版），2012（2）：6-8.

[69] 张华明，赵庆建. 清洁发展机制下中国森林碳汇政策创新机制研究 [J]. 生态经济，2011（11）：74-77.

[70] 李怒云，李金良，袁金鸿，陈叙图. 加快林业碳汇标准化体系建设促进中国林业碳管理 [J]. 林业资源管理，2012（4）：1-6.

[71] 陈健，朱德海，徐泽鸿，张志华. 全国森林碳汇监测和计量体系的初步研究 [J]. 生态经济，2008（5）：128-132.

[72] Matthias Peichl, Paul Leahy and Gerard Kiely. Six-year Stable Annual Uptake of Carbon Dioxide in Intensively Managed Humid Temperate Grassland [J]. Ecosystems（2011）14：112-126 DOI：10.1007/s10021-010-9398-2.

[73] 郑淑华，金花，邢旗，王保林，王烨. 草原碳汇研究的重要性和必要性 [J]. 内蒙古草业，2010，22（4）：12-13.

[74] 赵娜，邵新庆，吕进英，王堃. 草地生态系统碳汇浅析 [J]. 草原与草坪，2011，31（6）：75-81.

[75] 云锦凤. 碳汇草业的本土化发展与低碳经济 [J]. 群言，2010（2）：10-11.

[76] 董恒宇. 重视草原碳汇实现可持续发展 [J]. 群言，2010（2）：4-6.

[77] 张英俊，杨高文，刘楠，常书娟，王晓亚. 草原碳汇管理对策 [J]. 草业学报，2013，22（2）：290-299.

[78] 赵娜，庄洋，赵吉. 放牧和补播对草地土壤有机碳和微生物量碳的影响 [J]. 草业科学，2014，31（3）：367-374.

[79] 张良侠，樊江文，张文彦，唐风沛. 京津风沙源治理工程对草地土壤有机碳库的影响——以内蒙古锡林郭勒盟为例 [J/OL]. 应用生态学报，2014，25（2）：374-380.

［80］马晓洁，马军. 基于沙漏模型的草原碳汇协作管理模式构建研究［J］. 内蒙古统计，2017（3）.

［81］马军，马晓洁. 基于社会网络分析的草原碳汇协同管理研究——以内蒙古地区调查数据为例［J］. 干旱区资源与环境，2017（3）.

［82］马军，马晓洁，杨冉. 基于从属网络分析的草原碳汇管理研究——以内蒙古地区为例［J］. 生态经济，2017（9）.

［83］师颖新，艾伟强. 内蒙古草原碳汇市场可持续发展的思路探讨［J］. 大连民族学院学报，2012，14（4）：323－327.

［84］宋丽弘，唐孝辉. 内蒙古草原碳汇经济发展的基础与路径［J］. 中国草地学报，2012，34（2）：1－6.

［85］闫晔，修长柏. 内蒙古草原碳汇区域市场交易框架构建——基于供给、需求角度的分析［J］. 内蒙古社会科学（汉文版），2013，34（4）：168－171.

［86］韦惠兰，高涛. 草地生态系统碳储量及生态补偿研究［J］. 生态经济（学术版），2010（5）：306－310.

［87］陈岚，马军. 中国草原碳汇补偿机制研究［J］. 经济视角（上旬刊），2015（7）：75－79.

［88］Chen Lan，Ma Jun. Research on the mechanism of cross regional grassland carbon sink compensation［C］. International Conference on Intelligent Control and Computer Application（ICCA），2016（30）：273－277.

［89］季雨潇，马军. 内蒙古草原碳汇 CDM 项目发展研究［J］. 内蒙古统计，2016（6）：36－38.

［90］Duis K.，Coors A. Microplastics in the aquatic and terrestrial environment：sources（with a specific focus on personal care products），fate and effects［J］. Environmental Sciences Europe，2016，28（1）：2.

［91］Marchi G. D.，Lucertini G.，Tsoukiás A. From evidence-based policy making to policy analytics［J］. Annals of Operations Research，2016（1）：1－24.

［92］托马斯·戴伊著．自上而下的政策制定［M］．鞠方安，吴忧译．北京：中国人民大学出版社，2012：3.

［93］Kaden B. The Internet, Power and Society: Rethinking the Power of the Internet to Change Lives［M］. Neal – Schuman Publishers, Inc. 2013.

［94］戴维·伊斯敦著．政治体系——政治学状况研究［M］．楚艳红等译，北京：中国人民大学出版社，2013：31 – 32.

［95］E. R. 克鲁斯克，B. M. 杰克逊著．公共政策词典［M］．唐理斌等译，上海：上海远东出版社，2007：3，17，22.

［96］宁骚．公共政策学（第二版）［M］．北京：高等教育出版社，2011：6，133.

［97］张世贤．公共政策分析［M］．台北：五南图书出版公司，2005：107.

［98］周晓丽．论公共危机的协作治理——协作性公共管理的视角［J］．新视野，2013（3）：66 – 69.

［99］刘亚平．协作性公共管理：现状与前景［J］．武汉大学学报（哲学社会科学版），2010，63（4）：574 – 582.

［100］马军，魏颖．内蒙古草原碳汇发展的 SWOT 分析［J］．前沿，2013（11）：154 – 157.

［101］李晓燕．基于模糊层次分析法的省区低碳经济评价探索［J］．华东经济管理，2010（2）：24 – 28.

［102］张玲．中国林业碳汇政策试点工作研究［D］．北京：北京林业大学硕士学位论文，2010：12.

［103］Wociech, Galinsk, Kuppers. The influence of changes in the economic system on the carbon balance［J］. Clinate Change, 2012（27）：103 – 119.

［104］李怒云．中国林业碳汇［M］．北京：中国林业出版社，2007：6.

[105] 周燕. 发展中国森林碳汇的公共政策研究 [D]. 湖南大学硕士学位论文, 2011: 12.

[106] 张晓静, 曾以禹. 构建中国林业碳汇交易市场管理机制几点思考 [J]. 林业经济, 2012 (8): 66 – 71.

[107] Darius M. Adams. Minimum cost strategies of sequestering carbon in forest [J]. Land Economics, 2011 (8): 14 – 21.

[108] 魏颖, 马军. 发展中国草原碳汇的公共政策研究 [J]. 内蒙古农业大学学报 (社会科学版), 2013 (6): 14 – 18.

[109] Michael Mcguire. Collaboration public management: Assessing what we know and how we know it [J]. Public Administration Review, 2013 (5): 33 – 43.

[110] 连怡婷, 马军. 内蒙古草原碳汇公共政策研究——基于政策文本分析 [J]. 前沿, 2017 (4): 14 – 19.

[111] 连怡婷, 马军. 增加内蒙古草原碳汇供给的对策研究 [J]. 内蒙古统计, 2015 (1): 20 – 22.

[112] 连怡婷, 马军. 内蒙古草原碳汇的发展影响因素分析 [J]. 内蒙古科技与经济, 2015 (4): 8 – 10.

[113] 邓祥征, 赵永宏, 战金艳, 韩建智. 农田碳汇估算模型与应用研究述评 [J]. 安徽农业科学, 2009, 37 (35): 17649 – 17652.

[114] Wu Hao, Ma Jun. Study on the effect of carbon sink management on the ecological protection. 2016 2nd international conference on education and management, 2016. 5. 28 – 2016. 5. 29.

[115] 吴昊, 马军. 中国草原碳汇发展的 SWOT – PEST 分析影响研究 [J]. 山西科技, 2016, 31 (6): 170 – 174.

[116] 杨冉, 马军. 草原生态环境多元主体协同治理研究 [J]. 现代农业, 2017 (9): 79 – 82.

[117] 魏颖, 马军. 基于碳汇视角的草原生态环境保护的博弈分析 [J]. 内蒙古工业大学学报 (社会科学版), 2013, 22 (2): 27 – 31.

[118] 菅妮，马军. 内蒙古草原碳汇管理中企业与政府间的博弈分析 [J]. 内蒙古农业大学学报（社会科学版），2015，17（2）：35 – 39.

[119] 张树人，刘颖，陈禹. 社会网络分析在组织管理中的应用 [J]. 中国人民大学学报，2006，30（3）：74 – 80.

[120] 马军，马晓洁. 草原碳汇协作管理的交易成本分析 [J]. 前沿，2016（4）：93 – 96.

[121] 马晓洁，马军. 草原碳汇建立协同管理的限制因素分析 [J]. 现代农业，2017（5）：91 – 93.

[122] 李富福. 全球第一例 CDM 理事会碳汇造林项目在我区成功实施 [J]. 广西林业，2010（8）：34 – 35.

[123] 甘激文，怕丽珠，吕旷. 清洁能源发展机制（CDM）发展现状与对策研究 [J]. 大众科技，2012（7）：128 – 130.

[124] 李光普. 低碳经济下的清洁发展机制（CDM）分析—基于 SWOT 的角度 [J]. 生态经济，2011（2）：72 – 77.

[125] 季雨潇，马军. 中国 CDM 项目发展潜力研究分析 [J]. 现代农业，2016（7）：86 – 89.

[126] 冯相昭，李丽平，田春秀等. 中国 CDM 项目对可持续发展的影响评价 [J]. 中国人口·资源与环境，2010，20（7）：129 – 135.

[127] 彭建，吴健生，潘雅婧等. 基于 PSR 模型的区域生态持续性评价概念框架 [J]. 地理科学进展，2012，31（7）：933 – 940.

[128] 杨伊，张蓉，尹海钊. 基于 PSR 框架模型的江西省低碳城市化发展评价 [J]. 低碳经济，2014（12）：21 – 25.

[129] 顾世华. 内蒙古草原碳汇经济发展的法律保障途径研究 [J]. 法制与社会，2015（5）：101 – 102.

[130] 佚名. 向建设碳排放交易市场迈进 [J]. 广西节能，2017（1）：28 – 31.

[131] 吴刚. 低碳经济转型路径探析 [M]. 陕西：陕西人民出版社，2010.

［132］李布．欧盟碳排放交易体系的特征、绩效与启示［J］．重庆理工大学学报（社会科学版），2010（3）：1－5．

［133］谢晓慧，林郁，李茂萱等．云南农村沼气建设与碳汇交易研究——基于减少薪柴消耗对减排 CO_2 的贡献分析［J］．西南农业学报，2008（3）：870－874．

［134］高佳，马军．森林碳汇市场发展对草原碳汇市场发展的借鉴研究［J］．现代农业，2016（3）．

［135］Ying Yang，Li Jia. SWOT Analysis of Forest Carbon－Sink Market Transaction in China［C］. National Conference on Information Technology and Computer Science，2012（10）．

［136］韩敏，俞金香．碳捕获与封存技术法律规制的现状及问题研究［J］．兰州大学学报（社会科学版），2015（3）：95－101．

［137］余光英．中国碳汇林业可持续发展及博弈机制研究［D］．武汉：华中农业大学，2010．

［138］Machado，R. R. et al. Evaluation of forest growth and carbon stock in forestry projects by system dynamics［J］. Journal of Cleaner Production，2013．

［139］闫晔．草原碳汇定价研究［D］．呼和浩特：内蒙古农业大学，2014．

［140］彭喜阳，左旦平．关于建立中国森林碳汇市场体系基本框架的设想［J］．生态经济，2009（8）：184－187．

［141］郭瑞军．交通运输系统工程［M］．北京：国防工业出版社，2008．

［142］赵猛．中国林业碳汇市场运行机制研究［D］．保定：河北农业大学，2012．

［143］蔡林．系统动力学在可持续发展研究中的应用［M］．北京：中国环境科学出版社，2008．

［144］H. Park，W. K. Hong. Korea's emission trading scheme and policy design issues to achieve market-efficiency and abatement targets［J］. Energy Policy，2014.

［145］陈岚，马军. 草原碳汇补偿的协同创新研究［J］. 现代农业，2016（10）.

后　记

经过四年多的研究、一年多的整理，国家自然基金"协作性公共管理视角下的草原碳汇管理框架设计及应用研究"的研究成果终于要出版了，这本书的完成凝结了课题组所有成员和我的研究生们的大量心血，因此在本书出版之际，还是要感谢所有与这本书完成有关的人们。

首先要感谢国家自然基金委对于此课题的大力支持，提供了充足的经费保障；其次要感谢内蒙古农牧业厅，没有它的支持，也就没有这本书的完成；当然还要感谢内蒙古工业大学为我们提供的良好的科研条件，使我们有充足的时间来完成这个课题。

还要感谢我的课题组所有成员及我的研究生们。感谢课题组的所有成员在研究方法、研究思路等方面的贡献；感谢我的研究生们，因为你们不仅付出了脑力劳动，还付出了体力劳动，所有的实地调研、问卷发放主要是由研究生们来完成了。还清晰地记得在炎热的夏季我带着4名研究生赴锡林郭勒草原调研，在寒冷的冬日我和2名研究生赴内蒙古农牧业厅及其下属部门访谈。因此在课题结题时发表了相关论文近40余篇、培养了近10名研究生，因此也获得了国家自然基金委的连续资助，2018年新获批的国家自然基金仍然是对草原碳汇管理的深入研究。

由于对草原碳汇的研究较少，数据和文献缺乏，在研究过程中一次又一次的因数据原因而改变研究方法，也不断和课题组成员商讨研究框架与思路，因此才在课题结题一年后完成了本书的写作。尽管还有许多不尽如人意的地方，但还是十分欣喜能够完成书稿，并得以出版。最后还要感谢经济科学出版社一如既往的支持。

马 军

2019 年 8 月 20 日于呼和浩特